基于Python语言的Selenium自动化测试

杨大伟 编著

中国水利水电出版社
www.waterpub.com.cn
·北京·

内 容 提 要

《基于Python语言的Selenium自动化测试》系统全面地介绍了基于Python语言的Selenium自动化测试的相关知识，涵盖了从数据处理层到用户界面层的全方位的自动化知识体系，让读者能够掌握Selenium但又不限于Selenium，能够对基于Python语言的自动化测试有个全面的学习与掌握。

《基于Python语言的Selenium自动化测试》内容包括：自动化测试概述，配置Selenium自动化测试编程环境，必备的Python基础知识，自动化测试核心知识，如元素定位、单元测试框架Unittest和Pytest、配置集成开发环境、Page Object模式、生成自动化测试报告、提高自动化测试效率的Python多线程、自动化测试的高级应用、方法类封装调用、数据驱动测试以及辅助工具介绍等，最后以Jenkins的持续集成以及Selenium Grid分布式自动化测试的内容结束，意在让读者能够循序渐进，为学习进阶铺路。

《基于Python语言的Selenium自动化测试》适合公司内部从事自动化测试落地的测试人员、自动化测试工程师及希望提高自动化测试水平的相关人员、Python或Selenium初学者、Python开发工程师等。本书亦可作为高等院校计算机及自动化相关专业或者相关培训机构的教材使用。自动化从业人员亦可选择本书做为案头必备速查手册。

图书在版编目（CIP）数据

基于Python语言的Selenium自动化测试 / 杨大伟编著. —北京 : 中国水利水电出版社, 2020.1
ISBN 978-7-5170-7974-3

Ⅰ. ①基… Ⅱ. ①杨… Ⅲ. ①软件工具－自动检测
Ⅳ. ①TP311.5

中国版本图书馆CIP数据核字（2019）第200764号

书　　名	基于Python语言的Selenium自动化测试 JIYU Python YUYAN DE Selenium ZIDONGHUA CESHI
作　　者	杨大伟　编著
出版发行	中国水利水电出版社 （北京市海淀区玉渊潭南路1号D座　100038） 网址：www.waterpub.com.cn E-mail：zhiboshangshu@163.com 电话：（010）62572966-2205/2266/2201（营销中心）
经　　售	北京科水图书销售中心（零售） 电话：（010）88383994、63202643、68545874 全国各地新华书店和相关出版物销售网点
排　　版	北京智博尚书文化传媒有限公司
印　　刷	河北华商印刷有限公司
规　　格	170mm×230mm　16开本　17.75印张　325千字　1插页
版　　次	2020年1月第1版　2020年1月第1次印刷
印　　数	0001—5000册
定　　价	79.80元

前　言

为什么要写这本书

Selenium 进入 3.0 时代已经有一段时间了，笔者把自身在多家公司推广自动化测试和实际开发经验融入本书中，为入门者学习 Selenium 铺路，少走弯路，这是本书编写的意义所在。

曾经在某知名企业中结识了一位让人非常敬重的架构师，他给笔者的团队讲解架构到底是什么的时候，曾经用一句话来说明作为架构师的 3 个递进境界，即“见山是山，见山不是山，见山还是山”。而对于自动化测试而言，笔者也想引用这句话：阅读本书或许看不到那些如雷贯耳的高大上的语言，但却可以编写出适合自己的自动化测试框架，稍有悟性的读者或许还能够进入“见山不是山”的阶段。

经过了十几年的测试生涯后，笔者将使用浅显易懂的语言来为读者揭开自动化测试的面纱，希望读者通过学习本书，可以掌握 Selenium 但不限于 Selenium，可以掌握自动化测试但不限于自动化测试的开发技术。

本书特色

1. 所有内容来源于实际项目中的提炼

职场中已经没有人愿意去学习实际工作中无法实践的内容，因此本书大多数内容来自实际工作中的提炼，其中包括定期训练团队成员的基础知识、学习方法、包括但不限于 Selenium 的内容，并且整本书的逻辑是由浅入深的，这样可以大大降低初学者的陌生感和恐惧感。

2. 涵盖内容丰富

本书涵盖 Python 基础知识、Unittest 详解、Pytest 详解，多个自动化测试报告框架，如 HTMLTestRunner、BeautifulReport、Allure，PO 模式及其扩展使用方法，工具类及其封装方法。

同时，本书还介绍了 Jenkins 在自动化测试上的 CI/CD 以及如何使用

selenium-server-standalone 进行分布式自动化测试。

3. 大量工具类及方法的封装介绍

本书使用了不小的篇幅讲解工具类及方法的封装，这是初学者向更高层次进阶必须经过的一道坎儿。如何使得自己的代码更清晰、更有结构、更易维护，书中进行了大量的展示。

4. 多样化的选择

在详细介绍单元测试框架时不单单介绍了 Unittest 框架，也对 Pytest 框架的基本使用进行了详细介绍；在介绍自动化测试报告框架的时候同样给出了多种选择方法；即便是 PO 模式也给出了两种方式。

5. 注重学习方法的灌输以及基础知识的讲解

书中大量代码使用了 Python 命令行，对于初学者而言命令行是最佳的学习工具。因此，Python 基础知识占据了较多的篇幅，这便是读者掌握 Selenium 但不限于 Selenium 的基础知识。

6. 源码均可直接下载

本书源码均可从网址为 https://github.com/davieyang/PO 中复制粘贴出来。然而笔者并不希望初学者这么做，只有将代码一个个地敲出来了才能更快地掌握。

7. 提供完善的技术支持和售后服务

本书提供了专门的技术支持邮箱：zhiboshangshu@163.com。读者在阅读本书过程中有任何疑问，都可以通过该邮箱获得帮助。

本书内容及知识体系

第 1 章　自动化测试概述

介绍了自动化测试的概念及其发展趋势，内容基于 Selenium 但又不限于 Selenium，并引申到目前流行的自动化测试工具及其适用领域介绍，然后进一步介绍自动化测试对于实际测试工作的意义及其可行性。

第 2 章　配置编程环境

详细介绍了 Python 3.7.2 的安装、Selenium 的安装、Webdriver 的获取等内容，并用一个小程序进行这些环境的验证来结束本章。

第 3 章　Python 基础

介绍了 Python 的基础知识，包括列表、元组、字典、字符串、文件、函数以及类，为后续能够让读者完成工具类封装打基础，也与第 1 章自动化测试概述相呼应。

第 4 章　元素定位

详细介绍了 Selenium 定位元素语法以及代码示例，元素定位是使用 Selenium 进行自动化测试的基础，本章是 Selenium 自动化测试脚本的基础。

第 5 章　单元测试框架 Unittest

Unittest 已经是一个非常成熟的 Python 单元测试框架，很多公司都使用它进行测试。本章从框架介绍、断言、执行方式到命令行执行等方面详细介绍了单元测试框架，在进行概念介绍的同时用代码展示其实际使用方法，单元测试也是实现自动化测试框架以及自动化测试的基础，而命令行执行依然是持续集成的基础。

第 6 章　单元测试框架 Pytest

Pytest 也是 Python 的单元测试框架，本章详细介绍了 Pytest 的使用方法、执行方式以及使用 pytest-html 生成 HTML 格式的自动化测试报告。

第 7 章　集成开发环境

详细介绍了 3 种主流的 Python 集成开发环境的安装、配置直至建立工程执行代码。

第 8 章　Page Object 模式

介绍了 Page Object 模式的价值，并用代码示例展示两种 Page Object 模式下的区别以及其实际意义。

第 9 章　HTML 测试报告

分别详细介绍了 HTMLTestRunner、Allure 和 BeautifulReport 报告框架，并用代码示例一步一步展示由自动化测试用例到最终看到 HTML 报告的过程。

第 10 章　Python 多线程

详细介绍了单线程执行任务和多线程执行任务的区别，并用代码示例展示多线程的使用场景及其意义。

第 11 章　高级应用

用代码示例详细介绍了控制浏览器相关方法的封装、模拟鼠标方法的封装、模拟键盘方法的封装、模拟剪切板操作方法的封装、智能等待方法的封装以及一些特殊页面控件的操作，除了实际代码外，读者可通过本章学习如何封装自己的方法、封装好方法后的自测直至将其应用到实际测试代码中。

第 12 章 数据驱动测试

用示例代码介绍了使用DDT结合单元测试框架Unittest实现多种数据驱动，从 DDT 的安装到使用 DDT 结合列表、JSON 文件、XML 文件、Excel 文件以及 MySQL 数据库实现数据驱动测试；除使用 DDT 外，读者还可以看到如何使用 parameterized 实现数据驱动测试。

第 13 章 辅助工具介绍

详细介绍了如何获取 Selenium IDE、Katalon Recorder 和 ChroPath 3 种辅助工具及其实际使用方法。

第 14 章 Jenkins 持续集成

详细介绍了 Jenkins 的安装、配置、创建任务和配置 Github。

第 15 章 Selenium Grid 分布式自动化测试

详细介绍了 Selenium Grid 的实际使用场景、环境准备、配置直至 HUB 和 Node 端命令实际实现，并用实际代码实现分布式浏览器驱动。

适合阅读本书的读者

- 公司内部希望将自动化测试落地的测试成员。
- Python 开发工程师。
- 从 Java 转到 Python 进行自动化测试的测试工程师。
- 希望提高自动化测试水平的工程师。
- Python 或 Selenium 初学者。
- 专业培训机构的学员。
- 需要一本案头必备查询手册的人员。

阅读本书的建议

- 对于初学者而言，笔者恳请读者从每一行代码学起。
- 对于有一定基础的，笔者恳请读者更多地思考书中渗透的可维护、可扩展的思想。
- 掌握多了未必就好，有些内容掌握其中一种并精通使用便是最佳。
- 精通的目的在于实践应用。

本书源文件下载

本书提供代码源文件，有需要的读者可以关注下面的微信公众号（人人都是程序猿），然后输入“SELE743”，并发送到公众号后台，即可获取本书资源的下载链接，然后将此链接复制到计算机浏览器的地址栏中，根据提示下载即可。

加入本书学习交流 QQ 群：784360601（若群满，会创建新群，请注意加群时的提示，并根据提示加入对应的群号），读者间可互相交流学习，作者也会不定时在线答疑解惑。

致谢

本书能够顺利出版，是作者、编辑和所有审校人员共同努力的结果，在此表示深深地感谢。同时，祝福所有读者在职场一帆风顺。。

编 者

目　录

第1章　自动化测试概述

> 在正式学习自动化测试之前，先介绍一下什么是自动化测试、能够成为自动化测试的工具有哪些以及本书着重讲解的 Selenium 是如何工作的。
>
> 本章还将阐述自动化测试的可行性，换句话说，什么样的产品适合进行自动化测试，自动化测试是否适合用于所有团队及产品，自动化测试与软件质量是什么关系。

1.1　自动化测试概念

软件行业发展至今，为了满足需求的不断变化，为了在不断的需求变化中还能够稳定而持续地交付产品，在软件开发设计中越来越重视软件的耦合程度，并且为了实现解耦，在软件的架构设计上越来越讲究科学地分层，如著名的开发模式 MVC，就是将代码分离的经典模式，感兴趣的读者可以了解一下。

在软件开发飞速发展的时代，软件测试也不得不与时俱进，因此自动化测试的含义并不只局限于 UI 层的自动化测试，Mike Cohn 在其著作 *Succeeding with Agile* 中对测试金字塔的概念进行了详细的论述，其大致含义为：测试应该分为 3 层，即 UI 层、Service 层、Unit 层，如图 1.1 所示。并且倡导测试的设计在精力分配上要有所区分，其观点是人们应该更多地进行 Unit 层的测试，而不仅仅是通过用户界面执行端到端测试。

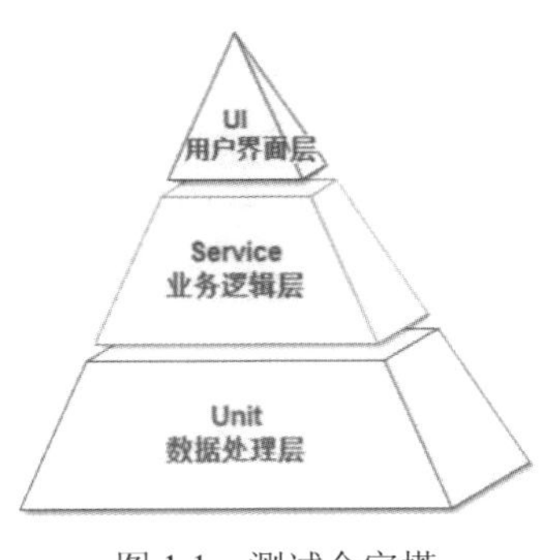

图 1.1　测试金字塔

在此基础上，Martin Fowler 又在此金字塔模型的基础上提出了分层自动化测试的概念，区别于传统意义上的自动化测试概念，它并不局限于在 UI 层使用程序，或者用工具代替人工进行的黑盒测试，而只倡导从用户界面层到数据处理层的全面的自动化测试体系，如图 1.2 所示。

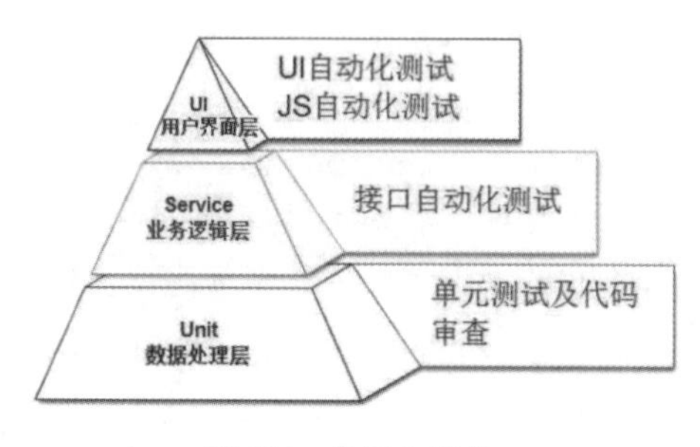

图 1.2　分层自动化

图 1.2 的金字塔体积由上到下逐渐增大，映射的是自动化测试在不同阶段投入的比例。可以看到 UI 层的自动化测试在塔尖，也就是说这里考虑到成本，UI 层的自动化测试投入相对应该是最少的。作为与用户的交互，UI 层变动是最多的。当人们在 UI 层的自动化测试工作投入过大，随着测试代码量的增加，那么所要投入的人力和时间就要远大于最终的收益。

在实际工作中，测试的决策者要根据实际产品特征来划分金字塔中每一层的投入比例。

1.1.1　UI 层自动化测试

UI 层是软件产品的交互界面，几乎所有与用户之间的交互都集中在这一层，因此在该层发生的需求变化也是最多的，而往往测试工程师的测试工作在该层耗费的精力也最多。为了减轻这一层的测试人力成本，自动化测试工具诞生了，它们其中的大多数是面向 UI 层设计的。目前主流的面向 UI 层的自动化测试工具有 UFT（即以前的 QTP，被收购后改了名称）、Selenium、RobotFramework 等。

UI 层的测试除了交互功能外，前端代码的测试也是比较重要的一部分，这部分测试多集中在 JS 上，QUnit 便是测试 JS 的一个强大的单元测试框架，该框架并不属于本书介绍的内容，有兴趣的读者朋友可自行深入研究。

1.1.2　Service 层自动化测试

Service 层自动化测试的重点是接口测试，在这一层的接口分为两种：一种是模块之间的接口，该类接口的测试主要是对类或者函数的调用，然后去验证返回结果；另一种是服务接口，该类接口测试是指前后端之间的接口调用，对其返回的结果进行验证，前后端分离的系统中，后端提供服务器接口，前端通过调用这些接口获取数据。

万变不离其宗，对测试人来讲首先要获取接口协议文档抑或 Swagger 等，拿到接口设计，使用 Postman、Jmeter、SoupUI 等测试工具进行接口测试，或者编写接口自动化测试框架。例如在 Python 环境下，使用 Requests 模块提供的各种方法，实现接口自动化测试，从而对每一个接口进行测试，最终批量执行形成测试报告。

1.1.3　Unit 层自动化测试

Uint 层自动化测试，就是若干单元测试的批量执行并形成测试报告的过程。单元一般是根据具体情况去判断的，它可以是每一个函数、每一个类、每一个窗口、每一个菜单等，单元是个相对概念，一般是团队或者管理者指定的一个最小可测模块。

规范的单元测试需要使用单元测试框架，它为单元测试提供了许多便利，就目前而言流行的单元测试框架有很多，每个主流语言都有自己的单元测试框架，如 Java 的 TestNG、Python 的 Unittest 和 Pytest 等。

1.2　自动化测试可行性

在进行自动化测试的过程中，最担心的就是被测系统频繁变化，其频繁变化会导致无限的自动化代码调整，并且难以判断自动化测试用例失败的原因。因此决策者在判断是否展开自动化测试工作时，一定要充分进行可行性评估，否则会出现浪费了大量的人力依旧收效甚微的情况。那么哪些项目或者产品适合进行自动化测试呢？通常它具备以下几个特点。

①测试目的明确，被测内容不会频繁变化。

②回归测试频率较高。

③UI 层变化频率低。

④一个产品需要在多个环境下部署。

⑤被测系统的开发较规范，能保证系统的可测性。

⑥项目周期较长、进度压力较小。

⑦测试人员具备较强的编码能力。

1.3 自动化测试工具介绍

相信读者关注的自动化测试工具是多种多样的，尤其近些年很多测试工程师开始提升自己的编码能力，关注在技术上的时间也大幅度增长，所以本节将介绍几款主流的自动化测试工具。

1.3.1 Unified Functional Testing

Unified Functional Testing，简称 UFT，它的前身是 QTP，企业级软件，可以免费试用 30 天。它不是开源软件，所以在国内的普及程度并不是很高，其本身提供了强大易用的录制回放功能，同时兼容对象识别与图像识别两种模式，支持 B/S（Browser/Server，浏览器/服务器）与 C/S（Client/Server，客户端/服务器）两种架构，加上 VBScript 简单易懂的特点更使它如虎添翼。

除了录制回放和批量执行等特点外，它还可以使用工具获取控件对象，然后以自行使用 VBScript 进行手动编写代码的方式实现自动化测试。

1.3.2 Robot Framework

Robot Framework 是一个 Python 开发的开源自动化测试框架，虽然它不像 UFT 一样是个完整的工具，但它有高度的可扩展性，并且拥有大量的库，可以帮助测试工程师完成测试任务。

Robot Framework 能够完成 Web、Android、iOS 三类平台的自动化测试任务，同时还能够完成 API 的测试，相对于其他工具而言，Robot Framework 支持关键字驱动，这一点做得也非常好。

1.3.3 Selenium

Selenium 在业内更普及，在软件测试领域似乎成为了一个基本的应用工具，相对于其他工具而言，它更加灵活、适用的场景更广泛，兼容性更好。

Selenium 支持多种语言，因此在不同语言的情况下叫法也有所不同，例如在 Python 中可以称之为模块，在 Java 中可以称之为 jar，在 C#中可以称之为类库。无论在哪种语言环境下，都可以将其看作武器库，它为我们提供了多种多样的武器，我们可以使用这些武器代替键盘、鼠标去完成各种操作，并验证操作后的执行结果。

Selenium 还支持多种浏览器，如 Chrome、Firefox、IE、Edge、PhantomJS、Opera、Safari，我们只需找到对应浏览器的 Webdriver 便可以去驱动浏览器完成任务。

至此，不难看出基于 Selenium 的自动化测试有 3 个角色，分别是 Selenium、Webdriver、浏览器，它们三者之间的交互过程如图 1.3 所示。

图 1.3　Selenium 工作原理

我们用 Selenium 编写了操作步骤，当执行这些操作的时候，实际上是以一个 HTTP 请求发送给浏览器的驱动，浏览器驱动中包含了一个用来接收这些 HTTP 请求的 HTTP Server，它基于 JSON Wire Protocol 将 HTTP 请求规范化，然后根据具体内容来操控对应的浏览器，浏览器执行具体的测试步骤后，将执行结果返回给 HTTP Server，HTTP Server 又将结果返回给 Selenium 的脚本，从而我们能得到执行结果是成功还是失败，并使用这些结果自动生成测试报告

实际上不少测试工程师认为没有必要了解到这种程度，然而根据笔者的经验，了解了它的工作原理，当执行代码遇到异常时，能够更精确地帮助我们定位产生异常的原因。

1.4　自动化测试与质量的关系

测试人员思考最多的问题就是如何才能发现更多、更有价值的 Bug，如何避免产品质量上的风险。笔者在实际工作中也经常被问到：自动化测试是如何保证产品质量的？

实际上这个问题本身就有问题，软件测试和软件质量并不是一回事。软件测试的过程是通过合理的测试设计、必要的测试工具和手段对被测软件进行评估，最终向相关人员提供客观的质量评估结论的过程。测试人员并不是质量保障人员，很多公司都将测试人员定位为 QA（Quality Assurance）。

软件质量的保障是在高质量的生产流程中诞生的，和流程中的每个环节息息相关，它并不是测试人员测出来的，因此这个问题的答案就很明确，测试不能保证产品质量，自动化测试更不能保证。

测试人员在测试过程中合理地使用自动化技术，充分地解放人力，从而能够将精力用在更有价值的地方，在一定程度上提升测试效率，更快速地得出测试结论并进行反馈，从而满足快速迭代的工作要求，这才是自动化测试价值所在。

1.5 本章小结

笔者想在此提醒读者们，要打开思路。自动化测试并不只是 UI 自动化、接口自动化或者单元测试自动化，任何实际工作中的场景，只要能够用代码模拟出来，我们就可以让它自动化。

同时，掌握理论知识并不像很多人说的那样没有用，如果将 Selenium 的工作原理理解透彻，则能够为编码过程中定位问题提供很大的助力。

第 2 章　配置编程环境

本章是本书中编程工作的基础，笔者在工作中遇到的一些想进入编程大门的人往往在配置编程环境的时候就遇到了挫折。我们用的是 Python 语言，Python 为我们搭建和配置编程环境提供了非常便利的工具，通过学习本章内容，将会了解到配置 Python 环境是何等方便，这也是初学者的福音。

2.1　Windows 操作系统安装 Python 3.7.2

本节将详细介绍在 Windows 操作系统中安装 Python 的过程，安装完成后对环境进行校验，从而避免读者在后续步骤中遇到异常时还要排查是否是环境问题。

2.1.1　下载 Windows 版 Python

因本书所包含的代码均是基于 Python 3.7.2 版本，因此建议读者朋友们下载相同的 Python 版本，下载地址为 https://www.python.org/downloads/release/python-372/，如图 2.1 所示。其中将看到多个平台的 Python 安装包，选择 Windows x86-64 executable installer 下载即可。

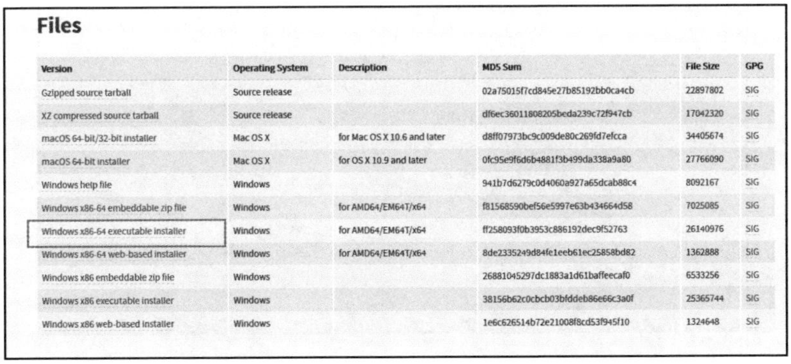

Files

Version	Operating System	Description	MD5 Sum	File Size	GPG
Gzipped source tarball	Source release		02a75015f7cd845e27b85192bb0ca4cb	22897802	SIG
XZ compressed source tarball	Source release		df6ec36011808205beda239c72f947cb	17042320	SIG
macOS 64-bit/32-bit installer	Mac OS X	for Mac OS X 10.6 and later	d8ff07973bc9c009de80c269fd7efcca	34405674	SIG
macOS 64-bit installer	Mac OS X	for OS X 10.9 and later	0fc95e9f6d6b4881f3b499da338a9a80	27766090	SIG
Windows help file	Windows		941b7d6279c0d4060a927a65dcab88c4	8092167	SIG
Windows x86-64 embeddable zip file	Windows	for AMD64/EM64T/x64	f81568590bef56e5997e63b434664d58	7025085	SIG
Windows x86-64 executable installer	Windows	for AMD64/EM64T/x64	ff258093f0b3953c886192dec9f52763	26140976	SIG
Windows x86-64 web-based installer	Windows	for AMD64/EM64T/x64	8de2335249d84fe1eeb61ec25858bd82	1362888	SIG
Windows x86 embeddable zip file	Windows		26881045297dc1883a1d61baffeecaf0	6533256	SIG
Windows x86 executable installer	Windows		38156b62c0cbcb03bfddeb86e66c3a0f	25365744	SIG
Windows x86 web-based installer	Windows		1e6c626514b72e21008f8cd53f945f10	1324648	SIG

图 2.1　下载 Windows 版 Python

2.1.2 安装 Python

安装包下载完成后，双击安装包，执行.exe 文件，如图 2.2 所示，勾选 Add Python 3.7 to PATH 复选框，Python 安装包会自动添加 Python 的环境变量到操作系统的环境变量里，无须手动添加，后续如果在命令行中输入 Python，命令行没有进入 Python 的编辑环境，那么很可能是因为这个环境变量导致的。

单击 Customize installation 选项，如图 2.2 所示。

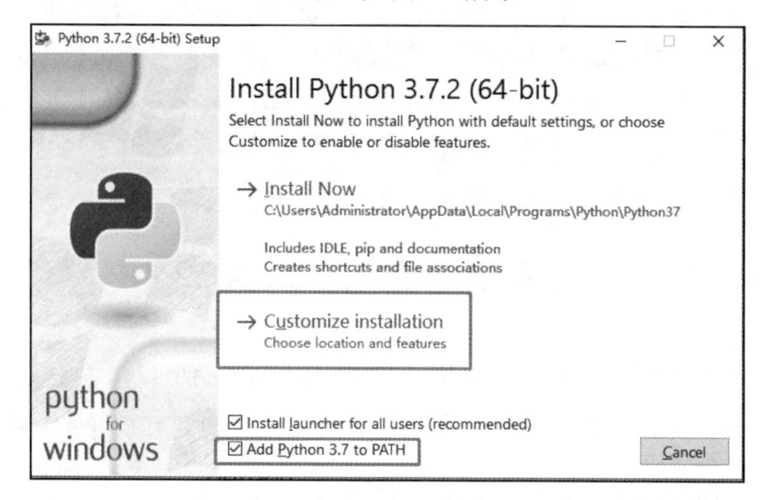

图 2.2　安装 Python

系统会跳转到如图 2.3 所示的对话框，复选框全部勾选即可，然后单击 Next 按钮。

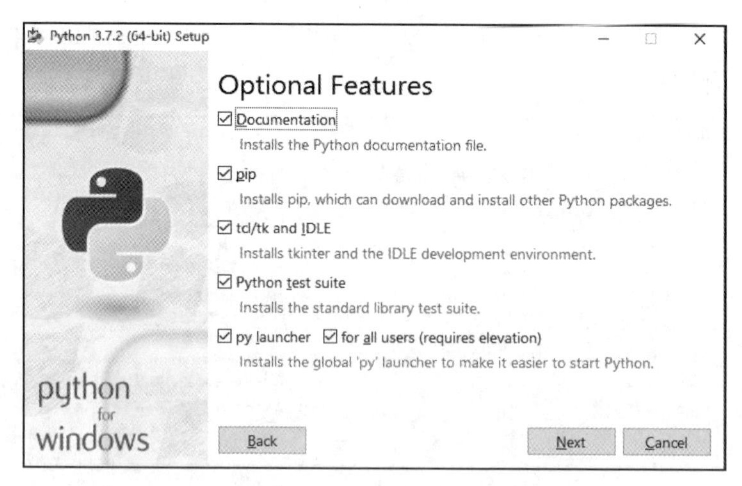

图 2.3　Optional Features

之后按图 2.4 所示的对话框，勾选相应的复选框，并设置安装路径。

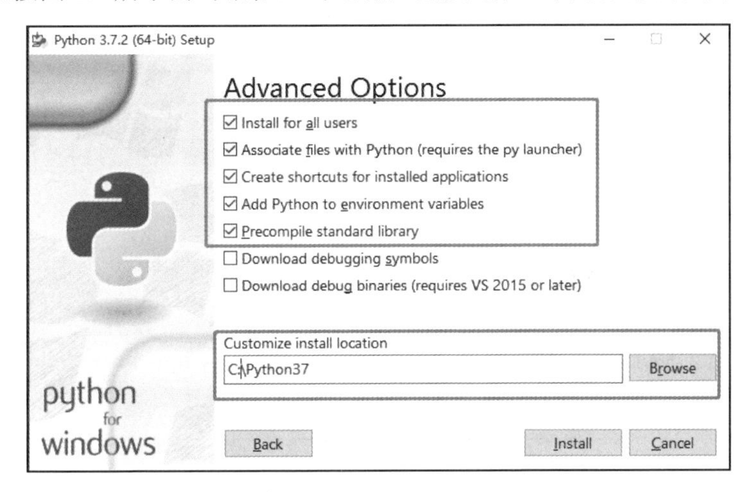

图 2.4　Advanced Options

单击 Install 按钮，完成安装过程后，对 Python 环境进行验证。

2.1.3　验证 Python 环境

按组合键<Windows +R>，然后输入 cmd 按 Enter 键，进入命令行；输入 python 按 Enter 键，系统显示如下的命令行内容则表明 Python 环境安装成功：

```
C:\Users\davieyang>python
Python 3.7.2 (tags/v3.7.2:9a3ffc0492, Dec 23 2018, 23:09:28) [MSC
v.1916 64 bit (AMD64)] on win32
Type "help", "copyright", "credits" or "license" for more
information.
>>>
```

到此就完成了 Python 的安装，接下来安装 Selenium 模块，Python 提供了非常方便的安装模块的工具 pip，如果命令行窗口还在 Python 里，那么输入 exit()然后按 Enter 键退出 Python 环境。命令行内容如下所示：

```
C:\Users\davieyang>python
Python 3.7.2 (tags/v3.7.2:9a3ffc0492, Dec 23 2018, 23:09:28) [MSC
v.1916 64 bit (AMD64)] on win32
Type "help", "copyright", "credits" or "license" for more
information.
>>> exit()

C:\Users\davieyang>
```

2.2 Linux 操作系统安装 Python 3.7.2

本节将以 CentOS 7 为例，详细介绍在 Linux 操作系统中安装 Python 的过程，安装完成后还会对环境进行验证，从而避免读者在后续步骤中遇到异常时还要排查是否是环境问题。

2.2.1 下载 Linux 版 Python

下载 Linux 版 Python 的地址为 https://www.python.org/downloads/release/python-372，如图 2.5 所示，选择 Gzipped source tarball 下载即可。

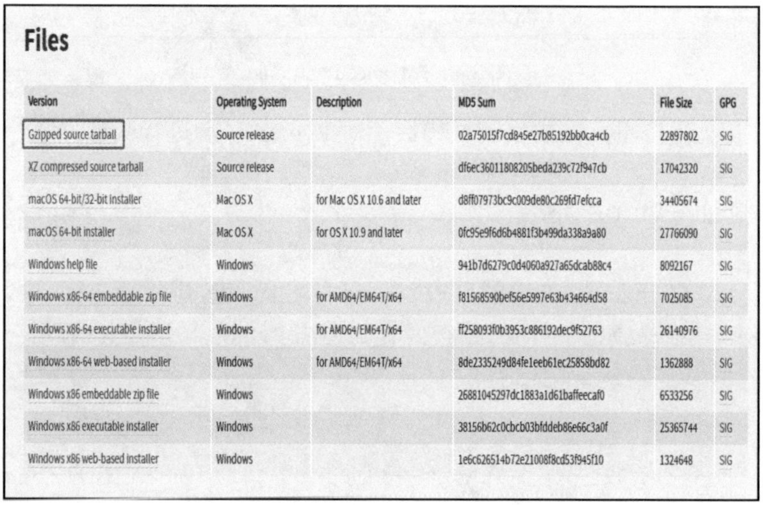

Files

Version	Operating System	Description	MD5 Sum	File Size	GPG
Gzipped source tarball	Source release		02a75015f7cd845e27b85192bb0ca4cb	22897802	SIG
XZ compressed source tarball	Source release		df6ec36011808205beda239c72f947cb	17042320	SIG
macOS 64-bit/32-bit installer	Mac OS X	for Mac OS X 10.6 and later	d8ff07973bc9c009de80c269fd7efcca	34405674	SIG
macOS 64-bit installer	Mac OS X	for OS X 10.9 and later	0fc95e9f6d6b4881f3b499da338a9a80	27766090	SIG
Windows help file	Windows		941b7d6279c0d4060a927a65dcab88c4	8092167	SIG
Windows x86-64 embeddable zip file	Windows	for AMD64/EM64T/x64	f81568590bef56e5997e63b434664d58	7025085	SIG
Windows x86-64 executable installer	Windows	for AMD64/EM64T/x64	ff258093f0b3953c886192dec9f52763	26140976	SIG
Windows x86-64 web-based installer	Windows	for AMD64/EM64T/x64	8de2335249d84fe1eeb61ec25858bd82	1362888	SIG
Windows x86 embeddable zip file	Windows		26881045297dc1883a1d61baffeecaf0	6533256	SIG
Windows x86 executable installer	Windows		38156b62c0cbcb03bfddeb86e66c3a0f	25365744	SIG
Windows x86 web-based installer	Windows		1e6c626514b72e21008f8cd53f945f10	1324648	SIG

图 2.5　下载 Linux 版 Python

2.2.2 安装 Python

安装包下载完成后，用 Linux 的 FTP 工具（如 Xmanager）传到 Linux 操作系统中，然后执行以下命令，用于准备 Python 的安装环境。

```
[root@bogon /]#sudo yum -y groupinstall "Development tools"
```

此处的安装需要花费几分钟时间，等待完成，命令行提示 Complete!为止。接下来在命令行执行以下命令：

```
[root@bogon /]#sudo yum -y install zlib-devel bzip2-devel
openssl-devel ncurses-devel sqlite-devel readline-devel tk-devel
gdbm-devel db4-devel libpcap-devel xz-devel libffi-devel
```

此处的安装依旧会花费几分钟时间，等待完成，命令行会提示 Complete!为止。

解压下载的 Python 安装包，经路径引导到安装包所在目录下，执行以下命令：

```
[root@bogon /]#tar -zxvf Python-3.7.2.tgz
```

将命令行引导到解压完成的 Python 文件夹内，一次执行以下命令：

```
[root@bogon Python-3.7.2]#./configure --prefix=/usr/python
[root@bogon Python-3.7.2]#make
[root@bogon Python-3.7.2]#make install
```

注意：

此处的安装过程依旧需要等待一定的时间，并且在执行完 make 之后，有可能网卡会被关掉，如果出现连不上 Linux 服务器的情况，需要在本机重启一下网络服务，执行命令 service netword restart 即可。

到此 Python 3.7.2 的安装已经完成，接下来创建软连接，执行以下命令：

```
[root@bogon bin]#ln -s /usr/python/bin/python3 /usr/bin/python3
[root@bogon bin]#ln -s /usr/python/bin/pip3 /usr/bin/pip3
```

2.2.3　验证 Python 环境

在命令行输入 python3，命令行提示如下，则表明 Python 3.7.2 的安装是成功的。

```
[root@bogon bin]#python3
Python 3.7.2 (default, Feb 24 2019, 07:35:31)
[GCC 4.8.5 20150623 (Red Hat 4.8.5-36)] on linux
Type "help", "copyright", "credits" or "license" for more information.
>>>
```

2.3　安装 Selenium

Python 的环境安装完成了，接下来要安装的便是 Selenium，实际上在 Python 里 Selenium 只是一个模块，因为它支持多种语言，到了 Java 环境中它就是 jar，到了 C#环境中它就是类库。在本节将看到 Python 安装模块较其他语言的优势，它便是 Python 为用户准备好的工具——pip。

2.3.1　安装 Selenium

在命令行输入 pip3 uninstall selenium 按 Enter 键，会出现以下的命令行内容，这表示系统先卸载了原来安装好的 Selenium，然后重新安装了 Selenium，这个命令会自己去完成 Selenium 的安装。

```
C:\Users\davieyang>pip3 uninstall selenium
Uninstalling selenium-3.141.0:
  Would remove:
    c:\python37\lib\site-packages\selenium-3.141.0.dist-info\*
    c:\python37\lib\site-packages\selenium\*
Proceed (y/n)? y
  Successfully uninstalled selenium-3.141.0

C:\Users\davieyang>pip install selenium
Collecting selenium
  Using
https://files.pythonhosted.org/packages/80/d6/4294f0b4bce4de0ab
f13e17190289f9d0613b0a44e5dd6a7f5ca98459853/selenium-3.141.0-py
2.py3-none-any.whl
Requirement already satisfied: urllib3 in
c:\python37\lib\site-packages (from selenium) (1.24.1)
Installing collected packages: selenium
Successfully installed selenium-3.141.0
```

2.3.2 验证 Selenium 模块

安装成功后，即可对安装是否正确进行验证。命令行内容如下，在命令行中输入 python（Linux 里要输入 python 3，因为 Linux 环境自带了 Python 2，如果直接输入 python 便会进入 Python 2 环境）并按 Enter 键，系统进入 Python 的开发环境，输入 from selenium import webdriver 按 Enter 键，系统未报错则表明 Selenium 模块安装成功。

```
C:\Users\davieyang>python
Python 3.7.1 (v3.7.1:260ec2c36a, Oct 20 2018, 14:05:16) [MSC v.1915
32 bit (Intel)] on win32
Type "help", "copyright", "credits" or "license" for more information.
>>> from selenium import webdriver
```

2.4 浏览器驱动

浏览器驱动即 Webdriver，它担当了用户脚本和浏览器之间交互的重要角色，当用户执行脚本时就是告诉 Webdriver 想让浏览器干什么，Webdriver 将用户编写的脚本逐一转化为规范化的命令去驱动浏览器工作，也正因如此，脚本既可以使用 Python 编写也可以使用 Java 编写抑或其他语言编写。

本节将介绍 3 个主流浏览器驱动的下载、配置以及浏览器驱动是否能够正常工作的校验方法。

2.4.1　Chrome 浏览器驱动

Selenium 官方地址为 https://www.seleniumhq.org，但在国内它不是那么容易访问或者访问起来很慢，如果访问不了，可下载 Chrome 浏览器驱动，还可以在网址 http://npm.taobao.org/mirrors/chromedriver 进行 Chrome 浏览器驱动的下载，下载完成后，如图 2.6 所示，解压并将其放在 Python 的安装目录下（Linux 操作系统中要放到/usr/bin/和 /usr/local/bin/下）。

名称	修改日期	类型	大小
DLLs	2019/1/17 15:26	文件夹	
Doc	2019/1/18 10:51	文件夹	
include	2019/1/17 15:25	文件夹	
Lib	2019/1/17 15:26	文件夹	
libs	2019/1/17 15:26	文件夹	
Scripts	2019/1/23 10:14	文件夹	
tcl	2019/1/17 15:26	文件夹	
Tools	2019/1/17 15:26	文件夹	
chromedriver.exe	2013/6/5 13:24	应用程序	6,426 KB
chromedriver_win32.zip	2019/2/18 23:23	压缩(zipped)文件...	2,978 KB
geckodriver.log	2019/1/18 15:09	Notepad++ Doc...	2 KB
LICENSE.txt	2018/12/23 23:12	Notepad++ Doc...	30 KB
NEWS.txt	2018/12/23 23:12	Notepad++ Doc...	633 KB
python.exe	2018/12/23 23:10	应用程序	98 KB
python3.dll	2018/12/23 23:10	应用程序扩展	58 KB
python37.dll	2018/12/23 23:09	应用程序扩展	3,693 KB
pythonw.exe	2018/12/23 23:10	应用程序	97 KB
vcruntime140.dll	2018/12/23 22:17	应用程序扩展	88 KB
浏览器驱动.zip	2019/1/23 11:02	压缩(zipped)文件...	9,272 KB

图 2.6　chromedriver.exe

接下来验证刚刚下载的chromedriver.exe是否能够配合用户的环境正常工作，按下组合键<Windows +R>，输入 cmd 并按 Enter 键启动命令行，输入 python 进入 Python 环境，接下来输入命令 from selenium import webdriver，按 Enter 键（这个在验证 Selenium 的时候已经执行过，此处应该顺利通过），紧接着再输入 chrome_driver = webdirver.Chrome()并按 Enter 键，此时如果命令行窗口报错，显示以下代码，则说明浏览器驱动和浏览器版本不匹配。

```
>>> from selenium import webdriver
>>> chrome_driver = webdriver.Chrome()

DevTools listening on
ws://127.0.0.1:53639/devtools/browser/6cf31386-2211-4e4a-b958-0
63bd89f8913
[9772:1576:0224/175649.570:ERROR:ssl_client_socket_impl.cc(962)]
```

```
handshake failed; returned -1, SSL error code 1, net_error -101
[9772:1576:0224/175649.588:ERROR:ssl_client_socket_impl.cc(962)]
handshake failed; returned -1, SSL error code 1, net_error -101
[9772:1576:0224/175650.544:ERROR:ssl_client_socket_impl.cc(962)]
handshake failed; returned -1, SSL error code 1, net_error -101
[9772:1576:0224/175650.556:ERROR:ssl_client_socket_impl.cc(962)]
handshake failed; returned -1, SSL error code 1, net_error -101
[9772:1576:0224/175653.452:ERROR:ssl_client_socket_impl.cc(962)]
handshake failed; returned -1, SSL error code 1, net_error -101
[9772:1576:0224/175653.465:ERROR:ssl_client_socket_impl.cc(962)]
handshake failed; returned -1, SSL error code 1, net_error -101
>>> chrome_driver.get("http://www.baidu.com")
Traceback (most recent call last):
  File "<stdin>", line 1, in <module>
  File
"C:\Python37\lib\site-packages\selenium\webdriver\remote\webdri
ver.py", line 333, in get
    self.execute(Command.GET, {'url': url})
  File
"C:\Python37\lib\site-packages\selenium\webdriver\remote\webdri
ver.py", line 321, in execute
    self.error_handler.check_response(response)
  File
"C:\Python37\lib\site-packages\selenium\webdriver\remote\errorh
andler.py", line 242, in check_response
    raise exception_class(message, screen, stacktrace)
selenium.common.exceptions.WebDriverException: Message: unknown
error: Runtime.executionContextCreated has invalid 'context':
{"auxData":{"frameId":"3BC49045B4ACC469B92150DFA1AB010E","isDef
ault":true,"type":"default"},"id":1,"name":"","origin":"://"}
  (Session info: chrome=73.0.3679.0)
  (Driver info: chromedriver=2.0,platform=Windows NT 6.2 x86_64)
```

因为浏览器版本和浏览器驱动版本都在不停地更新，因此笔者只能给出一部分匹配关系，如表 2.1 所示。

表 2.1　Chrome 浏览器版本和 Webdriver 浏览器驱动版本匹配表

Chrome 浏览器版本	Webdriver 浏览器驱动版本
V67-69	V2.41
V66-68	V2.40
V66-68	V2.39
V65-67	V2.38
V64-66	V2.37
V63-65	V2.36
V62-64	V2.35
V61-63	V2.34

用户可以按照自己的浏览器版本去下载对应版本的浏览器驱动，当再次执行 from selenium import webdriver，按 Enter 键；输入 chrome_driver = webdirver. Chrome()并按 Enter 键，在操作正确的情况中，浏览器状态和命令行窗口的状态如下所示。

```
>>> from selenium import webdriver
>>> chrome_driver = webdriver.Chrome()
DevTools listening on ws://127.0.0.1:53235/devtools/browser/4942
d7c1-4ab8-42a8-9d07-be4fcea32bf0
>>> chrome_driver.get("http://www.baidu.com")
```

2.4.2 Firefox 浏览器驱动

Firefox 浏览器驱动的下载地址为 https://github.com/mozilla/geckodriver/releases，下载完成后，解压并放到 Python 安装目录下（Linux 操作系统中要放到/usr/bin/ 和 /usr/local/bin/下），然后进入命令行验证 Firefox 浏览器驱动是否能正确工作，若系统显示以下所示的内容则表示正常。

```
>>> from selenium import webdriver
>>> firefox_driver = webdriver.Firefox()
>>>
```

2.4.3 IE 浏览器驱动

IE 浏览器驱动的下载地址为 https://github.com/SeleniumHQ/selenium/wiki/Internet ExplorerDriver，下载完成后，解压并放到 Python 安装目录下，然后进入命令行验证 IE 浏览器驱动是否能正确工作，若系统显示以下所示的内容则表示正常。

```
>>> from selenium import webdriver
>>> ie_driver = webdriver.Ie()
>>>
```

2.5 第一个小程序

接下来开始自动化测试第一个小程序，完成以下 3 步。

①首先驱动 Chrome 浏览器。

②打开百度页面。

③搜索字符串__davieyang__。

在实际工作中笔者总是给初学者强调，命令行是最佳的学习编码工具，而逐行敲入代码并执行是最佳的学习编码的方式，因此在练习本段代码时，请启动命令行进入 Python 命令行，逐行敲入代码并执行。

```
#from selenium import webdriver 表明将 Webdriver 从 Selenium 模块中引入当前环境中，然后才可以使用
>>> from selenium import webdriver
#chrome_driver = webdriver.Chrome() 表明定义了一个驱动 Chrome 的驱动，并将它赋值给了 chrome_driver，此刻 Chrome 浏览器应该已经启动了
>>> chrome_driver = webdriver.Chrome()
DevTools listening on ws://127.0.0.1:53235/devtools/browser/4942d7c1-4ab8-42a8-9d07-be4fcea32bf0
#chrome_driver.get("http://www.baidu.com")，表明使用了 Webdriver 类中的 get()函数，让浏览器驱动打开这个网址
>>> chrome_driver.get("http://www.baidu.com")
#chrome_driver.find_element_by_id("kw").send_keys("__davieyang__")，表明找到页面上的 id 为 kw 的控件，并且给它输入了一个值"__davieyang__"。
>>>chrome_driver.find_element_by_id("kw").send_keys("__davieyang__")
#chrome_driver.find_element_by_id("su").click() ，表明在页面上找到了 id 为 su 的控件，并且使用了 click()方法完成了单击按钮的操作。
>>> chrome_driver.find_element_by_id("su").click()
#chrome_driver.quit()，会发现浏览器自动关闭了，到此已经完成了一个小的操作流程的程序。
>>> chrome_driver.quit()
```

2.6 本章小结

经过本章的学习，笔者希望初学者能定期地让自己获得一些成就感，在自己的学习道路上无论何时都要适时地肯定自己的学习成果。本章介绍的内容可以驱动浏览器完成一些能看得见的工作，虽然这只是开始，但实际上半数以上的初学者都倒在了准备学习和刚刚开始的道路上。

第 3 章　Python 基础

笔者在前面的章节中曾经提到过，Selenium 只是一个模块，这意味着用户即便掌握了 Selenium 的使用也不代表学会了 Python。

本章将详细介绍 Python 基础，虽然它和自动化测试并没有直接的关系，但它可以为读者在进行自动化测试过程中遇到难题时打开思路，并且在现如今很多知名公司的技术面试环节中，它是基础知识的面试中的重中之重，无法躲避，因此本章的内容有非凡的意义。

从广义的自动化测试角度来说，自动化测试并非只是 UI 层，当读者需要模拟一些非 UI 的情况时，无疑掌握 Python 是非常有必要的。

关于学习本章的方法，建议大家要在命令行一一敲出每个字母，不要借助任何工具。原因有三，其一，能够在命令行直接敲代码原本也是编程中一件很出彩的事情，很多研发者也未必做得到；其二，这对读者的规范化编写是一个强化式的训练；其三，在命令行写东西能够更快地定位问题，而不是写一大篇再执行，然后再一行一行地去定位。

同时，笔者将在介绍每个知识点时穿插各种小技巧，这些读者在面试技术关中很可能都能用上。

3.1　Python 基础之列表

在自动化测试中，诸多情况都会用到列表，如用到数据驱动的时候，如定位一组相同 Tag_Name 的页面元素的时候，本节笔者将从创建列表、访问列表、使用列表、修改列表等方面详细介绍，同时读者也会看到面试中常见的冒泡算法的实现。

3.1.1　创建列表

启动命令行，在命令行中输入 python，进入 Python 命令行，输入的命令行如下所示。

```
C:\Users\Administrator>python
Python 3.7.2 (tags/v3.7.2:9a3ffc0492, Dec 23 2018, 23:09:28) [MSC
v.1916 64 bit (AMD64)] on win32
Type "help", "copyright", "credits" or "license" for more
information.
>>> num_list = [5,6,4,3,23,4,5,65,2,34,45,6,455,6,34,23]
>>> print(num_list)
[5, 6, 4, 3, 23, 4, 5, 65, 2, 34, 45, 6, 455, 6, 34, 23]
>>>
```

这里定义了一个列表并赋值给了 num_list，然后使用 print()函数将列表打印出来。num_list = [5,6,4,3,23,4,5,65,2,34,45,6,455,6,34,23]，显而易见，列表要用中括号括起来的，并且列表中的元素要使用英文的逗号隔开，而在 Python 中等号用于赋值，那么这行命令的意思就是告诉 Python，用户要创建一个名叫 num_list 的列表，列表包含了中括号中的那些内容。

3.1.2 访问列表

列表内存储的数据是有序的，从而可以通过索引对列表中的元素进行有序访问并使用，命令行如下所示。

```
C:\Users\Administrator>python
Python 3.7.2 (tags/v3.7.2:9a3ffc0492, Dec 23 2018, 23:09:28) [MSC
v.1916 64 bit (AMD64)] on win32
Type "help", "copyright", "credits" or "license" for more information.
>>> num_list = [5,6,4,3,23,4,5,65,2,34,45,6,455,6,34,23]
>>> print(num_list[1])
>>>6
>>>
```

在 print(num_list)中的列表名字加上了一个[1]，它就是索引，print(num_list[1])告诉 Python，用户要打印 num_list 这个列表中的第二个元素，因为列表的索引是从 0 开始的，也就是说[0]代表第一个元素，而这里用的[1]代表第二个元素，以此类推。

还可以创建一个字符串列表，然后使用索引去找字符串列表中的具体字符串，命令行如下所示。

```
>>> number= ['one', 'two', 'three', 'four']
>>> print(number [1].title())
Two
>>>
```

从命令行中可以看到，创建了一个字符串列表 number= ['one', 'two', 'three', 'four']，在打印的时候除了给了索引[1]之外，还是用了 title()函数，其输出结果是 Two，和定义的列表中第二个元素 two 并不一样，首字母大写了，这便是 title()这个函数的作用。

需要谨记的是，在 Python 中，第一个列表元素的索引为 0，而不是 1。在大多数编程语言中都是如此，这与列表操作的底层实现相关。如果编写的代码执行结果出乎意料，请看看是否犯了简单的差一错误，因为第二个列表元素的索引为 1。根据这种简单的计数方式，要访问列表的任何元素，都可将其位置减 1，并将结果作为索引。例如，要访问第四个列表元素，可使用索引 3。

除了从前往后递增的索引外，Python 还为用户提供了从后往前的访问方式，例如，访问最后一个列表元素，通过将索引指定为-1 ，可让 Python 返回最后一个列表元素，命令行如下所示。

```
>>> number= ['one', 'two', 'three', 'four']
>>> print(number [-1].title())
Four
>>>
```

这种语法很有用，因为经常需要在不知道列表长度的情况下访问最后的元素。这种约定也适用于其他负数索引，例如，索引-2 返回倒数第二个列表元素，索引-3 返回倒数第三个列表元素，以此类推。

3.1.3 修改列表

列表元素是可以修改的，并且在 3.1.2 小节中已经学会了如何访问列表中具体某一个元素的方法，那么便可以修改具体元素了。

要修改列表元素，可指定列表名和要修改的元素的索引，再指定该元素的新值，命令行如下所示。

```
>>> number= ['one', 'two', 'three', 'four']
>>> number[0] = 'zero'
>>> print(number)
['zero', 'two', 'three', 'four']
```

对列表的操作除了修改具体某个元素外，还可以在列表中添加新元素，最简单的方式是使用函数 append()将元素附加到列表末尾，命令行如下所示。

```
>>> number= ['one', 'two', 'three', 'four']
>>> number.append('five')
>>> print(number)
['one', 'two', 'three', 'four', 'five']
```

既然可以使用 append()函数给列表添加元素，那么当然也可以先定义一个空列表，然后逐一添加列表元素，命令行如下所示。

```
>>> number = []
>>> number.append('one')
>>> number.append('two')
>>> number.append('three')
>>> number.append('four')
>>> print(number)
['one', 'two', 'three', 'four']
```

append()函数只能在列表最后追加元素进列表，要在任意位置插入元素还可以使用 insert()函数，只需制定索引和值即可，命令行如下所示。

```
>>> number= ['one', 'two', 'three', 'four']
>>> number.insert(0,'zero')
>>> print(number)
['zero', 'two', 'three', 'four', 'five']
```

除了修改和新增列表元素之外，还可以删除列表中具体位置的元素，直接使用 del 语句即可，命令行如下所示。

```
>>> number = ['one', 'two', 'three', 'four']
>>> del number [0]
>>> print(number)
['two', 'three', 'four']
```

请注意，使用 del 可删除任何位置处的列表元素，但是必须知道想删除的列表元素的索引，当使用 del 语句将列表元素从列表中删除后，就无法再访问它了。

列表就像一个栈，可以使用 pop()函数对列表进行删除操作，如果不给 pop()任何参数，那么它将默认删除列表的最后一个元素，就像是将栈顶元素弹出，pop()删除元素后会将删除的元素返回，从而使用户能够接着使用它，命令行如下所示。

```
>>> number = ['one', 'two', 'three', 'four']
>>> popped_number = number.pop()
>>> print(automobile)
['one', 'two', 'three']
>>> print(popped_number)
four
```

如果给 pop()一个索引值，便可以指定其删除任意位置的元素，命令行如下所示。此类操作需要非常谨慎，如果弄错索引会导致删除错误，出现 Bug。

```
>>> number= ['one', 'two', 'three', 'four']
>>> popped_first = number.pop(0)
>>> print('The first number I popped was ' + popped_first.title()
+ '.')
The first number I popped was One.
```

在实际情况中，往往不能提前知道索引是多少，在这种情况下，如果知道真实的列表元素是什么，使用 remove()函数也可以完成删除操作，命令行如下所示。

```
>>> number= ['one', 'two', 'three', 'four']
>>> number.remove('two')
>>> print(number)
['one', 'three', 'four']
```

注意：

函数 remove() 只删除第一个指定的值。如果要删除的值可能在列表中出现多次，就需要使用循环来判断是否删除了所有这样的值，如上面命令行中删掉的是 two 这个列表元素，那么如果列表中存在多个 two，remove()函数只会删掉第一个 two 不会将所有的 two 都删掉。

3.1.4　列表排序

排序是个老生常谈的话题了，很多互联网公司都会用排序算法作为技术笔试题来考查求职者的基础知识，而 Python 为用户提供了函数 sort()，用于对列表进行永久性排序，为排序提供了极大便利，命令行如下所示。

```
>>> number= ['one', 'two', 'three', 'four']
>>> number.sort()
>>> print(number)
['four', 'one', 'three', 'two']
```

从排序结果中可以看出，直接使用 sort()函数排序列表，它会按照字母顺序从 a~z 对列表元素进行重新排列，用户还可以倒过来排，只需向 sort() 函数传递参数 reverse=True(True 首字母要大写)，就可以按字母顺序从 z~a 进行排序，同样地，对列表元素排列顺序的修改是永久性的。命令行如下所示。

```
>>> number= ['one', 'two', 'three', 'four']
>>> number.sort(reverse=True)
>>> print(number)
['two', 'three', 'one', 'four']
```

要对列表进行排序，除了使用 sort()函数外，还可以使用函数 sorted()，sorted()函数对于列表的排序是临时的，并不会改变原列表的真正顺序，并且它会返回一个排序好的新列表，命令行如下所示。

```
>>> number= ['one', 'two', 'three', 'four']
>>> print(sorted(number))
['four', 'one', 'three', 'two']
>>> print(number)
['one', 'two', 'three', 'four']
```

与 sort()函数一样，sorted()函数也可以借助参数 reverse=True，实现列表倒序排序，而且也是临时排序，不改变原列表顺序，命令行如下所示。

```
>>> number= ['one', 'two', 'three', 'four']
>>> new_list = sorted(number, reverse=True)
>>> print(new_list)
['two', 'three', 'one', 'four']
>>> print(number)
['one', 'two', 'three', 'four']
```

注意：

在并非所有的值都是小写时，按字母顺序排列列表要复杂些。决定排列顺序时，有多种解读大写字母的方式，要指定准确的排列顺序，可能比这里所做的要复杂。

反转列表也是面试的时候经常出现的问题，要反转列表元素的排列顺序，可以直接使用 reverse()函数，命令行如下所示。

```
>>> number= ['one', 'two', 'three', 'four']
>>> number.reverse()
>>> print(number)
['four', 'three', 'two', 'one']
```

虽然函数 reverse() 永久性地将列表反转了，但可随时恢复到原来的排列顺序，只需对列表再次调用 reverse() 即可。

那么除了上述所讲的几个函数可以对列表进行排序外，还可以用 for 循环，也就是最古老的方法，一个一个地比较然后根据条件交换位置，最终完成排序，要达到这个目的，必须先确定列表长度，Python 为用户提供了 len()函数用于获得列表长度，命令行如下所示。

```
>>> number= ['one', 'two', 'three', 'four']
>>> len(number)
4
```

注意：

Python 计算列表元素数是从 1 开始，因此确定列表长度时，应该不会遇到差一错误，从命令行中可以看出来，列表长度就是列表中元素的个数。

知道如何获取列表长度，便可以进行循环比较然后排序，命令行如下所示，在跟随笔者训练命令行敲代码时，读者要特别注意缩进，因为 Python 是按照缩进组织执行代码的。

```
>>> list1 = [1,3,5,7,9,12,3,45,6678,2345,45,567,23]
>>> for i in range(len(list1)-1):
...     for j in range(len(list1)-i-1):
```

```
...            if list1[j]>list1[j+1]:
...                list1[j],list1[j+1] = list1[j+1],list1[j]#换位
...
>>> print(list1)
[1, 3, 3, 5, 7, 9, 12, 23, 45, 45, 567, 2345, 6678]
```

3.1.5　遍历列表

在实际的自动化测试中，往往会在列表里放多个同类元素，然后逐一使用它们，遍历列表是不可或缺的知识点，要遍历列表可以使用 for 循环，命令行如下所示。

再次强调注意缩进，否则命令行将报错。

```
>>> number= ['one', 'two', 'three', 'four']
>>> for list_number in number:
...     print(list_number)
...
one
two
three
four
```

3.1.6　创建数值列表

在前面的示例训练中，创建了很多列表，都是逐一将列表元素写到列表的中括号中的，然而那并不是一种高效的方式，使用 Python 中的 range()函数能够让用户轻松地生成一系列的数字，命令行如下所示。

再次强调，注意命令行缩进，这也是为什么笔者坚持在此章用命令行展示，而不是用 Python 文件展示，写代码要注重规范，而命令行是最佳的工具。

```
>>> for value in range(1,5):
...     print(value)
...
1
2
3
4
```

函数 range() 让 Python 从用户指定的第一个值开始数，并在到达用户指定的第二个值后停止，因此输出不包含第二个值（这里为 5），要打印数字 1~5，需要使用 range(1,6)。

这样就轻松地得到了一系列的数字，接下来只需使用函数 list() 将 range() 的结果直接转换为列表。如果将 range() 作为 list() 的参数，输出将为一个数字列表，命令行如下所示。

```
>>>numbers = list(range(1,6))
>>>print(numbers)
[1, 2, 3, 4, 5]
```

当使用函数 range() 时，还可指定步长。步长的概念对初学者或许不是那么容易理解，可以通过以下的命令行代码来理解步长的意义，即实际上就是每次加 2。

```
>>>even_numbers = list(range(2,11,2))
>>>print(even_numbers)
[2, 4, 6, 8, 10]
```

上面的命令行中， 函数 range() 从 2 开始数， 然后不断地加 2，直到终值（11）。再看一个平方的例子。

```
>>> squares = []
>>> for value in range(1,11):
...     square = value**2
...     squares.append(square)
...     print(squares)
...
[1]
[1, 4]
[1, 4, 9]
[1, 4, 9, 16]
[1, 4, 9, 16, 25]
[1, 4, 9, 16, 25, 36]
[1, 4, 9, 16, 25, 36, 49]
[1, 4, 9, 16, 25, 36, 49, 64]
[1, 4, 9, 16, 25, 36, 49, 64, 81]
[1, 4, 9, 16, 25, 36, 49, 64, 81, 100]
```

使用函数 range() 几乎能够创建任何需要的数字集。下面创建一个列表，其中包含前 10 个整数（即 1~10）的平方，代码如下。

```
>>>squares = []
>>>for value in range(1,11):
...    squares.append(value**2)
>>>print(squares)
[1, 4, 9, 16, 25, 36, 49, 64, 81, 100]
```

Python 还为用户提供了几个函数分别用于找出列表中最小的元素、 最大的元素以及对列表中元素求和，命令行如下所示。

```
>>> number= [1, 2, 3, 4, 5, 6, 7, 8, 9, 0]
>>> min(number)
0
>>> max(number)
9
>>> sum(number)
45
```

3.1.7　列表解析

列表解析是将 for 循环和创建新元素的代码合并成一行，并自动附加新元素，命令行如下所示。

```
>>> squares = [value**2 for value in range(1,11)]
>>> print(squares)
[1, 4, 9, 16, 25, 36, 49, 64, 81, 100]
```

3.1.8　切片

可能有些初学者看到“切片”二字很难理解，然而实际上在学习一门语言的初期，只需知道切片的意义是让 Python 代码能够更简练地实现用户想要的结果，没必要纠结于“切片”这两个字，往往从实际的代码中更容易理解它的含义。

创建切片，需要指定要使用的第一个元素的索引和最后一个元素的索引。与函数 range() 一样，Python 在到达指定的第二个索引前面的元素后停止。要输出列表中的前 3 个元素，需要指定索引 0~3，这样系统将输出分别为 0、1 和 2 的元素，命令行如下所示。

```
>>> number= ['one', 'two', 'three', 'four']
>>> print(number [0:3])
['one', 'two', 'three']
```

如果没有指定第一个索引，Python 将自动从列表开头开始输出，命令行如下所示。

```
>>> number= ['one', 'two', 'three', 'four']
>>> print(number [:3])
['one', 'two', 'three']
```

要让切片终止于列表末尾，也可使用类似的语法，命令行如下所示。

```
>>> number= ['one', 'two', 'three', 'four']
>>> print(number [2:])
```

```
['three', 'four']
```

无论列表多长，这种语法都能够输出从特定位置到列表末尾的所有元素。反过来，使用负数索引可以返回离列表末尾相应距离的元素，因此可以输出列表末尾的任何切片，命令行如下所示。

```
>>> number= ['one', 'two', 'three', 'four']
>>> print(number [-2:])
['three', 'four']
```

3.1.9 使用切片遍历列表

在实际使用列表的时候，可能列表太长了，而完全遍历它的话效率会大大下降，借助切片可以遍历列表的部分元素，命令行如下所示。

```
>>> number= ['one', 'two', 'three', 'four']
>>> for list_number in number[:3]:
...     print(list_number.title())
...
One
Two
Three
```

3.1.10 使用切片复制列表

要复制列表，可创建一个包含整个列表的切片，方法是同时省略起始索引和终止索引（[:]）。让 Python 创建一个起始于第一个元素，终止于最后一个元素的切片，即复制整个列表，命令行如下所示。

```
>>> number= ['one', 'two', 'three', 'four']
>>> new_list = number [:]
>>> print(new_list)
['one', 'two', 'three', 'four']
```

这种方法创建的 new_list 是个全新的列表，与 number 列表是独立的，也就是说使用复制方法创建了 new_list 列表后，再去修改 number 列表是不会对新创建的 new_list 有任何影响的。

而如果不用这个方法只是进行赋值操作 new_list = number，并不是创建了一个新的列表，只是将两个变量指向了同一个列表，这种情况下修改任何一个列表，另一个也会发生同样变化。

3.1.11　使用切片反转列表

除了前面讲的 reverse()函数外，还可以使用切片对列表进行反转操作，命令行如下所示。

```
>>> automobile= ['car', 'suv', 'bus', 'atv']
>>> print(automobile[::-1])
['atv', 'bus', 'suv', 'car']
```

3.1.12　其他切片操作

切片操作能够使代码更加简洁，编写效率更加高效，除了上述切片用法外，使用切片还能做很多事情，命令行如下所示。

```
>>> num_list = list(range(1,100))
>>> print(num_list)
[1, 2, 3, 4, 5, 6, 7, 8, 9, 10, 11, 12, 13, 14, 15, 16, 17, 18, 19,
20, 21, 22, 23, 24, 25, 26, 27, 28, 29, 30, 31, 32, 33, 34, 35, 36,
37, 38, 39, 40, 41, 42, 43, 44, 45, 46, 47, 48, 49, 50, 51, 52, 53,
54, 55, 56, 57, 58, 59, 60, 61, 62, 63, 64, 65, 66, 67, 68, 69, 70,
71, 72, 73, 74, 75, 76, 77, 78, 79, 80, 81, 82, 83, 84, 85, 86, 87,
88, 89, 90, 91, 92, 93, 94, 95, 96, 97, 98, 99]
>>> num_list[:10] #取前 10 个数
[1, 2, 3, 4, 5, 6, 7, 8, 9, 10]
>>> num_list[-10:]#取后 10 个数
[90, 91, 92, 93, 94, 95, 96, 97, 98, 99]
>>> num_list[10:20]#取第 11 到第 20 的数
[11, 12, 13, 14, 15, 16, 17, 18, 19, 20]
>>> num_list[:10:2]#取前 10 个数中，每 2 个数取一个
[1, 3, 5, 7, 9]
>>> num_list[5:15:3]#第 6 到 15 的数中，每 3 个数取一个
[6, 9, 12, 15]
>>> num_list[::10]#所有数中，每 10 个数取一个
[1, 11, 21, 31, 41, 51, 61, 71, 81, 91]
```

3.2　Python 基础之元组

列表非常适合用于存储在程序运行期间可能变化的数据集。然而，有时候需要创建一系列不可修改的元素，Python 将不能修改的值称为不可变的，而不可变的列表被称为元组，这是元组和列表最大的区别，而第二个明显区别是元组使用小括号而不是中括号来标识。

元组和列表非常类似，很多使用方法也几乎一样。

3.2.1 创建元组并访问元素

创建元组和创建列表的方式是一样的，但语法不同，元组用小括号，而列表用中括号，它们的访问方式也是一样的，通过索引便可以访问到元组中的元素，命令行如下所示。

```
>>> number= ('one', 'two', 'three', 'four')
>>> print(number [1])
two
```

需要特别注意的是，元组是不能修改的，只能重新赋值，如果进行修改系统会报 TypeError。

```
>>> number= ('one', 'two', 'three', 'four')
>>> number[1]="five"
Traceback (most recent call last):
  File "<stdin>", line 1, in <module>
TypeError: 'tuple' object does not support item assignment
```

3.2.2 元组和列表转换

元组与列表、列表与元组之间是可以进行直接转换的，命令行如下所示。

```
>>> number= ['one', 'two', 'three', 'four']
>>> tuple_number = tuple(number)
>>> print(tuple_number)
('one', 'two', 'three', 'four')
>>> list_number = list(tuple_number)
>>> print(list_number)
['one', 'two', 'three', 'four']
```

3.3 Python 基础之字典

在 Python 中，另一个比较重要而且常用的数据类型便是字典，在使用列表和元组的时候都是通过索引去获得实际的值，而字典提供的是通过一个具体的 Key 去获得相对应的 Value，及字典是若干个 Key-Value 使用{}组合在一起的，本节将详细介绍字典的实际使用方法。

3.3.1　创建字典并访问元素

命令行如下所示，创建一个简单的字典，用于存储一辆车的不同属性。

```
>>> my_automobile = {'color':'black','capacity':5}
>>> my_automobile['color']
'black'
```

在命令行中可以看到，通过 color，找到了 black。

3.3.2　添加键值对

字典是可以修改的，命令行如下所示，给字典追加新的 Key-Value。

```
>>> my_automobile = {'color':'black','capacity':5}
>>> my_automobile['gearbox'] = '8AT'
>>> print(my_automobile)
{'color': 'black', 'capacity': 5, 'gearbox': '8AT'}
```

既然可以再次为字典添加键值对，意味着一开始就可以创建一个空的字典，然后逐一为其添加新的字典元素。

```
>>> my_automobile = {}
>>> my_automobile['color'] = 'black'
>>> my_automobile['capacity'] = 5
>>> my_automobile['gearbox'] = '8AT'
>>> print(my_automobile)
{'color': 'black', 'capacity': 5, 'gearbox': '8AT'}
```

读者应仔细体会字典中所放的数据和列表乃至元组的差别，假设有个系统，该系统有很多会员，而每个会员有很多属性，例如，姓名、电话、邮箱等，字典就是非常适合放这种数据的。

3.3.3　修改字典中的值

要修改字典中的值，可依次指定字典名、用方括号括起的键以及与该键相关联的新值，命令行如下所示。

```
>>> my_automobile = {'color':'black','capacity':5}
>>> my_automobile['color'] = 'yellow'
>>> print(my_automobile)
{'color': 'yellow', 'capacity': 5}
```

从命令行中可以看到，color 原来的 black 被改为了 yellow。

3.3.4 删除键值对

对于字典中不再需要的信息，可使用 del 语句将相应的键值对彻底删除。使用 del 语句时，必须指定字典名和要删除的键，命令行如下所示。

```
>>> my_automobile = {'color':'black','capacity':5}
>>> del my_automobile['capacity']
>>> print(my_automobile)
{'color': 'black'}
```

3.3.5 遍历字典

字典可能只包含几个键值对，也可能包含很多个键值对，如果数据量很大，访问起来就比较困难，好在 Python 支持非常灵活的遍历字典的方式，例如可以遍历字典的所有键值对，也可以只遍历字典的键或值，命令行如下所示。

```
>>> my_automobile = {'color':'black', 'capacity':5,
'gearbox':'8AT'}
>>> for key, value in my_automobile.items():
...     print("Key:" + key)
...     print("Value:"+ str(value))
...
Key:color
Value:black
Key:capacity
Value:5
Key:gearbox
Value:8AT
>>>
```

上面的命令行中，用于遍历字典的 for 循环，声明了两个变量，用于存储键值对中的键和值。对于这两个变量，可使用任何名称，for 语句的第二部分包含字典名和方法 items()，它返回一个键值对列表。接下来，for 循环依次将每个键值对存储到指定的两个变量中。在前面的示例中，使用这两个变量来打印每个键及其相关联的值。

注意：

遍历字典时，键值对的返回顺序与存储顺序并不一定不同，Python 不关心键值对的存储顺序，而只跟踪其键和值之间的关联关系。

遍历字典中的所有键，命令行如下所示。

```
>>> my_automobile = {'color':'black', 'capacity':5,
'gearbox':'8AT'}
```

```
>>> for key in my_automobile.keys():
...     print(key.title())
...
Color
Capacity
Gearbox
```

方法 keys() 并非只能用于遍历；实际上，它返回一个列表，其中包含字典中的所有键，那么读者便可以使用前面章节中讲述的列表知识，对其进行操作。

遍历字典中的所有值，可使用方法 values()，它返回一个值列表，而不包含任何键。例如，如果想获得一个这样的列表，即其中只包含被调查者选择的各种语言，而不包含被调查者的名字，可以这样做，命令行如下所示。

```
>>> my_automobile = {'color':'black', 'capacity':5,
'gearbox':'8AT'}
>>> for value in my_automobile.values():
...     print(value)
...
black
5
8AT
>>>
```

上面的方法是提取字典中所有的值，而没有考虑是否重复。涉及的值很少时，这也许不是问题，如果值很多，最终的列表可能包含大量的重复项。为剔除重复项，可使用集合 set，集合类似于列表，但每个元素都必须是独一无二的，命令行如下所示。

```
>>> my_automobile = {'color':'black', 'capacity':5,
'gearbox':'8AT', 'tyre':5}
>>> for value in set(my_automobile.values()):
...     print(value)
...
8AT
black
5
>>>
```

上面的命令行是通过对包含重复元素的列表调用 set()，这样可让 Python 找出列表中独一无二的元素，并使用这些元素来创建一个集合。

3.3.6　嵌套

有时候，需要将一系列字典存储在列表中，或将列表作为值存储在字典中，这称为嵌套。可以在列表中嵌套字典、在字典中嵌套列表甚至在字典中嵌套字典，下面的字典列表其命令行如下所示。

```
>>> my_first_car = {'color':'black', 'type':'car', 'gearbox':'8AT'}
>>> my_second_car = {'color':'red', 'type':'suv', 'gearbox':'6AT'}
>>> my_cars = [my_first_car, my_second_car]
>>> for car in my_cars:
...     print(car)
...
{'color': 'black', 'type': 'car', 'gearbox': '8AT'}
{'color': 'red', 'type': 'suv', 'gearbox': '6AT'}
#创建一个用于存储轿车的空列表
cars= []
#创建 30 辆车
for car_number in range(30):
     new_car = {'color': 'green', type: 'suv', 'gearbox: '8AT'}
     cars.append(new_car)
```

还可以在字典中存储列表，命令行如下所示。

```
pizza = {'crust': 'thick', 'toppings': ['mushrooms', 'extra cheese']}
```

还可以在字典中存储字典，命令行如下所示。

```
users = {
   'aeinstein': {
       'first': 'albert',
       'last': 'einstein',
       'location': 'princeton',
       },
   'mcurie': {
       'first': 'marie',
       'last': 'curie',
       'location': 'paris',
       },
   }
```

注意：

上面的命令行中，表示每位用户的字典的结构都相同，虽然 Python 并没有这样的要求，但这使得嵌套的字典处理起来更容易。倘若表示每位用户的字典都包含不同的键，for 循环内部的代码将更复杂。

3.4 Python 基础之字符串

字符串是常用的数据类型，无论是在自动化编码还是在应用开发中都会频繁用到对字符串的操作，并且在很多公司面试的时候字符串的处理往往也是会经常被问到的，本节将详细介绍字符串的创建及其基本的使用方法。

3.4.1　字符串实操

给定一句英文，如何将这句英文中的每个单词的首字母转换为大写并显示？使用函数 title()修改字符串的大小写，命令行如下所示。

```
>>> str = "python string show"
>>> print(str.title())
Python String Show
```

如何将所有字母都转换为大写？可使用函数 upper()进行转换，命令行如下所示。

```
>>> str = "Python string show"
>>> print(str.upper())
PYTHON STRING SHOW
>>> print(str.lower())
python string show
```

而将所有字母转换为小写，则可以使用函数 lower()完成。

3.4.2　合并（拼接）字符串

在实际工作中往往需要展示一串用户想要的字符串，而经常地这个字符串并不是全部靠键盘敲进去的，需要加上一些程序生成的内容，此时就需要拼接字符串，而拼接方法很简单，命令行如下所示。

```
>>> first_str = "python"
>>> second_str = "string"
>>> third_str = "show"
>>> str = first_str+" "+second_str+" "+third_str
>>> print(str)
python string show
```

Python 使用加号（+）来合并字符串，这种合并字符串的方法称为拼接。通过拼接，可使用存储在变量中的信息来创建完整的消息，再看一个拼接时间的例子，命令行如下所示。

```
>>> from time import ctime
>>> print("Now time is" + ctime())
Now time is Fri May 24 00:54:57 2019
```

3.4.3　删除空白

在程序中，额外的空白可能令人迷惑，‘python’和‘ python ’看起来几乎没什么两样， 但对程序来说， 它们却是两个不同的字符串。 Python 能够发现‘ python ’中额外的空白，并认为它是有意义的，空白很重要，因为用户经常需要比较两个字符串是否相同。

如果要去掉字符串末尾的空白，可使用 rstrip()函数，命令行如下所示。

```
>>> language = "Python "
>>> print(language)
'Python '
>>> language.rstrip()
'Python'
>>> language
'Python '
```

从命令行中可以看到，rstrip()并不是直接修改字符串，只是临时去掉了空，要永久删除这个字符串中的空白，必须将删除操作的结果存回到变量中，命令行如下所示。

```
>>> language = 'python '
>>> language = favorite_language.rstrip()
>>> language
'python'
```

除了可以去掉末尾的空白外，还可以使用 lstrip()去掉字符串开头的空白，或使用 strip()同时去掉字符串两端的空白，命令行如下所示。

```
>>> language = ' python '
>>> language.rstrip()
' python'
>>> language.lstrip()
'python '
>>> language.strip()
'python'
```

同样的使用/t 和/n 产生的空白也可以进行相同的处理，命令行如下所示。

```
>>> str = "\tpython"
>>> print(str)
        python
>>> print(str.lstrip())
python
>>> str = "\njava"
>>> print(str)
#\n 在此处产生的空行
java
>>> print(str.lstrip())
java
```

除了单纯地对字符串进行操作外，还可以使用 split()函数将字符串拆成列表，命令行如下所示。

```
>>> str = "I do not even know what i am talking"
>>> list = str.split(" ")
>>> list
['I', 'do', 'not', 'even', 'know', 'what', 'i', 'am', 'talking']
```

3.5　Python 基础之文件

前几节已经介绍了几个数据类型，本节介绍的重点是处理文本文件，文本文件可存储的数据量相对要多很多，而当需要分析或修改存储在文件中的信息时，掌握处理文件的方法是必要的，往往很多公司的技术面试也都会出文本文件相关的考题。

3.5.1　读取整个文件

首先准备好一个.txt 格式的文件，并将其命名为 file.txt，读取该文本文件中的内容，命令行如下所示。

```
>>> filepath = "C:/Users/davieyang/Desktop/file.txt"
>>> file_object = open(filepath)
>>> file_content = file_object.read()
>>> print(file_content)
1111111111
2222222222
3333333333
4444444444
5555555555
>>> file_object.close()
```

命令行中可以看到，打开文件使用了函数 open()，并将要打开的文本文件的全路径当成参数传给了它，open()函数打开文件后，会返回一个文件对象，如命令行第二行所示，这里将其赋值给了 file_object。打开了文件后，接下来就是读取文件内容。

这里使用了 read()函数读取整个文件内容，并将读取的内容赋值给了 file_content，然后使用 print（）函数打印读取到的内容。

在最后可以看到 file_object.close()，因为单独使用了 open()函数，又使用了 read()函数读取了文件，如果不在操作完文件后调用 close()函数关闭它，那么它将保持打开的状态，这是一件非常危险的事情，因为很可能忘记关闭后，在后续的编码过程中又修改了它。未妥善关闭文件可能会导致数据丢失或受损，而且也是一个非常不好的编码习惯，但是如果在程序中过早地调用 close()，会发现需要使用文件时它已关闭（无法访问）。

为了避免这种风险，可以使用关键字 with 在不再需要访问文件后将其关闭，代码如下所示，在此强调命令行执行命令时，注意 Python 的缩进方式。

```
>>> with open("C:/Users/Administrator/Desktop/file.txt") as
file_object:
...     file_content = file_object.read()
...     print(file_content)
...
1111111111111111
2222222222222222
3333333333333333
4444444444444444
5555555555555555
```

如果程序报这样的错误：SyntaxError: (unicode error) 'unicodeescape' codec can’t decode bytes in position 2-3: truncated \UXXXXXXXX escape，则表明制定文件的全路径用错了斜杠，请仔细观察笔者的命令行写法。

3.5.2 逐行读取

读取文件时，常常需要以每行为单位进行内容的处理，因此必须掌握逐行读取文件的方法，命令行如下所示。

```
>>> file = "C:/Users/Administrator/Desktop/file.txt"
>>> with open(file) as file_object:
...      for line in file_object:
...               print(line)
...
1111111111111111
2222222222222222
3333333333333333
4444444444444444
5555555555555555
```

这里使用关键字 with 时，open()返回的文件对象只在 with 代码块内可用。如果要在 with 代码块外访问文件的内容，可在 with 代码块内将文件的各行存储在一个列表中，并在 with 代码块外使用该列表，这时可以立即处理文件的各个部分，也可推迟到程序后面再处理。下面的示例是在 with 代码块中将文件 pi_digits.txt 的各行存储在一个列表中，再在 with 代码块外打印它们：

```
>>> file = "C:/Users/Administrator/Desktop/file.txt"
>>> with open(file) as file_object:
...     lines = file_object.readlines()
...     print(lines)
...
['1111111111111111\n', '2222222222222222\n',
'3333333333333333\n', '4444444444444444\n', '5555555555555555']
>>> for line in lines:
...      print(line.rstrip())
...
1111111111111111
2222222222222222
3333333333333333
4444444444444444
5555555555555555
```

这里 readlines()从文件中读取每一行，并将其存储在一个列表中；接下来，该列表被存储到变量 lines 中；在 with 代码块外，依然可以使用这个变量。在此，使用一个简单的 for 循环来打印 lines 中的各行。由于列表 lines 的每个元素都对应于文件中的一行，因此程序输出与文件内容完全一致。

3.5.3　使用文件的内容

能够读取到文件内容，就能够操作它，命令行如下所示，逐行读取文件内容后，将其赋值给 lines，然后使用 for 循环 lines 中的内容，再将其拼接成一个字符串。

```
>>> file = "C:/Users/Administrator/Desktop/file.txt"
>>> with open(file) as file_object:
...     lines = file_object.readlines()
...
>>> str = ''
>>> for line in lines:
...      str += line.rstrip()
...
>>> print(str)
1111111111111111 2222222222222222 3333333333333333
       4444444444444444 5555555555555555
```

在变量 str 存储的字符串中，包含原来位于每行左边的空格，为删除这些空格，可使用 strip()而不是 rstrip()。

注意：

读取文本文件时，Python 将其中的所有文本都解读为字符串。如果读取的是数字，并要将其作为数值使用，就必须使用函数 int() 将其转换成整数，或使用函数 float() 将其转换成浮点数。

关于可处理的数据量，Python 没有任何限制；只要系统的内存足够多，想处理多少数据都可以。

调用 open()时提供了两个实参。第一个实参是要打开的文件的名称；第二个实参（'w'）告诉 Python，要以写入模式打开这个文件。打开文件时，可指定读取模式（'r'）、写入模式（'w'）、附加模式（'a'）或让用户能够读取和写入文件的模式（'r+'）。如果省略了模式实参，Python 将以系统默认的只读模式打开文件。如果要写入的文件不存在，函数 open()将自动创建它。

注意：

以写入模式（'w'）打开文件时千万要小心，因为如果指定的文件已经存在，Python 将在返回文件对象前清空该文件。

Python 只能将字符串写入文本文件。如果要将数值数据存储到文本文件中，必须先使用函数 str() 将其转换为字符串格式。

命令行如下所示，使用函数 write()将字符串写入文件中，此处需要注意的是 write()函数不会在写入文本的末尾添加换行符，因此如果想写入多行时要指定换行符。

```
>>> filename = 'C:/Users/Administrator/Desktop/language.txt'
>>> with open(filename, 'w') as file_object:
...     file_object.write("java.\n")
...     file_object.write("python.\n")
```

如果要给文件添加内容，而不是覆盖原有的内容，可以附加模式打开文件。以附加模式打开文件时，Python 不会在返回文件对象前清空文件，而写入文件的行都将添加到文件末尾。如果指定的文件不存在，Python 将为用户创建一个空文件。

如下面的示例，打开文件时指定了实参'a'，以便将内容附加到文件末尾，而不是覆盖文件原来的内容。

```
>>> filename = 'C:/Users/Administrator/Desktop/language.txt'
>>> with open(filename, 'a') as file_object:
...     file_object.write("C++.\n")
...     file_object.write("Go.\n")
```

上面的程序执行后，按照指定的文件路径和文件名，打开该文件后，可以发现内容成功写入了。

3.6 Python 基础之函数

在实际的开发过程中，往往有些任务是要重复多次去完成的，如果每次完成同样的任务那势必会大大增加代码量，同时也让代码很难阅读，函数为用户解决了这种问题，在程序中多次执行同一项任务时，无须反复编写完成该任务的代码，而只需调用执行该任务的函数，让 Python 运行其中的代码。有了它使代码结构更加清晰，复用率和编码效率都大大提高。

3.6.1 定义函数

来定义一个简单的函数，让它能够打印一个字符串代码，代码如下所示。

```
def test_function():
    """输入一段文字"""
    print("This is A function")
test_function()
```

上面的程序使用关键字 def 来告诉 Python 要定义一个函数，它向 Python 指出了函数名，还可以在括号内指出函数为完成其任务需要什么样的信息。在这个简单的例子里，函数名为 test_function()，它不需要任何信息就能完成其工作，因此括号是空的，即便如此，括号也必不可少。最后，定义以冒号结尾。

紧跟在 def test_function():后面的所有缩进行构成了函数体，由 3 对双引号包含的文本被称为文档字符串（docstring）的注释，用来描述函数是做什么的，Python 使用它们来生成有关程序中函数的文档。

代码行 print("This is A function")是函数体内的唯一一行代码，test_function()只做一项工作即输出字符串 This is A function。

要使用这个函数，可调用它。函数调用让 Python 执行函数的代码。要调用函数，可依次指定函数名以及用括号括起的必要信息，由于这个函数不需要任何信息，因此调用它时只需输入 test_function() 即可。

3.6.2 向函数传参

用以下代码来定义一个可以接收参数的函数。

```
def test_function(functionname):
    """显示简单的问候语"""
    print("this is, " + functionname.title() + "!")
test_function("printstring")
```

实参和形参：在函数 test_function() 的定义中，变量 functionname 是一个形参，读者朋友们可以将其理解为形式上的参数而并非真正参数，之所以给加了个形式上的参数，是表明该函数是可以接收实参的，在代码 test_function("printstring") 中，值 printstring 就是一个实参。

实参是调用函数时传递给函数的真正参数。在 test_function("printstring")中，将实参 printstring 传递给了函数 test_function()，这个值被存储在形参 functionname 中。

传递实参：函数定义中可能包含多个形参，因此函数调用中也可能包含多个实参。向函数传递实参的方式很多，可使用位置实参，这要求实参的顺序与形参的顺序相同；也可使用关键字实参，它其中的每个实参都由变量名和值组成；还可使用列表和字典。

位置实参：当调用函数时，Python 会将函数调用中的每个实参与函数定义中的形参一一对应，这个时候就必须考虑参数的顺序，这种对应方式就属于位置实参。

```
def traffclights (color, number):
    """显示交通灯的信息"""
    print("that crossroad has " + number + "traffic lights with" + color )
traffclights ("red", '1')
```

看到上面这个函数的定义，它接收两个参数，第一个参数 color 表示交通灯颜色，第二个参数 number 表示交通灯数量，然后在形参的位置和意义已知的情况下，后面调用 trafficlights("red", '1')的时候传给参数的实际参数正确地对应了函数定义时候的位置及其意义，其执行结果如下。

```
that crossroad has 1 traffic lights with red
```

而如果实际参数传递顺序和形参的位置及意义不一致，执行结果可能会让用户完全不知道是怎么回事。函数定义好，可以多次调用它，代码如下所示。

```
traffclights ("yellow", '3')
traffclights ("red", '1')
traffclights ("green", '3')
```

多次调用函数是一种效率极高的工作方式。

关键字实参：是以“名称=值对”的形式传递给函数参数，这就意味着直接在实参中将名称和值关联起来了，这样便不会出现实际参数和函数定义时的形参位置与意义不相符的情况。关键字实参让用户无须考虑函数调用中的实参顺序，还清楚地指出了函数调用中各个值的用途。示例代码如下所示。

```
trafficlights(color = 'yellow', number = '3')
trafficlights(color = 'red', number = '3')
```

下面两个函数调用是等效的：

```
trafficlights(number = '3', color = 'yellow')
trafficlights(number = '3', color = 'red')
```

参数默认值：实际上当用户定义函数的时候可给每个形参指定默认值。在调用函数中如果另外给形参提供了实参时，Python 将使用指定的实参值；如果没另外提供，则使用形参的默认值。因此，给形参指定默认值后，可在函数调用中省略相应的实参。使用默认值可简化函数调用，还可清楚地指出函数的典型用法。示例代码如下所示。

```
def trafficlights(color, number=3):
    """显示交通灯的信息"""
    print("that crossroad has " + number + "traffic lights with" + color )
trafficlights(color='green')   #这样便可完成调用
```

在调用函数时，只给了一个实参，但另一个参数有默认值，因此调用是成功的，并且 Python 使用了默认值。

请注意，在上面代码中的这个函数的定义中，修改了形参的排列顺序。由于给 number 指定了默认值，无须通过实参来指定，因此在函数调用中只包含一个实参即 color。然而，Python 依然将这个实参视为位置实参，因此如果函数调用中只包含 color，这个实参将关联到函数定义中的第一个形参。因此以下两种调用就是等效的。

```
trafficlights('yellow')
trafficlights(color = 'yellow')
```

虽然给函数的形参指定了默认值，但它只是默认值，当用户没给该形参传递实参时，Python 会使用默认值，如果调用函数的时候给拥有默认值的形参传递一个新的实参，Python 则会忽略原有默认值使用新传递的实参。示例代码如下所示。

```
trafficlights(color = 'yellow', number = 1)
```

注意：

使用默认值时，在形参列表中必须先列出没有默认值的形参，再列出有默认值的实参。这让 Python 依然能够正确地解读位置实参。

3.6.3　返回值

函数并非总是直接显示输出，相反，它可以处理一些数据，并返回一个或一组值。函数返回的值被称为返回值。在函数中，可使用 return 语句将值返回到调用函数的代码行。返回值让用户能够将程序的大部分繁重工作转移到函数中去完成，从而简化主程序。示例代码如下所示。

```
def trafficlights(color, number=3):
    """显示交通灯的信息"""
    traffic_lights_situation = "that crossroad has " + number +
"traffic lights with" + color
   return traffic_lights_situation
traffic_lights = trafficlights ('yellow', 3)
print(traffic_lights)
```

上面代码中的函数 trafficlights () 的定义通过形参接收交通灯的颜色和数量，并将结果返回到函数调用行。调用返回值的函数时，需要提供一个变量，用于存储返回的值。在这里，将返回值存储在了变量 traffic_lights 中，某执行结果如下。

```
that crossroad has 3 traffic lights with yellow
```

3.7 Python 基础之类

类和函数在后续章节会大量用到，因此这些基础知识还是必须掌握的，尽管它跟 Selenium 没有直接关系。

3.7.1 创建和使用类

如下代码定义了一个类，并在类中定义了两个函数，其中一个是加法函数，并会返回两数之和；另一个是减法函数，返回两数之差。

```
#encoding = utf-8
class Calculator():  #定义类
   def addition(self, a, b):  #定义类中加法的函数
       return a + b  #该函数返回 a+b 的结果
   def minus(self, a, b):  #定义类中的减法函数
       return a - b  #该函数返回 a-b 的结果
Calc = Calculator()  #实例化类
result1 = Calc.addition(1, 2) #调用第一个函数，并将返回值赋值给 result1
print(result1)  #打印 result1
result2 = Calc.minus(3, 4)  #调用第二个函数，并将返回值赋值给 result2
print(result2)  #打印 result2
```

注意：

该段代码在 Python 2 中执行时是要报错的，Python 2 中定义类需要声明继承类 object 的，而在 Python 3 中 object 已经成为所有类的基类，无须声明继承该类了。

3.7.2　继承

接下来看一下 Python 类的继承，代码如下所示。

```
#encoding = utf - 8
class Calculator():  #定义类
   def addition(self, a, b):  #定义类中的加法函数
       return a + b  #该函数返回 a+b 的结果
   def minus(self, c, d):  #定义类中的减法函数
       return a - b   #该函数返回 a-b 的结果
class Calculate(Calculator): #定义第二个类，并且第二个类继承于第一个类
   def mul(self, a, b):  #定义类中的乘法函数
       return a*b  #该函数返回 a 乘 b 的结果
   def div(self, a, b):  #定义类中的除法函数
       return a/b  #该函数返回 a 除 b 的结果
Calc = Calculate()  #实例化第二个类
result1 = Calc.addition(1, 2)  #因第二个类继承于第一个类，调用父类中的
addition 函数
print(result1)  #打印 result1
result2 = Calc.minus(3, 4)  #因第二个类继承于第一个类，调用父类中的 minus
函数
print(result2)  #打印 result2
result3 = Calc.div(4, 2)  #调用子类中的 div 函数
print(result3)  #打印 result3
```

上面代码创建的第一个类 Calculator，它有两个函数分别是 addition 和 minus，然后又创建了第二个类 Calculate，第二个类继承于第一个类，因此它除了可以使用自己类中定义的 mul 函数和 div 函数外，还能够使用其父类中的 addition 函数和 minus 函数。

3.8　本章小结

在实际的自动化测试工作中，读者的目光不能只局限于 Selenium 的 UI 自动化，实际上只要能够模拟出来的都可以进行自动化，因此掌握 Python 的基础知识并烂熟于心能够让自动化测试工作更加游刃有余，而在很多公司招聘自动化测试岗位的时候，往往也更关心基础，而并非仅仅 Selenium。

第4章 元素定位

本章将正式进入自动化测试的范畴，如果用通俗的方式描述自动化测试，那就是用代码控制页面上的控件来完成测试任务，要控制它就要知道它在哪儿，因此必须定位它，定位到它之后把它封装成对象，成为对象后它就可以执行任务了。

实际上所谓自动化测试就是这个过程，那么定位元素就是自动化测试一个很重要的开端，也是重中之重，并且笔者从业以来帮助他人解决的所有自动化测试的代码异常中，元素定位问题也占很大的比例，对于初学者而言元素定位便是自动化测试的基本功，只有基本功扎实了，在定位异常时才能够游刃有余。

4.1 元素定位概述

Webdriver 为用户提供了 8 种定位页面元素的方法，分别是 ID、Name、Class name、Tag name、Link text、Partial Link text、XPath、CSS selector。一般情况下 ID 和 Name 最为常用也最简单，Link text 和 Partial Link text 用于定位文字链接最为好用，XPath 和 CSS selector 最灵活、最万能也最复杂，理论上讲 8 种定位方法完全可以满足自动化测试工作。

然而在实际工作中，自动化测试工作的复杂程度往往要取决于前端代码的规范程度，并不是所有前端工程师在写页面代码时都会给元素加上 ID 或者 Name，很多情况下，自动化测试工程师不得不经常性地使用 Xpath 进行元素定位工作。

也因此对于初学者而言，想要胜任自动化测试工程师的岗位，在训练自己基本功的时候就更要下功夫，多进行命令行编写定位的训练，多遇见异常情况，更快地积累经验方为上策。

本章笔者将基于 Chrome/Firefox/IE 3 个主流浏览器详细介绍如何使用这 8 种定位方法定位元素以及如何使用这些方法定位一组元素并使用索引定位这组元素中的具体某一个。

4.1.1　元素定位工具

随着浏览器的更新迭代，其本身自带的工具就可以完全满足用户对前端代码的定位工作，以 Chrome 浏览器为例（如图 4.1 所示），能够通过鼠标找到并打开开发者工具，也可以通过组合键<Ctrl+Shift+I>或直接按 F12 键打开它。

图 4.1　开发者工具

如果读者使用的是 Firefox 浏览器（如图 4.2 所示），可以通过鼠标找到并打开查看器，也可以使用组合键<Ctrl+Shift+C>或直接按 F12 键打开它。

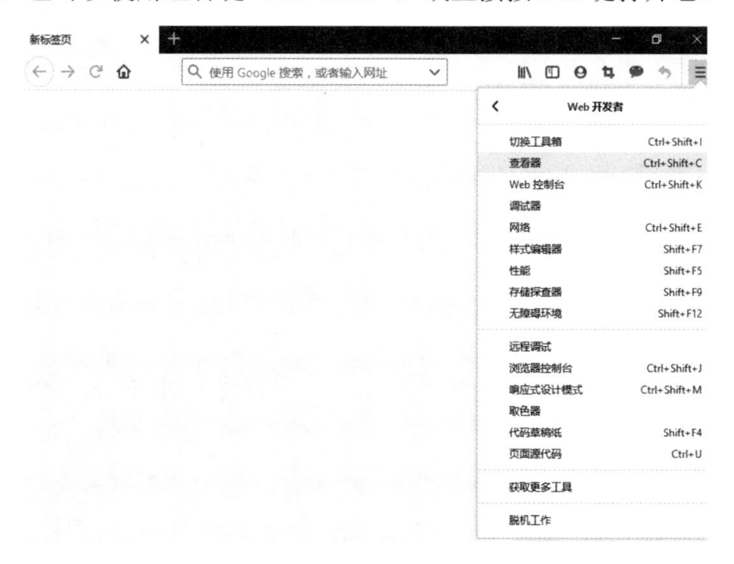

图 4.2　查看器

如果读者使用的是 IE 浏览器，如图 4.3 所示，可以通过鼠标找到并打开 F12 开发人员工具，或是直接按 F12 键打开它。

图 4.3　F12 开发人员工具

4.1.2　元素 HTML 定位

元素定位，实际上就是要定位到要控制的页面元素的 HTML 代码，其 HTML 代码中包含了该元素的种种属性，通过获得其属性值而定位到元素的位置。4.1.1 小节中介绍了 3 个浏览器获取页面元素定位的基础工具，本小节来看看如何使用它获取页面元素的实际 HTML 属性。

如果读者使用的是 Chrome，首先使用浏览器打开百度主页（网址为 http://www.baidu.com），然后根据 4.1.1 小节的介绍打开了开发者工具后，单击开发者工具工具栏中的第一个按钮，也可以使用组合键<Ctrl+Shift+C>触发该按钮，然后将鼠标移动到页面上想要获取的元素上并按一下鼠标左键，这个时候开发者工具会自动跳转到该元素的 HTML 代码行，例如，要获取的页面元素是百度主页的“百度一下”按钮，如图 4.4 所示。

开发者工具自动定位到“百度一下”按钮的 HTML 代码行，能够看到其 HTML 属性：

```
<input type="submit" id="su" value="百度一下" class="bg s_btn">
```

如果读者使用的是 Firefox，首先使用浏览器打开百度主页即网址为 http://www.baidu.com，然后根据 4.1.1 小节的介绍打开了查看器后，单击查看器工具栏中的第一个按钮，也可以使用组合键<Ctrl+Shift+C>触发该按钮，然后将鼠标移动到页面上想要获取的元素上并按一下鼠标左键，这个时候查看器会自动跳转到该元素的 HTML 代码行，例如，要获取的页面元素是百度主页的“百度一下”按钮，如图 4.5 所示。

图 4.4　Chrome“百度一下”按钮

图 4.5　Firefox“百度一下”按钮

查看器自动定位到“百度一下”按钮的 HTML 代码行，能够看到其 HTML 属性：

```
<input type="submit" id="su" value="百度一下" class="bg s_btn">
```

如果读者使用的是 IE，首先使用浏览器打开百度主页即网址为 http://www.baidu.com，然后根据 4.1.1 小节的介绍打开了 F12 开发人员工具后，单击查看器工具栏中的第一个按钮，也可以是用组合键<Ctrl+B>触发该按钮，然后将鼠标移动到页面上想要获取的元素上并按一下鼠标左键，这个时候 F12 开发人员工具会自动跳转到该元素的 HTML 代码行，例如，要获取的页面元素是百度主页的“百度一下”按钮，如图 4.6 所示。

图 4.6　IE “百度一下” 按钮

F12 开发人员工具自动定位到“百度一下”按钮的 HTML 代码行，能够看到其 HTML 属性：

```
<input type="submit" id="su" value="百度一下" class="bg s_btn">
```

4.2　元素 ID 定位

本节将详细介绍使用 ID 定位页面元素，并定制一个简单的场景，结合实例代码讲解如何通过元素 ID 来定位页面元素，并在定位到页面元素后使用定位到的元素完成工作。

4.2.1　语法

Selenium 的 Webdriver 在使用 ID 定位时所用的语法如下。

```
driver.find_element_by_id(self, value)  #Webdriver类中
find_element_by_id(self, value)函数
driver.fine_element(self, by, value)  #Webdriver类中
find_element(self, by, value)函数
```

4.2.2 代码示例

首先使用浏览器工具获取页面元素 HTML 属性，获取页面元素 ID 后，完成场景：百度搜索关键字__davieyang__，代码如下所示。

```
>>> from selenium import webdriver  #从Selenium模块中导入Webdriver类
>>> chrome_driver = webdriver.Chrome()  #初始化Chrome浏览器驱动并启
动Chrome浏览器
DevToolslisteningon
      ws://127.0.0.1:38316/devtools/browser/cb85fe38-768d-4d2b-
8ac5-0f46409603f5
>>> chrome_driver.get("http://www.baidu.com")  #打开百度首页
#输入__davieyang__
>>>
chrome_driver.find_element_by_id("kw").send_keys("__davieyang__")
>>> chrome_driver.find_element_by_id("su").click()  #单击“百度一
下”按钮
```

也可以使用第二种语法完成该场景，代码如下所示。

```
>>> from selenium import webdriver  #从Selenium模块中导入Webdriver类
>>> chrome_driver = webdriver.Chrome()  #初始化Chrome浏览器驱动并启
动Chrome浏览器
DevToolslisteningon
      ws://127.0.0.1:38316/devtools/browser/cb85fe38-768d-4d2b-
8ac5-0f46409603f5
>>> chrome_driver.get("http://www.baidu.com")  #打开百度首页
>>> chrome_driver.find_element(by="id",
value="kw").send_keys("__davieyang__")
>>> chrome_driver.find_element(by="id", value="su").click()
```

4.3 元素 Name 定位

本节将详细介绍使用 Name 定位页面元素，并定制一个简单的场景，结合代码示例讲解如何通过元素 Name 来定位页面元素，并在定位到页面元素后使用定位到的元素完成工作。

4.3.1 语法

Selenium 的 Webdriver 在使用 Name 定位时所用的语法如下。

```
driver.find_element_by_name(self,name)#Webdriver 类中
find_element_by_name(self,name)函数
driver.find_element(self,by,value) #Webdriver 类中 find_element
(self, by, value)函数
```

4.3.2 代码示例

首先使用浏览器工具获取页面元素 HTML 属性，获取页面元素 Name 后，完成场景：通过百度首页进入百度新闻页面，代码如下所示。

```
>>> from selenium import webdriver  #从 Selenium 模块中导入 Webdriver 类
>>> chrome_driver = webdriver.Chrome()  #初始化 Chrome 浏览器驱动并启
动 Chrome 浏览器
DevToolslisteningon
      ws://127.0.0.1:38316/devtools/browser/cb85fe38-768d-4d2b-
8ac5-0f46409603f5
>>> chrome_driver.get("http://www.baidu.com")  #打开百度首页
>>> chrome_driver.find_element_by_name("tj_trnews").click()  #单
击“新闻”链接
```

也可以使用第二种语法完成该场景，代码如下所示。

```
>>> from selenium import webdriver  #从 Selenium 模块中导入 Webdriver 类
>>> chrome_driver = webdriver.Chrome()  #初始化 Chrome 浏览器驱动并启
动 Chrome 浏览器
DevToolslisteningon
      ws://127.0.0.1:38316/devtools/browser/cb85fe38-768d-4d2b-
8ac5-0f46409603f5
>>> chrome_driver.get("http://www.baidu.com")  #打开百度首页
>>> chrome_driver.find_element(by="name", value=" tj_trnews").cl
ick()  #单击“新闻”链接
```

4.4 元素 Class 定位

本节将详细介绍使用 Class 定位页面元素，并定制一个简单的场景，结合代码示例讲解如何通过元素 Class 来定位页面元素，并在定位到页面元素后使用定位到的元素完成工作。

4.4.1　语法

Selenium 的 Webdriver 在使用 Class 定位时所用的语法如下。

```
driver.find_element_by_class_name(self, value)
#webdriver 类中 find_element_by_class_name(self,value)函数
```

4.4.2　代码示例

首先使用浏览器工具获取页面元素 HTML 属性，获取页面元素 classname 后，完成场景：百度搜索关键字__davieyang__，代码如下所示。

```
>>> from selenium import webdriver  #从 Selenium 模块中导入 Webdriver 类
>>> chrome_driver = webdriver.Chrome()  #初始化 Chrome 浏览器驱动并启
动 Chrome 浏览器
DevToolslisteningon
      ws://127.0.0.1:38316/devtools/browser/cb85fe38-768d-4d2b-
8ac5-0f46409603f5
>>> chrome_driver.get("http://www.baidu.com")  #打开百度首页
#输入__davieyang__
>>>chrome_driver.find_element_by_class_name("s_ipt").send_keys(
"__davieyang__")
#单击“百度一下”按钮
>>> chrome_driver.find_element_by_class_name("bgs_btn").send_ke
ys("__davieyang__")
```

4.5　元素 Tag 定位

本节将详细介绍使用 Tag 定位页面元素，并定制一个简单的场景，结合代码示例讲解如何通过元素 Tag 来定位页面元素，并在定位到页面元素后使用定位到的元素完成工作。

4.5.1　语法

Selenium 的 Webdriver 在使用 Tag 定位时所用的语法如下。

```
driver.find_element_by_tag_name(self, value)
#webdriver 类中 find_element_by_tag_name(self,value)函数
```

页面上的标签诸如<div>、<input>、<a>、<span>等非常多，而且同样的标签也非常多，因此用这个方法定位到唯一元素的可能性很低，因此在实际工作中很少使用 Tag 来定位唯一的元素，通常情况下都是使用以下语法来定位一组同名的

标签。

```
driver.find_elements_by_tag_name(self, value)
#Webdriver 类中 find_elements_by_tag_name(self,value)函数
```

然后将一组标签放到 List 中，再由索引来定位唯一的元素，并且前提是已知索引是多少或者说用户知道元素在第几个标签里。

4.5.2 代码示例

首先使用浏览器工具获取页面元素 HTML 属性，获取页面元素 Tag 后，完成场景：百度搜索关键字__davieyang__，代码如下所示。

```
>>> from selenium import webdriver  #从 Selenium 模块中导入 Webdriver 类
>>> chrome_driver = webdriver.Chrome()  #初始化 Chrome 浏览器驱动并启动 Chrome 浏览器
>>> chrome_driver.get("http://www.baidu.com")  #打开百度首页
#页面中<input>标签很多，因此全部获取后并将其放在 input_list 列表中
>>> input_list = chrome_driver.find_element_by_tag_name("input")
#输入框在第 8 个<input>标签，使用 list 索引 7 获取并输入__davieyang__
>>> input_list[7].send_keys("__davieyang__")
#“百度一下”按钮在第 9 个<input>标签，使用 list 索引 8 获取并单击
>>> input_list[8].click()
```

4.6 元素 Link 定位

本节将详细介绍使用 Link 定位页面元素，并定制一个简单的场景，结合代码示例讲解如何通过元素 Link 来定位页面元素，并在定位到页面元素后使用定位到的元素完成工作。

4.6.1 语法

Selenium 的 Webdriver 在使用 link_text 定位时所用的语法如下。

```
driver.find_element_by_link_text(self,link_text)
#Webdriver 类中 find_element_by_link_text(self, link_text)函数
```

4.6.2 代码示例

首先使用浏览器工具获取页面元素 HTML 属性，获取页面元素 link_text 后，完成场景：通过百度首页进入百度新闻页面，代码如下所示。

```
>>> from selenium import webdriver  #从Selenium模块中导入Webdriver类
>>> chrome_driver = webdriver.Chrome()  #初始化 Chrome 浏览器驱动并启
动 Chrome 浏览器
DevToolslisteningon
     ws://127.0.0.1:38316/devtools/browser/cb85fe38-768d-4d2b-
8ac5-0f46409603f5
>>> chrome_driver.get("http://www.baidu.com")  #打开百度首页
>>> chrome_driver.find_element_by_link_text("新闻").click()
#单击“新闻”链接
```

4.7　元素 Partial Link 定位

本节将详细介绍使用 Partial Link 定位页面元素，并定制一个简单的场景，结合代码示例讲解如何通过元素 Partial Link 来定位页面元素，并在定位到页面元素后使用定位到的元素完成工作。

4.7.1　语法

Selenium 的 Webdriver 在使用 partial_link_text 定位时所用的语法如下。

```
driver.find_element_by_partial_link_text(self, partial_link_text)
#Webdriver类中 find_element_by_partial_link_text(self, partial_ l
ink_text)函数
#partial link text 定位时，只需输入文字链接的部分内容即可， 而 link_text
则要输入全部
```

4.7.2　代码示例

首先使用浏览器工具获取页面元素 HTML 属性，获取页面元素 link_text 后，完成场景：通过百度首页进入百度新闻页面，代码如下所示。

```
>>> from selenium import webdriver  #从Selenium模块中导入Webdriver类
>>> chrome_driver = webdriver.Chrome()  #初始化 Chrome 浏览器驱动并启
动 Chrome 浏览器
DevToolslisteningon
     ws://127.0.0.1:38316/devtools/browser/cb85fe38-768d-4d2b-
8ac5-0f46409603f5
>>> chrome_driver.get("http://www.baidu.com")  #打开百度首页
>>> chrome_driver.find_element_by_partial _link_text("新").click()
#单击“新闻”链接
```

4.8 元素 XPath 定位

本节将详细介绍使用 XPath 定位页面元素，并定制一个简单的场景，结合代码示例讲解如何通过元素 XPath 来定位页面元素，并在定位到页面元素后使用定位到的元素完成工作。

4.8.1 XPath 含义

首先 XPath 是一门语言，用于在 XML 结构的文档中通过路径来查找文档中的节点，而 HTML 也具备 XML 的结构，因此可以使用 XPath 在 HTML 结构中进行节点的定位。

既然是一种通过路径定位内容的语言，就要区分绝对路径和相对路径，而绝对路径的概念就像一个门牌号码，从最高层节点开始找起××城市××区××街××院××号楼××单元××号，这样找起来一定是唯一的；而相对路径的概念则是 A 相对 B 的位置，以 B 为起点找 A 的位置，而不是从根节点开始找起。

4.8.2 XPath 基本语法

Selenium 的 Webdriver 在使用 XPath 定位时所用的语法如下。

```
driver.find_element_by_xpath(self,xpath)
#Webdriver 类中 find_element_by_xpath(self, xpath)函数
```

为了更好地掌握 XPath 的知识，请新建一个文本文件并命名为 xpath.html，然后将以下 HTML 代码复制粘贴到文件中并保存，注意将文件的扩展名修改为.html，如此便可以用浏览器打开该 HTML 格式的文件，本小节介绍的 XPath 基本语法完全基于该文件中的元素而进行 XPath 的定位练习。

```
<html>
    <body>
        <br>
        <div id="div1" style="text-align:center">
            <img alt="div1-img1"
    src="http://www.sogou.com/images/logo/new/sogou.png"
                  href="http://www.sogou.com"></img><br/>
            <input name="div1input">
            <a href="http://www.sogou.com">搜狗搜索</a>
            <input type="button" value="查询">
        </div>
        <br>
```

```
        <div name="div2" style="text-align:center">
            <img alt="div2-img2" src="http://www.baidu.com/
             img/bdlogo.png"
                href="http://www.baidu.com"></img></br>
            <input name="div2input">
            <a href="http://www.baidu.com">百度搜索</a>
        </div>
    </body>
</html>
```

基于以上 HTML 代码，采用多种 XPath 对元素进行定位，读者可根据注释逐一比较不同 XPath 之间的区别，从实际中感受到了 XPath 的灵活之后，也同样体会到 XPath 远比想象中要复杂得多，面对自动化测试中的使用，掌握以下方式已经足以满足用户使用 XPath 对元素进行定位。

```
#通过绝对路径获取元素 定位查询按钮
driver.find_element_by_xpath("/html/body/div/input[@value='查询']")
#通过相对路径获取元素 定位查询按钮
driver.find_element_by_xpath("//input[@value='查询']")
#通过索引号定位元素 定位查询按钮
driver.find_element_by_xpath("//input[2]")  #可用于定位多个，无论页
面分了多少层，每层的第一个 input 都会被定位到
#通过索引高级定位 定位第二个 div 下的超链接
driver.find_element_by_xpath("//div[last()]/a")  #div[last()]表
示最后一个 div 元素，last()函数获取的是指定元素的最后的索引号
#通过索引高级定位 定位第一个 div 下的超链接
driver.find_element_by_xpath("//div[last()-1]/a")  #表示倒数第二个
div 元素
#通过索引高级定位 定位最前面一个属于 div 元素的子元素中的 input 元素
driver.find_element_by_xpath("//div/input[position()<2]")
#position()函数获取当前元素 input 的位置序列号
#通过元素属性值定位
driver.find_element_by_xpath("//img[@href='http://www.sogou.com']")
driver.find_element_by_xpath("//div[@name='div2']/input[@name='
div2input']")
driver.find_element_by_xpath("//div[@id='div1']/a[@href='http:/
/www.sogou.com']")
driver.find_element_by_xpath("//input[@type='button']")
#高级应用之模糊匹配
"""
在自动化测试的实施过程中，常常会遇到页面元素的属性值是动态生成的，每次访问的
属性值都不一样，此类页面元素定位难度大
假如存在属性值中有一部分内容保持不变，则可以使用模糊匹配
"""
#starts-with(str1, str2) 查找属性 alt 的属性值为 div1 关键字开始的页面元素
driver.find_element_by_xpath("//img[start-with(@alt, 'div1')]")
#contains(str1, str2)查找属性 alt 的属性值包含 img 关键字的页面元素，只包
```

```
含即可无须考虑位置
driver.find_element_by_xpath("//img[contains(@alt, 'img')]")
#XPath 轴(Axes)定位元素
"""
轴可以定义相对于当前节点的节点集，使用 Axes 定位方式可以根据在文档树中的元素
相对位置关系进行页面元素定位
即：先找到一个相对好定位的元素，让它作为轴，根据它和要定位元素的相对位置关系
进行定位
"""
#选择当前节点的上层父节点 parent:先获取 alt 属性值为 div2-img2 的 img 元素，
基于该元素的位置找到它上一级的 div 元素
driver.find_element_by_xpath("//img[@alt='div2-img2']/parent::d
iv")
#选择当前节点的下层所有子节点 child: 原理同上,先获取 id 属性值为 div1 的 div
元素，基于该元素的位置找到它下层节点中的 img 元素
driver.find_element_by_xpath("//div[@id='div1']/child::img")
#选择当前节点所有上层的节点 ancestor:基于 img 元素的位置找到它上级的 div 元
素
driver.find_element_by_xpath("//img[@alt='div2-img2']/ancestor:
:div")
#选择当前节点所有下层的节点（子、孙等）descendant:基于 div 的位置找到它下级
所有节点中的 img 元素
driver.find_element_by_xpath("//div[@name='div2']/descendant::img")
#选择在当前节点之后显示的所有节点 following:基于 div 的位置，获取它后面节点
中的 img 元素
driver.find_element_by_xpath("div[@id='div1']/following::img")
#选择当前节点后续所有兄弟节点 following-sibling: 基于超链接的位置找到它
后续兄弟节点中的 input 元素
driver.find_element_by_xpath("//a[@href='http://www.sogou.com']
/following-sibling::input")
#选择当前节点前面的所有节点 preceding:基于 img 的位置找到它前面节点中的 div
元素
driver.find_element_by_xpath("//img[@alt='div2-img2']/preceding
::div")
#选择当前节点前面的所有兄弟节点 preceding-sibling: 基于 input 的位置，找
到它前面同级节点中的第一个超链接元素
driver.find_element_by_xpath("//input[@value='查询
']/preceding-sibling::a[1]")
#通过 text()函数获取页面元素的文本并定位元素，以下 1 和 2 等价、3 和 4 等价、5
和 6 等价
driver.find_element_by_xpath("//a[text()='搜狗搜索']")
driver.find_element_by_xpath("//a[.='搜狗搜索']")
driver.find_element_by_xpath("//a[contains(., '百度')]")
driver.find_element_by_xpath("//a[contains(test(), '百度')]")
driver.find_element_by_xpath("//a[contains(text(), '百度
')]/preceding::div")
driver.find_element_by_xpath("//a[contains(., '百度')]/..")
```

4.8.3　获取元素 XPath

如果使用 Chrome 浏览器，打开开发者工具后，在元素的 HTML 代码行右击，找到 Copy 选项，然后在展开的菜单中选择 Copy XPath，即可将该元素的 Xpath 复制出来，如图 4.7 所示。

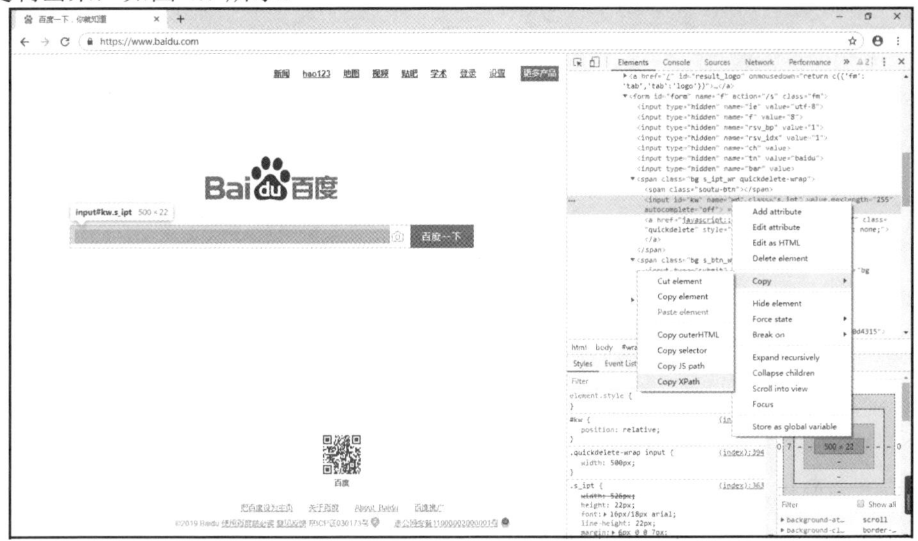

图 4.7　Chrome Copy XPath

如果使用 Firefox 浏览器，打开查看器后，在元素的 HTML 代码行右击，找到复制选项，然后在展开的菜单中选择 XPath，即可将该元素的 XPath 复制出来使用，如图 4.8 所示。

图 4.8　Firefox 复制　XPath

4.8.4 代码示例

借助浏览器工具，获取 XPath 并完成场景：百度搜索关键字__davieyang__，代码如下所示。

```
>>> from selenium import webdriver  #从Selenium模块中导入Webdriver类
>>> chrome_driver = webdriver.Chrome()  #初始化Chrome浏览器驱动并启动Chrome浏览器
>>> chrome_driver.get("http://www.baidu.com")  #打开百度首页
#输入__davieyang__
>>>chrome_driver.find_element_by_xpath("//*[@id='kw']").send_keys("__davieyang__")
#单击“百度一下”按钮
>>> chrome_driver.find_element_by_xpath("//*[@id='su']").click()
```

4.9 元素 CSS 定位

本节将详细介绍使用 CSS（Cascading Style Sheets）定位页面元素，并定制一个简单的场景，结合代码示例讲解如何通过元素 CSS 来定位页面元素，并在定位到页面元素后使用定位到的元素完成工作。

4.9.1 CSS 定位语法

Selenium 的 Webdriver 在使用 CSS 定位时所用的语法如下。

```
driver.find_element_by_css_selector(self,css_selector)
#Webdriver类中find_element_by_css_selector(self, css_selector)函数
```

4.9.2 获取元素 css selector

如果使用 Chrome 浏览器，打开开发者工具后，在元素的 HTML 代码行右击，找到 Copy 选项，然后在展开的菜单中选择 Copy selector，即可将该元素的 css selector 复制出来使用，如图 4.9 所示。

如果使用 Firefox 浏览器，打开查看器后，在元素的 HTML 代码行右击，找到复制选项，然后在展开的菜单中选择“CSS 选择器”选项，即可将该元素的 css selector 复制出来使用，如图 4.10 所示。

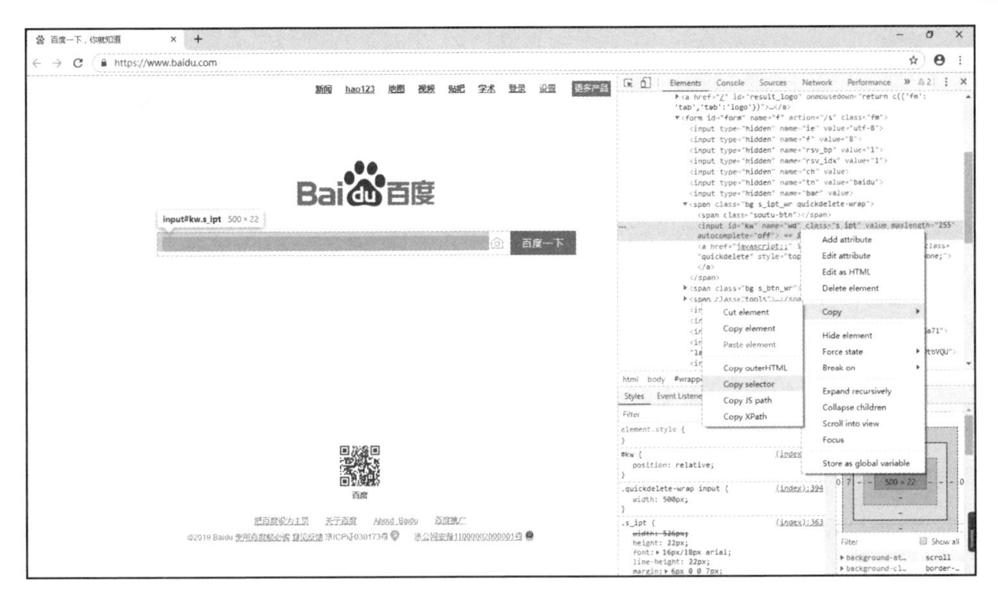

图 4.9　Chrome Copy selector

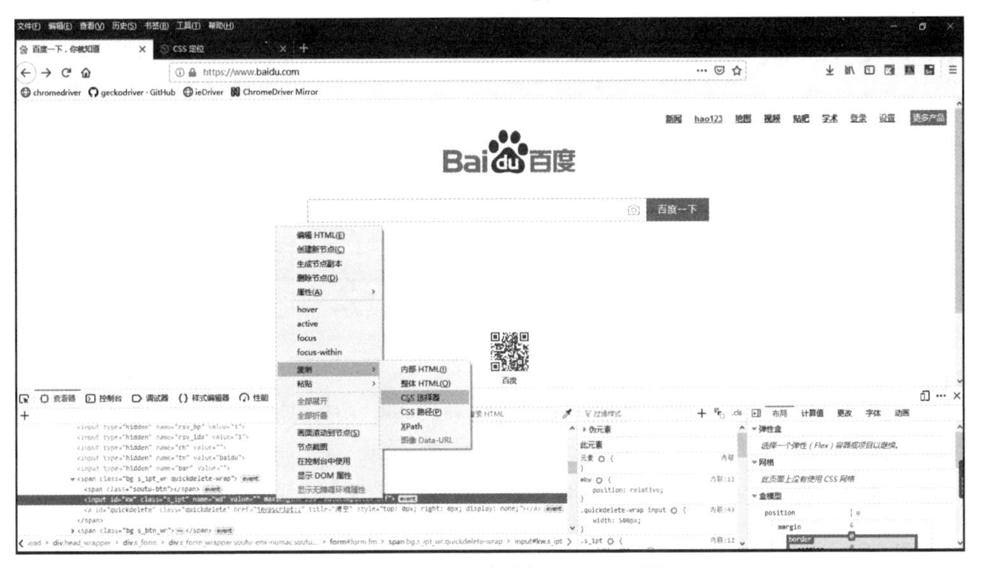

图 4.10　Firefox 复制 CSS 选择器

4.9.3　代码示例

借助浏览器工具，获取 css selector 并完成场景：百度搜索关键字__davieyang__，代码如下所示。

```
>>> from selenium import webdriver  #从Selenium模块中导入Webdriver类
>>> chrome_driver = webdriver.Chrome()  #初始化Chrome浏览器驱动并启
```

```
动 Chrome 浏览器
DevToolslisteningon
      ws://127.0.0.1:38316/devtools/browser/cb85fe38-768d-4d2b-
8ac5-0f46409603f5
>>> chrome_driver.get("http://www.baidu.com")  #打开百度首页
#输入__davieyang__
>>>chrome_driver.find_element_by_css_selector("#kw").send_keys(
"__davieyang__")
#单击“百度一下”按钮
>>> chrome_driver.find_element_by_css_selector("#su").click()
```

4.10 By 方法定位

在 selenium.webdriver.common.by 里还提供了 By 类用于定位页面元素，而实际上它与前面讲的方法也仅仅是写法上的不同。代码示例如下：

```
Find_element(By.ID, "value")
Find_element(By,NAME, "value")
Find_element(By.CLASS_NAME, "value")
Find_element(By.TAG_NAME, "value")
Find_element(By.LINK_TEXT, "link text")
Find_element(By.PARTIAL_LINK_TEXT, "partial link text")
Find_element(By.XPATH, "xpath")
Find_element(By.CSS_SELECTOR, "css_selector")
```

4.11 本章小结

页面元素定位是基本功，笔者在实际工作中教刚毕业的初学者时强调最多的也是基本功，扎实的基本功能够让读者在后续的编码工作中对于异常的判断更加精准，解决问题更加快速，因此笔者在此也强烈建议读者朋友们能够多多练习基本功之后，再进行后续章节的练习。

第5章　单元测试框架 Unittest

读过了第4章的内容，读者可能觉得能够熟练使用定位页面元素，就可以开始写一些脚本了，确实是这样的，但仅仅这些还远远达不到公司层面对自动化测试的要求，因为自动化测试的代码除了编写脚本外，工程师们必须还要考虑更多的东西，比如，自动化测试报告如何生成、大量的自动化脚本如何组织并一起按预想的方式执行、如何判断结果、代码的可维护性等。

单元测试框架能够帮助解决用户一部分问题，提到单元测试框架对于初学者而言似乎是个距离很远且有些深奥、难以触摸的东西，其实并不然，本章将循序渐进地使用 Python 的单元测试框架来让代码看起来非常有结构地去完成一些事情。

站在多年的软件测试从业者的角度，笔者想强调一个理念：单元测试才是自动化测试的核心。在自动化测试里，单元测试将会是自动化测试里最小的单位，把它看作单位一，若干个单位一组成了一个整体，这就成了自动化测试，如何做好单位一，是一个合格的自动化测试工程师所必备的技能。

掌握了单元测试框架，还可以用它完成很多非自动化测试的工作。

5.1　Unittest 简介

本节将对“单元—测试—框架”的概念逐一拆解以便读者能够理解。首先什么是单元，可以把它看成一个软件系统中最小的组成部分，它可以小到一个按钮或一个输入框的功能。那么“单元—测试”的概念就不难理解了，即用于测试这些小零件。

再进一步讲“单元—测试—框架”的概念，它是一套设定好的并能够为用户进行单元测试提供大量支撑的规则，在其规则下能够使单元测试代码更加清晰、简洁，其提供的大量支撑使得单元测试可以更便利、更简单地实现。

每一种编程语言都有属于它自己的单元测试框架，诸如 Python 的 Unittest、

Pytest；Java 的 TestNG、Junit，都为自动化测试提供并承担了决定性的支撑。

5.1.1 Unittest 主要结构

单元测试框架 Unittest 支持几个重要的面向对象式的概念，如表 5.1 所示。

表 5.1 Unittest 结构

概　　念	解　　释
Test Fixture	所做的事情是执行单个或多个测试用例时的准备工作和执行结束后的一些相关清理工作，它为用户准备了一些方法，例如用于执行测试方法前的准备工作的函数 setUp()，用户可以在该函数中定义多个测试方法的公共部分，言外之意是在该函数中定义的内容是可以被测试方法共享的；tearDown()用于执行完测试方法后的清理工作，比如关闭浏览器驱动等
Test Case	是一个独立的测试单元，也可以把它看成一条测试用例，它继承于 Unittest 提供的基类 TestCase 从而共享 Test Fixture 中的内容
Test Suite	是一组测试用例的集合，可以是一组 Test Suite 的集合，也可以是两者混合的集合，通过使用 Test Suite 用户可以选择性地执行测试用例，在测试过程的不同阶段，并不是每次都要执行全部用例
Test Runner	是一个统筹测试执行并生成执行结果的组件，它可以使用图形界面、文本界面或返回一个特殊值标识测试执行的结果

5.1.2 代码示例一

接下来结合场景，搜索两个字符串并断言结果是否符合预期，如果不符合预期则抛出断言异常来展示 Unittest 中这 4 个核心部分是如何使用的。在代码示例中将定义一个名为 Search_KeyWords 的类，并定义两个测试方法 test_search_davieyang()和 test_search_selenium()。代码如下：

```
#encoding = utf-8
from selenium import webdriver  #从 Selenium 模块中引入 Webdriver
import unittest  #引入 Unittest 模块
import time  #引入 time 模块
#声明一个 Search_KeyWords 类，并继承 unittest.TestCase
class Search_KeyWords(unittest.TestCase):
    def setUp(self):  #定义 Test Fixture 中的 setUp(self):函数
        self.driver = webdriver.Chrome()  #在 setUp(self):中定
           义 Webdriver 启动 Chrome 浏览器
        self.driver.implicitly_wait(30)
        self.url = http://www.baidu.com  #定义 url
#定义测试方法，Unittest 框架中的测试方法需要以 test 开头
    def test_search_davieyang(self):
        driver = self.driver
        driver.get(self.url)  #驱动浏览器打开 url，url 在 setUp()中已经定义
        driver.find_element_by_id("kw").clear()  #清空输入框
        driver.find_element_by_id("kw").send_keys("davieyang")
```

```
#输入字符串 davieyang
        driver.find_element_by_id("su").click()  #单击“百度一下”按钮
        time.sleep(3)  #等待 3s
        try:
          #断言字符串 davieyang 是否存在于页面中，如果不存在则抛出断言异常
           self.assertTrue("davieyang" in driver.page_source)
        except AssertionError as e:
            raise e  #抛出断言异常
    def test_search_selenium(self):
        driver = self.driver
        driver.get(self.url)  #驱动浏览器打开 url，url 在 setUp()中已经定义
        driver.find_element_by_id("kw").clear()  #清空输入框
        driver.find_element_by_id("kw").send_keys("selenium")  #
输入字符串 selenium
        driver.find_element_by_id("su").click()  #单击“百度一下”按钮
        time.sleep(3)
        try:
           #断言字符串 davieyang 是否存在于页面中，如果不存在则抛出断言异常
          self.assertTrue("davieyang" in driver.page_source)
        except AssertionError as e:
            raise e  #抛出断言异常
    def tearDown(self):
        self.driver.quit()
if __name__ == "__main__":
    #定义 TestSuite
    suite = unittest.TestSuite()
    #将定义好的测试方法装载到 TestSuite()中，需要执行哪个就装载哪个
    suite.addTest(Search_KeyWords('test_search_davieyang'))
    suite.addTest(Search_KeyWords('test_search_selenium'))
    #定义 TestRunner
    runner = unittest. TestRunner()
    #TestRunner 执行 TestSuite()中所装载的测试方法
    runner.run(suite)
```

执行结果如下：

```
#执行代码
C:\Users\Administrator\Desktop>python test_search_demo.py
DevToolslisteningonws://127.0.0.1:53988/devtools/browser/247d50
70-4bf6-4293-878e-5fa80f52d073
.  #点表示执行成功
DevToolslisteningonws://127.0.0.1:54021/devtools/browser/2a2e86
06-189f-4758-aa44-25fcf3ed0685
F  #F 表示执行失败，以下是断言异常
======================================================================
FAIL: test_search_selenium (__main__.Search_KeyWords)
----------------------------------------------------------------------
Traceback (most recent call last):
```

```
  File "test_search_demo.py", line 34, in test_search_selenium
    raise e
  File "test_search_demo.py", line 32, in test_search_selenium
    self.assertTrue("davieyang" in driver.page_source)
AssertionError: False is not true
----------------------------------------------------------------------
Ran 2 tests in 18.042s  #执行时间
FAILED (failures=1)  #失败了一个
```

注意：

setUp()：这个方法也继承自 unittest.TestCase，它的作用是用来完成每一个测试方法执行前的准备工作，如果 setUp()方法执行的时候出现异常，那么 Unittest 框架认为测试出现了错误，测试方法是不会被执行的；tearDown()同样继承自 unittest.TestCase，它的作用是每一个测试方法执行完后的清理工作，如果 setUp()方法执行成功，那么无论测试方法执行成功还是失败，tearDown()方法都会被执行。

5.1.3 代码示例二

TestFixture 不仅仅只有 setUp()和 tearDown()，接下来再看一个单元测试的代码示例，首先请新建一个 BubbleSort.py 的 Python 文件，并写入以下代码，该代码为被测类。

```
class BubbleSort(object):
    #定义类初始化函数，接收参数为 mylist，并在类中定义 length 属性
    def __init__(self, mylist):
        self.myList = mylist
        self.length = len(mylist)
    #定义升序方法
    def ascending_order(self):
        for i in range(self.length-1):
            for j in range(self.length-1-i):
                if self.myList[j] > self.myList[j + 1]:  #if 语句判断大小
                    self.myList[j], self.myList[j+1] = self.myList[j+1],
self.myList[j]  #交换位置
        return self.myList  #返回排序后的列表
    #定义降序方法
    def descending_order(self):
        for i in range(self.length-1):
            for j in range(self.length-1-i):
                if self.myList[j] < self.myList[j + 1]: #if 语句判断大小
                    self.myList[j], self.myList[j+1] =
self.myList[j+1], self.myList[j]  #交换位置
        return self.myList  #返回排序后的列表
```

有经验的读者朋友们不难看出，这是一个用于对列表进行冒泡排序的类，其中定义了两个排序方法，一个是升序；一个是降序。

与被测的 BubbleSort.py 文件同路径下新建 Test_BubbleSort.py 文件，并写入以下单元测试代码。

```
import unittest  #引入 Unittest 框架
from BubbleSort import BubbleSort  #引入被测类
class TestBubbleSort(unittest.TestCase):  #定义测试类
    #setUpClass(): 同样继承自 unittest.TestCase
    #作用是完成在所有测试方法执行前（包括 setUp()），单元测试的前期准备工作
    #必须用@classmethod 修饰，整个测试类只执行一次
    @classmethod
    def setUpClass(cls):
        print("execute setUpClass\n")
    #tearDownClass(): 同样继承自 unittest.TestCase
    #作用是完成在所有测试方法执行后（包括 tearDown()），单元测试的清理工作
    #必须用@classmethod 修饰，整个测试类只执行一次
    @classmethod
    def tearDownClass(cls):
        print("execute tearDownClass\n")
    def setUp(self):
        #定义 4 个列表
        self.list1 = [2, 10, 25, 30, 45, 100, 325]
        self.list3 = [325, 10, 25, 45, 30, 100, 2]
        self.list4 = [11, 3, 41, 101, 327, 26, 46]
        self.list2 = [327, 101, 46, 41, 26, 11, 3]
    def tearDown(self):
        print("execute tearDown\n")

    def test_descending_order(self):  #定义测试类测试降序
        bls = BubbleSort(self.list4)  #实例化被测类
        self.list5 = bls.descending_order()  #调用降序方法
        print(self.list5)  #打印新的列表
        try:
            self.assertEqual(self.list5, self.list2)  #断言列表结果
        except AssertionError as e:
            raise e
    def test_ascending_order(self):  #定义测试类测试升序
        bls = BubbleSort(self.list3)  #实例化被测类
        self.list6 = bls.ascending_order()  #调用升序方法
        print(self.list6)  #打印新的列表
        try:
            self.assertEqual(self.list6, self.list1)  #单元列表结果
        except AssertionError as e:
            raise e
```

```
if __name__ == '__main__':
    unittest.main()  #执行全部方法
执行结果应该是
..  #两个点表示两个测试方法均执行成功
execute setUpClass
----------------------------------------------------------------------
Ran 2 tests in 0.001s
[2, 10, 25, 30, 45, 100, 325]
OK
execute tearDown
[327, 101, 46, 41, 26, 11, 3]
execute tearDown
execute tearDownClass
Process finished with exit code 0
```

注意：

在本代码示例中，读者能够学到冒泡排序的 Python 实现以及使用定义类定义方法相关的内容，并使用 Unittest 对其进行测试；当用户编写单元测试时需要保证每一个测试用例必须是完全独立的，从而能够单独执行，也可以组团执行，每一个测试用例必须有断言，从而在测试失败的情况下断言异常且一条解释性的语句(AssertionError)将会抛出，此时 Unittest 将会把这条用例标识为失败，其他的异常类型将会被认为是错误(error)。

还有一种特例，最简单的测试用例只需通过覆盖 runTest()方法来执行自定义的测试代码，被称为静态方法，然而测试方法名是不能重复的，也意味着测试类中只能有一个 runTest()方法，很显然这样的方式会导致很多冗余代码，这种方法不提倡使用，在此也就不做展示了，有兴趣的读者可以自己写一写。

5.1.4 Python 知识点补充

扩展名为.py 的文件为 Python 文件，它既可以单独执行，也可以用 from BubbleSort import BubbleSort 引入其他 Python 文件中。

在第二个示例的测试代码中使用了以下代码，其中 if 就是一个判断语句，__name__Python 模块的内置属性，如果它等于'__main__'，则表示该文件可以直接执行。

```
if __name__ == '__main__':
    unittest.main()  #执行全部方法
```

5.2　Unittest 之 subTest()

subTest()称为上下文管理器，它能让用户无须定义多个测试方法就能完成多组参数的单元测试工作，极大地提高了单元测试的效率。

5.2.1　测试场景

假设有一组测试方法差别非常小，如仅仅是所需要的参数有少许变化，Unittest 框架为这种场景提供了一种方式，它允许用户用 subTest()上下文管理器在一个测试方法内识别这种细小的不同，看以下代码示例更能清晰地表达它为我们的测试带来了什么。

5.2.2　代码示例

以下代码是测试取模结果，因为只是参数稍有变化，这里借助 subTest()来完成其测试工作，不需要为每组参数都编写一个测试方法，大大节省代码量。

```
#coding:utf-8
import unittest
class NumbersTest(unittest.TestCase):
    def test_even(self):
        """
        使用 subTest()上下文管理器，区分细小的变化
        取模运算，返回除法的余数，但是参数是 0~5 的整数，没必要单独写方法
        """
        for i in range(0, 6):
            with self.subTest(i=i):
                self.assertEqual(i % 2, 0)
if __name__ == '__main__':
    unittest.main()
```

执行结果为：

```
C:\Users\Administrator\Desktop>python subTest.py
======================================================================
FAIL: test_even (__main__.NumbersTest) (i=1)
----------------------------------------------------------------------
Traceback (most recent call last):
  File "subTest.py", line 11, in test_even
    self.assertEqual(i % 2, 0)
AssertionError: 1 != 0
======================================================================
```

```
FAIL: test_even (__main__.NumbersTest) (i=3)
----------------------------------------------------------------------
Traceback (most recent call last):
  File "subTest.py", line 11, in test_even
    self.assertEqual(i % 2, 0)
AssertionError: 1 != 0
======================================================================
FAIL: test_even (__main__.NumbersTest) (i=5)
----------------------------------------------------------------------
Traceback (most recent call last):
  File "subTest.py", line 11, in test_even
    self.assertEqual(i % 2, 0)
AssertionError: 1 != 0
----------------------------------------------------------------------
Ran 1 test in 0.002s
FAILED (failures=3)
```

而如果不使用 subTest()，只是写个简单的循环去断言，当程序执行到第一个断言失败时就会终止了，后边可能还有断言能够成功的也就不会被执行了。

```
#coding:utf-8
import unittest
class NumbersTest(unittest.TestCase):
    def test_even(self):
          for i in range(0, 6):
                 #with self.subTest(i=i):
                 print("当前参数是：%d" % i)
                self.assertEqual(i % 2, 0)
if __name__ == '__main__':
      unittest.main()
```

执行结果为：

```
当前参数是：0
当前参数是：1
F
======================================================================
FAIL: test_even (__main__.NumbersTest)
----------------------------------------------------------------------
Traceback (most recent call last):
  File "5-for.py", line 11, in test_even
    self.assertEqual(i % 2, 0)
AssertionError: 1 != 0
----------------------------------------------------------------------
Ran 1 test in 0.006s
FAILED (failures=1)
```

从执行结果中可以看出，实际上只执行了一个用例，失败后就不再继续执行，在这种场景下不宜使用循环，而如果为每组参数都定义一个测试方法无疑又增加了代码量，不利于快速构建。

5.3　Unittest 常用断言

单元测试里很重要的一个部分就是断言，在用户编写的每个测试方法中都必须有对结果正确与否的判断，否则就不是一个合格的单元测试方法，而 Unittest 为用户提供了足够多的断言方法。

5.3.1　断言方法

诸多断言方法可大致分为 3 类，第一类断言是用来判断被测试的方法的，也就是用来判断用户的被测点是否达到预期，其详细内容如表 5.2 所示。

表 5.2　断言结果语法

断 言 方 法	检 查 内 容	Python 版本
assertEqual(a, b, msg=None)	a == b	3.1
assertNotEqual(a, b, msg=None)	a != b	3.1
assertTrue(expr, msg=None)	bool(expr) is True	3.1
assertFalse(expr, msg=None)	bool(expr) is False	3.1
assertIs(a, b, msg=None)	a is b	3.1
assertIsNot(a, b, msg=None)	a is not b	3.1
assertIsNone(expr, msg=None)	expr is None	3.1
assertIsNotNone(expr, msg=None)	expr is not None	3.1
assertIn(a, b, msg=None)	a in b	3.1
assertNotIn(a, b, msg=None)	a not in b	3.1
assertIsInstance(obj, cls, msg=None)	obj is cls instance	3.2
assertNotIsInstance(obj, cls, msg=None)	obj is not cls instance	3.2
assertAlmostEqual(a,b,msg=None, delta=None)	round(a-b, 7) == 0　断言 a-b 约等于 0，小数点后默认保留 7 位	3.2
assertNotAlmostEqual(a,b,msg=None, delta=None)	round(a-b, 7) != 0　断言不是约等于 0 的情况	3.2
assertGreater(a, b, msg=None)	a > b　断言大于	3.1
assertGreaterEqual(a, b, msg=None)	a >= b　断言大于等于	3.1
assertLess(a, b, msg=None, msg=None)	a < b　断言小于	3.1
assertLessEqual(a, b, msg=None)	a <= b　断言小于等于	3.1
assertRegex(text, regex, msg=None)	r.search(s)　断言正则匹配	3.1
assertNotRegex(text, regex, msg=None)	not r.search(s)　断言正则不匹配	3.2
assertCountEqual(a, b, msg=None)	断言 a 和 b 在相同的位置具有相同的元素	3.2
assertMultiLineEqual(a, b, msg=None)	比较多行字符串是否相等	3.1

续表

断言方法	检查内容	Python 版本
assertSequenceEqual(a,b,msg=None, seq_type=None)	断言序列是否相等	3.1
assertListEqual(a, b, msg=None)	断言列表是否相等	3.1
assertTupleEqual(a, b, msg=None)	断言元组是否相等	3.1
assertSetEqual(a, b, msg=None)	断言集合是否相等	3.1
assertDictEqual(a, b, msg=None)	断言字典是否相等	3.1

第二类断言是用来判断在某种情况下是否会抛出特定的异常，如果抛出这种特定异常，则会判断为断言成功；如果未抛出这种特定异常，则会判断为断言失败，详细内容如表 5.3 所示。

表 5.3 断言异常语法

断言方法	检查内容	Python 版本
assertRaises(exc, fun, *args, **kwds)	断言 fun(*args, **kwds) 是否抛出正确异常，否则抛出断言异常	3.1
assertRaisesRegex(exc, r, fun, *args, **kwds)	断言 fun(*args, **kwds) 是否抛出正确异常，同时可以用正则 r 去匹配异常信息 exc，否则抛出断言异常	3.1
assertWarns(warn, fun, *args, **kwds)	断言 fun(*args, **kwds) 是否抛出正确 warn，否则抛出断言异常	3.2
assertWarnsRegex(warn, r, fun, *args, **kwds)	断言 fun(*args, **kwds) 是否抛出正确 warn，同时可以用正则 r 去匹配异常信息 exc，否则抛出断言异常	3.2
assertLogs(logger, level)	断言 Log：断言 Log 里是否出现期望的信息，如果出现则通过；如果未出现则断言失败，抛出断言异常	3.4

第三类断言是用来判断日志是否包含应有信息的，如表 5.4 所示。

表 5.4 断言 Log 语法

断言方法	检查内容	Python 版本
assertLogs(logger, level)	断言 Log：断言 Log 里是否出现期望的信息，如果出现则通过；如果未出现则断言失败，抛出断言异常	3.4

在早期的 Python 版本中，断言函数的写法有些已经被废弃了，当使用编译器的时候如果遇到提示 Deprecated 这个单词，意味着有新的方式取代了当前的实现方法。

5.3.2 代码示例

实际上断言的时机和场合非常重要，而这完全靠用户的经验日积月累，如果断言的时机不恰当，反而会给用户在自动化测试中判断用例执行是否失败造成不必要的困扰，接下来笔者将简单介绍断言的实际使用。

首先准备几个被测的函数，然后再编写测试方法并加以断言，代码如下所示。

```
#encoding = utf-8
import unittest
import random
import logging
mylogger = logging.Logger('TestToBeTest')
#被测试类
class ToBeTest(object):
    @classmethod
    def sum(cls, a, b):
        return a + b
    @classmethod
    def div(cls, a, b):
        return a/b
    @classmethod
    def return_none(cls):
        return None
```

如上面的代码所示，定义了 3 个方法，分别是两数相加、两数相除和返回 None，接下来看第一类断言是如何断言测试结果的，代码如下所示。

```
#单元测试类
class TestToBeTest(unittest.TestCase):
    #assertEqual()方法实例
    def test_assertequal(self):
        try:
            a, b = 100, 200
            sum = 300
            #断言 a+b 等于 sum
            self.assertEqual(a + b, sum, '断言失败，%s+%s != %s ' %(a, b, sum))
        except AssertionError as e:
            print(e)
    #assertNotEqual()方法实例
    def test_assertnotequal(self):
        try:
            a, b = 100, 200
            res = -1000
            #断言 a-b 不等于 res
            self.assertNotEqual(a - b, res, '断言失败，%s-%s != %s ' %(a,
                                b, res))
        except AssertionError as e:
            print(e)
    #assertIsNone()方法实例
```

```
    def test_assertisnone(self):
        try:
            results = ToBeTest.return_none()
            #断言表达式结果是 none
            self.assertIsNone(results, "is not none")
        except AssertionError as e:
            print(e)
    #assertIsNotNone()方法实例
    def test_assertisnotnone(self):
        try:
            results = ToBeTest.sum(4, 5)
            #断言表达式结果不是 none
            self.assertIsNotNone(results, "is none")
        except AssertionError as e:
            print(e)
```

正如在前边表格中所展示的一样，断言是否是预期结果的方法有很多，以下代码也是一些常用的断言方法。

```
    #assertTure()方法实例
    def test_asserttrue(self):
        list1 = [1, 2, 3, 4, 5, 6, 7, 8, 9, 10]
        list2 = [10, 9, 8, 7, 6, 5, 4, 3, 2, 1]
        list3 = list1[::-1]
        print(list3)
        try:
            #断言表达式为真
            self.assertTrue(list3 == list2, "表达式为假")
        except AssertionError as e:
            print(e)
    #assertFalse()方法实例
    def test_assertfalse(self):
        list1 = [1, 2, 3, 4, 5, 6, 7, 8, 9, 10]
        list2 = [10, 9, 8, 7, 6, 5, 4, 3, 2, 1]
        list3 = list1[::-1]
        try:
            #断言表达式为假
            self.assertFalse(list3 == list1, "表达式为真")
        except AssertionError as e:
            print(e)
    #assertIs()方法实例
    def test_assertis(self):
        list1 = [1, 2, 3, 4, 5, 6, 7, 8, 9, 10]
        list2 = list1
        try:
            #断言 list2 和 list1 属于同一个对象
```

```
            self.assertIs(list1, list2, "%s 与 %s 不属于同一对象" %
                                (list1, list2))
        except AssertionError as e:
            print(e)
    #assertIsNot()方法实例
    def test_assertisnot(self):
        list1 = [1, 2, 3, 4, 5, 6, 7, 8, 9, 10]
        list2 = [10, 9, 8, 7, 6, 5, 4, 3, 2, 1]
        try:
            #断言 list2 和 list1 不属于同一对象
            self.assertIsNot(list2, list1, "%s 与 %s 属于同一对象" %
                                (list1, list2))
        except AssertionError as e:
            print(e)
    #assertIn()方法实例
    def test_assertin(self):
        try:
            str1 = "this is unit test demo"
            str2 = "demo"
            #断言 str2 包含在 str1 中
            self.assertIn(str2, str1, "%s 不被包含在 %s 中" %(str2, str1))
        except AssertionError as e:
            print(e)
    #assertNotIn()方法实例
    def test_assertnotin(self):
        try:
            str1 = "this is unit test demo"
            str2 = "ABC"
            #断言 str2 不包含在 str1 中
            self.assertNotIn(str2, str1, "%s 包含在 %s 中" % (str2, str1))
        except AssertionError as e:
            print(e)
    #assertIsInstance()方法实例
    def test_assertisinstance(self):
        try:
            a = ToBeTest
            b = object
            #断言测试对象 a 是 b 的类型
            self.assertIsInstance(a, b, "%s 的类型不是%s" % (a, b))
        except AssertionError as e:
            print(e)
    #assertNotIsInstance()方法实例
    def test_assertnotisinstance(self):
        try:
            a = ToBeTest
            b = int
```

```
        #断言测试对象 a 不是 b 的类型
        self.assertNotIsInstance(a, b, "%s 的类型是%s" % (a, b))
    except AssertionError as e:
        print(e)
```

除了断言结果外，笔者还介绍了第二类断言，即断言异常内容是否符合预期，在实际的开发过程中，用户往往会自己设置一些异常，从而判断代码是否走到了自己预期的情况，然后再判断异常内容是否符合用户的预期，代码如下所示，这是一些断言异常的方法的使用。

```
#assertRaises()方法实例
def test_assertraises(self):
    #测试抛出指定的异常类型
    #assertRaises(exception)
    with self.assertRaises(TypeError) as exc:
        random.sample([1, 2, 3, 4, 5, 6], "j")
    #打印详细的异常信息
    print(exc.exception)
    #assertRaises(exception, callable, *args, **kwds)
    try:
        self.assertRaises(ZeroDivisionError, ToBeTest.div, 3, 0)
    except ZeroDivisionError as e:
        print(e)
#assertRaisesRegexp()方法实例
def test_assertRaisesRegexp(self):
    #测试抛出指定的异常类型，并用正则表达式去匹配异常信息
    #assertRaisesRegex(exception, regexp)
    with self.assertRaisesRegex(ValueError, "literal") as exc:
        int("abc")
    #打印详细的异常信息
    print(exc.exception)
    #assertRaisesRegex(exception, regexp, callable, *args, **kwds)
    try:
        self.assertRaisesRegex(ValueError, 'invalid literal 
for.*\'abc\'$', int, 'abc')
    except AssertionError as e:
        print(e)
```

第三类断言用来断言日志内容是否符合预期。在进行自动化测试时，标准情况下会根据实际情况写一些日志内容到日志文件中，用于查看用例执行结果以及调试，在这种情况下经常会对日志内容进行断言，以下代码用于如何断言日志内容。

```
#assertLogs()方法实例
def test_assertlogs(self):
    with self.assertLogs(mylogger) as log:
```

```
        mylogger.error("打开浏览器")
        mylogger.info('关闭并退出浏览器')
        self.assertEqual(log.output, ['ERROR:TestToBeTest:打开
浏览器', 'INFO:TestToBeTest:关闭并退出浏览器'])
```

5.4 Unittest 之装饰器

在实际的执行测试过程中用户经常会遇到有些测试方法不想执行、有些测试方法在某些条件下不执行、有些方法未在 Unittest 框架下编写而又想使用 Unittest 框架执行、有时候需要自定义一个执行顺序等情况。Unittest 框架为用户提供了装饰器，可以解决这些问题。

5.4.1 装饰器代码示例

如果有些测试方法不想执行，有些测试方法在某些条件下不执行，该如何处理？Unittest 提供了多种跳过测试用例的方法，当用户的大量用例在不同场景下可能有些用例并不想执行，如回归测试、新部署的一套环境需要对主功能进行验证、有些用例需要具备条件才执行等场景，便需要这些跳过用例的方法，当然可以将那些不想执行的用例注释掉，也可以采用装饰器给测试方法加上注解。示例代码如下所示：

```
#coding : utf-8
import unittest
import random
import sys
class TestSequenceFunctions(unittest.TestCase):
    a = 1
    b = 2
    def setUp(self):
        self.seq = list(range(10))
        self.list = [1, 2, 3, 4, 5, 6, 7, 8, 9, 11, 13]
    @unittest.skip("就跳过了不为什么")  #无条件跳过，reason 是用来描述为
什么跳过它
    def test_shuffle(self):
        random.shuffle(self.seq)
        self.seq.sort()
        self.assertEqual(self.seq, list(range(10)))
        self.assertRaises(TypeError, random.shuffle, (1, 2, 3))
     #有条件跳过，当 condition 满足的情况下便跳过此装饰器装饰的用例
    @unittest.skipIf(a != 1, "如果 a 不等于 1 就跳过此测试方法")
```

```
    def test_choic(self):
        element = random.choice(self.seq)
        self.assertTrue(element in self.seq)
     #有条件跳过，当 condition 满足的情况下便要执行此装饰器装饰的用例，与上一个相反
    @unittest.skipUnless(b > 1, "除非 b 大于 1，否则跳过")
    def test_sample(self):
        with self.assertRaises(ValueError):
            random.sample(self.seq, 20)
        for element in random.sample(self.seq, 5):
            self.assertTrue(element in self.seq)
#用于标记期望执行失败的测试方法，
#如果该测试方法执行失败，则被认为成功；如果执行成功，则被认为失败
    @unittest.expectedFailure
    def test_randomshuffle(self):
        random.shuffle(self.list)
        print(self.list)
        self.assertEqual(self.list, [1, 2, 3, 4, 5, 6, 7, 8, 9, 11, 13])
if __name__ == '__main__':
    unittest.main(verbosity=2)
```

执行结果为：

```
test_choic (__main__.TestSequenceFunctions) ... ok
test_randomshuffle (__main__.TestSequenceFunctions) ... [3, 13, 5, 2, 7, 11, 1, 8, 4, 6, 9]
expected failure
test_sample (__main__.TestSequenceFunctions) ... ok
test_shuffle (__main__.TestSequenceFunctions) ... skipped '就跳过了不为什么'
----------------------------------------------------------------------
Ran 4 tests in 0.009s

OK (skipped=1, expected failures=1)
```

注意：

当测试模块被装饰器装饰为跳过时，它的 setUpModule()和 tearDownModule()也就不会执行了；同样，当测试类被装饰器装饰为跳过时，它的 setUpClass()和 tearDownClass()也就不会执行了；同样，当测试方法被装饰器装饰为跳过时，它的 setUp()和 tearDown()也就不会执行了。

5.4.2 自定义执行顺序代码示例

在前边的文章中介绍了多种执行用例的方式，首先 Unittest.main()这种方式启动单元测试去执行，各测试方法的执行顺序是按所有方法名的字符串的 ASCII

码排序后的顺序执行的，如果想自定义顺序执行，需要使用 TestSuite()，它的执行顺序是按照 addTest()的次序进行执行的。示例代码如下所示：

```
#encoding = utf-8
import unittest
from unittest3.TestSuiteDemo2 import *
def suite():
    suite = unittest.TestSuite()
    suite.addTest(TestRandomFunction("test_randomchoice"))
    suite.addTest(TestRandomShuffleFunction("test_randomshuffle"))
    return suite
if __name__ == '__main__':
    runner = unittest.TextTestRunner()
    runner.run(suite())
```

5.4.3　非 Unittest 下的测试方法使用 Unittest 框架

当一些老代码没有建立在 Unittest 的体系中，但是如果想使用 Unittest 去执行它，又不想将所有老代码转换到 Unittest 的时候，Unittest 为用户提供了以下方法。

```
unittest.FunctionTestCase(testFunc, setUp=None, tearDown=None,
description=None)
```

假设有个测试方法如下：

```
def test_randomchoice(self):
    var = random.choice(self.str)
    self.assertTrue(var in self.str)
    print(var)
```

上面的方法并没有建立在 Unittest 框架中，只是一个独立的函数，可以创建等价的测试用例。然而我们不建议使用这种方法，如果这种代码大量地出现，将使得测试代码比较混乱且难以维护和重构。

```
testcase = unittest.FunctionTestCase(test_randomchoice,
setUp=makeSomething, tearDown=deleteSomethingDB)
```

5.5　单元测试执行方式

Unittest 单元测试框架为用户准备了多种执行用例的方式，在实际的工作中往往不是每次都执行所有的用例，有时候只测试某个模块，有时候只测试主流程，而 Unittest 多样化的执行方式为用户提供了很大的便利。

5.5.1 Unittest.main()

Unittest.main()会将模块的测试用例收集起来并执行，然而当测试用例增多了以后，这样的执行非常不灵活而且没有效率。代码示例如下：

```
#encoding = utf-8
import random
import unittest
class TestRandomFunction(unittest.TestCase):
    def setUp(self):
        self.str = "abcdef!@#$%"
    def tearDown(self):
        pass
    def test_randomchoice(self):
        var = random.choice(self.str)
        self.assertTrue(var in self.str)
        print(var)
    def test_randomsample(self):
        with self.assertRaises(ValueError):
            random.sample(self.str, 100)
        for var in random.sample(self.str, 6):
            self.assertTrue(var in self.str)
            print(var)
class TestRandomShuffleFunction(unittest.TestCase):
    def setUp(self):
        self.list = [1, 2, 3, 4, 5, 6, 7, 8, 9, 11, 13]
    def tearDown(self):
        pass
    def test_randomshuffle(self):
        random.shuffle(self.list)
        print(self.list)
        self.list.sort()
        self.assertEqual(self.list, [1, 2, 3, 4, 5, 6, 7, 8, 9, 11, 13])
if __name__ == '__main__':
    unittest.main()
```

5.5.2 TestLoader()

使用 unittest.TestLoader，它可以通过传给它的参数获取测试用例的测试方法，然后再组合成 TestSuite，最后再将 TestSuite 传递给 TestRunner，完成用户所期望的执行组合。代码示例如下：

```
#encoding = utf-8
import random
import unittest
class TestRandomFunction(unittest.TestCase):
    def setUp(self):
        self.str = "abcdef!@#$%"
    def tearDown(self):
        pass
    def test_randomchoice(self):
        var = random.choice(self.str)
        self.assertTrue(var in self.str)
        print(var)
    def test_randomsample(self):
        with self.assertRaises(ValueError):
            random.sample(self.str, 100)
        for var in random.sample(self.str, 6):
            self.assertTrue(var in self.str)
            print(var)
class TestRandomShuffleFunction(unittest.TestCase):
    def setUp(self):
        self.list = [1, 2, 3, 4, 5, 6, 7, 8, 9, 11, 13]
    def tearDown(self):
        pass
    def test_randomshuffle(self):
        random.shuffle(self.list)
        print(self.list)
        self.list.sort()
        self.assertEqual(self.list, [1, 2, 3, 4, 5, 6, 7, 8, 9, 11, 13])
if __name__ == '__main__':
    #unittest.main()
    testcase1 = unittest.TestLoader().loadTestsFromTestCase
(TestRandomFunction)
    testcase2 = unittest.TestLoader().loadTestsFromTestCase
(TestRandomShuffleFunction)
    suite = unittest.TestSuite([testcase1, testcase2])
    unittest.TextTestRunner(verbosity=2).run(suite)
```

5.5.3　TestSuite().addTest(TestClass(TestMethod))

用户还可以单独定义一个方法，在方法内使用 addTest()函数逐一添加测试方法，若干个用例形成一组测试用例集合，返回该测试用例集合，最终将该集合传给函数 run()执行集合内所有测试方法。代码示例如下：

```
#encoding = utf-8
import unittest
from unittest3.TestSuiteDemo2 import *
def suite():
    suite = unittest.TestSuite()
    suite.addTest(TestRandomFunction("test_randomchoice"))
    suite.addTest(TestRandomShuffleFunction("test_randomshuffle"))
    return suite
if __name__ == '__main__':
    runner = unittest.TextTestRunner()
    runner.run(suite())
```

5.5.4 TestLoader().discover("path", "filesname")

unittest.TestLoader().loadTestsFromTestCase(TestClass)，这种方式是直接加载了测试类，而 TestLoader 还有其他的方法，例如按模块加载 loadTestsFromModule (module, pattern=None)；按名字加载 loadTestsFromName(name, module=None)；直接获取测试方法名称并形成一个序列 getTestCaseNames(testCaseClass)；还有著名的 discover()。

discover(start_dir, pattern='test*.py', top_level_dir=None)：这个方法已经用到过好多次了；defaultTestLoader：它是一个 TestLoader 的实例，如果不需要定制化的 TestLoader，直接使用这个即可，还能避免重复创建 TestLoader 实例。代码示例如下：

```
#encoding = utf-8
import unittest
if __name__ == '__main__':
   suite = unittest.TestLoader().discover('.',
pattern='TestSuiteDemo1.py')
   unittest.TextTestRunner(verbosity=2).run(suite)
```

5.6 Unittest 命令行执行测试

Unittest 框架是支持在命令行执行测试模块、类乃至测试方法的，而这一点也是用户进行持续集成并持续执行代码所不可或缺的机制，因此命令行执行代码是自动化测试所必须掌握的一个环节，本节将详细介绍重要的命令行执行测试的参数及其作用。

5.6.1　执行测试模块/类/方法

执行测试类：python -m unittest test_module1 test_module2…也可以采用路径的方式 python -m unittest tests/test_something.py，如果想用一个高级的 verbosity 的方式执行加上参数-v 即可，如 python -m unittest -v test_module。

①执行测试类：python -m unittest test_module1.Test_Class。

②执行测试方法：python -m unittest test_module1.Test_Class.test_method。

如果想获取这种命令组合的 help，则执行命令 python -m unittest -h，将得到以下帮助信息。

```
D:\Programs\Python\Demo\unittest1>python -m unittest -h
usage: python.exe -m unittest [-h] [-v] [-q] [--locals] [-f] [-c] [-b]
                              [-k TESTNAMEPATTERNS]
                              [tests [tests ...]]
positional arguments:
  tests          a list of any number of test modules, classes and test
                 methods.
optional arguments:
  -h, --help            show this help message and exit
  -v, --verbose         Verbose output
  -q, --quiet           Quiet output
  --locals              Show local variables in tracebacks
  -f, --failfast        Stop on first fail or error
  -c, --catch           Catch Ctrl-C and display results so far
  -b, --buffer          Buffer stdout and stderr during tests
  -k TESTNAMEPATTERNS   Only run tests which match the given
substring
例如 -k foo 会去匹配
foo_tests.SomeTest.test_something, bar_tests.SomeTest.test_foo 去
执行，但是不会匹配 bar_tests.FooTest.test_something
Examples:
  python.exe -m unittest test_module      - run tests from test_module
  python.exe -m unittest module.TestClass      - run tests from
module.TestClass
  python.exe -m unittest module.Class.test_method   - run specified
test method
  python.exe -m unittest path/to/test_file.py      - run tests from
test_file.py
usage: python.exe -m unittest discover [-h] [-v] [-q] [--locals]
[-f] [-c]
                              [-b] [-k TESTNAMEPATTERNS] [-s START]
                              [-p PATTERN] [-t TOP]
optional arguments:
  -h, --help            show this help message and exit
```

```
  -v, --verbose         Verbose output
  -q, --quiet           Quiet output
  --locals              Show local variables in tracebacks
  -f, --failfast        Stop on first fail or error
  -c, --catch           Catch Ctrl-C and display results so far
  -b, --buffer          Buffer stdout and stderr during tests
  -k TESTNAMEPATTERNS   Only run tests which match the given
substring
  -s START, --start-directory START
                        Directory to start discovery ('.' default)
  -p PATTERN, --pattern PATTERN
                        Pattern to match tests ('test*.py' default)
  -t TOP, --top-level-directory TOP
                        Top level directory of project (defaults to start
                        directory)
For test discovery all test modules must be importable from the top level
directory of the project.
```

5.6.2 Test Discovery

如果命令 python -m unittest 后不跟任何模块、类或者方法，那么它也等价于 python -m unittest discover，它将做的事情便是 Test Discovery。

例如命令：python -m unittest discover -s project_directory -p "_test.py"，本条命令中使用了参数 -s 和 -p ，-s 表示从那个目录开始，系统默认为 (.), -p 则表示匹配哪样的文件名，这条命令也等价于 python -m unittest discover project_directory "_test.py"。

输入 python -m unittest discover -h，将得到以下帮助，其中很清楚地写明了各参数的说明。

```
D:\Programs\Python\Demo\unittest1>python -m unittest discover -h
usage: python.exe -m unittest discover [-h] [-v] [-q] [--locals]
[-f] [-c]
                                       [-b] [-k TESTNAMEPATTERNS] [-s START]
                                       [-p PATTERN] [-t TOP]
optional arguments:
  -h, --help            show this help message and exit
  -v, --verbose         Verbose output
  -q, --quiet           Quiet output
  --locals              Show local variables in tracebacks
  -f, --failfast        Stop on first fail or error
  -c, --catch           Catch Ctrl-C and display results so far
  -b, --buffer          Buffer stdout and stderr during tests
  -k TESTNAMEPATTERNS   Only run tests which match the given
substring
```

```
  -s START, --start-directory START
                        Directory to start discovery ('.' default)
  -p PATTERN, --pattern PATTERN
                        Pattern to match tests ('test*.py' default)
  -t TOP, --top-level-directory TOP
                        Top level directory of project (defaults to start
                        directory)
For test discovery all test modules must be importable from the top level
directory of the project.
```

5.6.3　Unittest 重要参数

Python 为用户在命令行执行 Unittest 时提供了多种方式，换句话说在命令中使用恰当的参数，将事半功倍，如表 5.5 所示，其中是使用命令行执行单元测试时常用的参数及其描述。

表 5.5　Unittest 命令行参数

参　数	描　述
-b--buffer	缓存标准的错误输出，一旦测试执行失败则将其添加到错误信息返回
-c--catch	Control-C 在测试执行期间，等待当前测试结束然后报告目前为止的所有结果
-f--failfast	当遇到第一个执行错误或者失败时，停止执行后续代码
-k	只运行与 pattern 或 substring 匹配的测试方法或者测试类
--locals	在 tracebacks 中显示局部变量

当在命令行使用 discover 的时候，它也有一些常用的参数为用户提供了帮助，如表 5.6 所示。

表 5.6　discover sub-command 命令行参数

参　数	描　述
-v	详细输出
-s	起始目录
-p--pattern	匹配样式
-t--top-level-directory	项目的最高层目录

5.6.4　命令示例

执行以下的命令行，表示执行 project_directory 目录下的，名字以_test 结尾的 py 文件中的测试方法。

```
python -m unittest discover -s project_directory -p "*_test.py"
python -m unittest discover project_directory "*_test.py"
```

5.7 本章小结

Unittest 单元测试框架已经非常成熟了，在 Python 的自动化领域使用得相当多，掌握单元测试框架意味着很多，它不仅可以用在 Selenium 的 UI 自动化、接口自动化、单元测试，还能用在我们所能够模拟的任何测试上，并最终生成漂亮的测试结果。

第6章　单元测试框架 Pytest

在第5章中，笔者详细介绍了单元测试框架 Unittest 的使用，而 Python 的单元测试框架并非只有 Unittest，本章笔者将详细介绍 Python 的另一个单元测试框架 Pytest。

实际上 Pytest 在 Python2 中是默认自带的，然而在 Python3 中被独立出来了，如果使用 Pytest 单元测试框架，需要单独安装。

6.1　Pytest 介绍

与 Unittest 相比，Pytest 显得更加灵活，无论是执行方式、代码组织形式，还是测试报告的生成等方面都比 Unittest 显得更加强大，但它的缺点是相对难以掌握。

6.1.1　安装 Pytest

在命令行执行 pip install-U pytest 命令，即可安装 Pytest。执行结果如下：

```
C:\Users\Administrator>pip install -U pytest
Collecting pytest
Downloading
https://files.pythonhosted.org/packages/5d/c3/54f607bc9817fd284
    073ac68e99123f86616f431f9d29a855474b7cf00eb/pytest-4.4.1-py2.py
    3-none-any.whl (223kB)
100% |████████████████████████████████| 225kB 325kB/s
Collecting pluggy>=0.9 (from pytest)
Downloading
https://files.pythonhosted.org/packages/84/e8/4ddac125b5a0e84ea
    6ffc93cfccf1e7ee1924e88f53c64e98227f0af2a5f/pluggy-0.9.0-py
    2.py3-none-any.whl
Collecting py>=1.5.0 (from pytest)
Downloading
```

```
https://files.pythonhosted.org/packages/76/bc/394ad449851729244
    a97857ee14d7cba61ddb268dce3db538ba2f2ba1f0f/py-1.8.0-py2.py
    3-none-any.whl (83kB)
100% |████████████████████████████████| 92kB 176kB/s
Requirement already satisfied, skipping upgrade: colorama;
sys_platform == "win32" in c:\python37\lib\site-packages (from
pytest) (0.4.1)
Collecting atomicwrites>=1.0 (from pytest)
Downloading
https://files.pythonhosted.org/packages/52/90/6155aa926f43f2b2a
    22b01be7241be3bfd1ceaf7d0b3267213e8127d41f4/atomicwrites-1.
    3.0-py2.py3-none-any.whl
Requirement already satisfied, skipping upgrade: six>=1.10.0 in
c:\python37\lib\site-packages (from pytest) (1.12.0)
Collecting more-itertools>=4.0.0; python_version > "2.7" (from
pytest)
Downloading
https://files.pythonhosted.org/packages/b3/73/64fb5922b745fc1da
    ee8a2880d907d2a70d9c7bb71eea86fcb9445daab5e/more_itertools-
    7.0.0-py3-none-any.whl (53kB)
100% |████████████████████████████████| 61kB 192kB/s
Collecting attrs>=17.4.0 (from pytest)
Downloading
https://files.pythonhosted.org/packages/23/96/d828354fa2dbdf216
    eaa7b7de0db692f12c234f7ef888cc14980ef40d1d2/attrs-19.1.0-py
    2.py3-none-any.whl
Requirement already satisfied, skipping upgrade: setuptools in
c:\python37\lib\site-packages (from pytest) (40.6.2)
Installing collected packages: pluggy, py, atomicwrites,
more-itertools, attrs, pytest
Successfully installed atomicwrites-1.3.0 attrs-19.1.0
more-itertools-7.0.0 pluggy-0.9.0 py-1.8.0 pytest-4.4.1
```

6.1.2 查看 Pytest

在命令行执行 pip show pytest 命令，可以查看 Pytest 的版本。执行结果如下：

```
C:\Users\Administrator>pip show pytest
Name: pytest
Version: 4.4.1
Summary: pytest: simple powerful testing with Python
Home-page: https://docs.pytest.org/en/latest/
Author: Holger Krekel, Bruno Oliveira, Ronny Pfannschmidt, Floris
Bruynooghe, Brianna Laugher, Florian Bruhin and others
Author-email: None
License: MIT license
Location: c:\python37\lib\site-packages
```

```
Requires: py, pluggy, attrs, atomicwrites, more-itertools,
setuptools, colorama, six
Required-by:
```

6.1.3 Pytest 示例

新建一个 test_bubble_sort.py 文件，并写入以下内容：

```
#定义一个被测函数 List 升序
def ascending_order(list):
    for i in range(len(list)-1):
        for j in range(len(list)-1-i):
            if list[j] > list[j + 1]:
                list[j], list[j+1] = list[j+1], list[j]
    return list
#定义一个被测函数 List 降序
def descending_order(list):
    for i in range(len(list)-1):
        for j in range(len(list)-1-i):
            if list[j] < list[j + 1]:
                list[j], list[j+1] = list[j+1], list[j]
    return list
'''
定义 4 个 List
'''
list1 = [2, 10, 25, 30, 45, 100, 325]
list3 = [325, 10, 25, 45, 30, 100, 2]
list4 = [11, 3, 41, 101, 327, 26, 46]
list2 = [327, 101, 46, 41, 26, 11, 3]
#定义测试降序函数的测试方法
def test_descending_order():
    list5 = descending_order(list4)
    assert list5==list2  #断言
#定义测试升序函数的测试方法
def test_ascending_order():
    list6 = ascending_order(list3)
    assert list6==list1  #断言
if __name__ == '__main__':
    test_descending_order()
    test_ascending_order()
```

命令行执行 Pytest 的方式有 3 种，首先将命令行引导到该文件路径下，然后执行 pytest、py.test 或者 python -m pytest 命令，无须任何参数。执行结果如下：

```
C:\Users\Administrator\Desktop>pytest
============================================ test session starts
    ======================================================
```

```
platform win32 -- Python 3.7.2, pytest-4.4.1, py-1.8.0,
pluggy-0.9.0
rootdir: C:\Users\Administrator\Desktop
collected 2 items
test_sample.py ..
============================================ 2 passed in 0.77
      seconds===============================================
C:\Users\Administrator\Desktop>py.test
=========================================== test session starts
    ==========================================================
platform win32 -- Python 3.7.2, pytest-4.4.1, py-1.8.0,
pluggy-0.9.0
rootdir: C:\Users\Administrator\Desktop
collected 2 items
test_sample.py ..
           [100%]
============================================ 2 passed in 0.76
   seconds =====================================================
C:\Users\Administrator\Desktop>python -m pytest
============================================ test session starts
   ==================================================
platform win32 -- Python 3.7.2, pytest-4.4.1, py-1.8.0,
pluggy-0.9.0
rootdir: C:\Users\Administrator\Desktop
collected 2 items
test_sample.py ..
   [100%]
============================================ 2 passed in 0.79
   seconds ========================================
```

6.1.4 Pytest 规则

文件命名：test_*.py 或者*_test.py 的文件，其中星号为通配符，在这里代表任意被允许的字符。

①测试类命名：测试类以 Test 开头，并且不能带有 init()方法。

②测试函数命名：测试函数以 test_开头。

6.2 Pytest 命令行执行测试

命令行执行自动化测试代码是用户进行持续集成时的一个重要环节，换句话说，用户的自动化测试代码必须能够在命令行中执行。

6.2.1　查看 Pytest 参数

安装好 Pytest 之后，在命令行中直接输入 pytest -h 命令，可以查看 Pytest 在命令行执行任务的参数。执行结果如下：

```
C:\Users\Administrator>pytest -h
usage: pytest [options] [file_or_dir] [file_or_dir] [...]
positional arguments:
file_or_dir
general:
-k EXPRESSION    only run tests which match the given substring
                 expression. An expression is a python evaluatable
                 expression where all names are substring-matched
                 against test names and their parent classes. Example:
                 -k 'test_method or test_other' matches all test
                 functions and classes whose name contains
                 'test_method' or 'test_other', while -k 'not
                 test_method' matches those that don't contain
                 'test_method' in their names. -k 'not test_method and
                 not test_other' will eliminate the matches.
                 Additionally keywords are matched to classes and
                 functions containing extra names in their
                 'extra_keyword_matches' set, as well as functions
                 which have names assigned directly to them.
-m MARKEXPR      only run tests matching given mark expression.
                 example: -m 'mark1 and not mark2'.
   --markers      show markers (builtin, plugin and per-project ones).
   -x, --exitfirst    exit instantly on first error or failed test.
   --maxfail=num      exit after first num failures or errors.
   --strict           marks not registered in configuration file raise
                        errors.
   -c file       load configuration from `file` instead of trying to
                    locate one of the implicit configuration files.
   --continue-on-collection-errors
                    Force test execution even if collection errors occur.
   --rootdir=ROOTDIR     Define root directory for tests. Can be
relative path:
                    'root_dir', './root_dir', 'root_dir/another_dir/';
                    absolute path: '/home/user/root_dir'; path with
                    variables: '$HOME/root_dir'.
   --fixtures, --funcargs
                    show available fixtures, sorted by plugin appearance
                    (fixtures with leading '_' are only shown with '-v')
   --fixtures-per-test   show fixtures per test
   --import-mode={prepend,append}
```

```
                        prepend/append to sys.path when importing test
                        modules, default is to prepend.
  --pdb                 start the interactive Python debugger on errors or
                        KeyboardInterrupt.
  --pdbcls=modulename:classname
                        start a custom interactive Python debugger on errors.
                        For example:
                        --pdbcls=IPython.terminal.debugger:TerminalPdb
  --trace               Immediately break when running each test.
  --capture=method      per-test capturing method: one of fd|sys|no.
  -s                    shortcut for --capture=no.
  --runxfail            run tests even if they are marked xfail
  --lf, --last-failed
        rerun only the tests that failed at the last run (or
                        all if none failed)
  --ff, --failed-first
        run all tests but run the last failures first. This
                        may re-order tests and thus lead to repeated fixture
                        setup/teardown
  --nf, --new-first
                        run tests from new files first, then the rest of the
                        tests sorted by file mtime
  --cache-show          show cache contents, don't perform collection or tests
  --cache-clear         remove all cache contents at start of test run.
  --lfnf={all,none}, --last-failed-no-failures={all,none}
                        change the behavior when no test failed in the last
                        run or no information about the last failures was
                        found in the cache
  --sw, --stepwise
                        exit on test failure and continue from last failing
                        test next time
  --stepwise-skip
                        ignore the first failing test but stop on the next
                        failing test
reporting:
  -v, --verbose         increase verbosity.
  -q, --quiet           decrease verbosity.
  --verbosity=VERBOSE   set verbosity
  -r chars              show extra test summary info as specified by chars
                        (f)ailed, (E)error, (s)skipped, (x)failed, (X)passed,
                        (p)passed, (P)passed with output, (a)all except pP.
                        Warnings are displayed at all times except when
                        --disable-warnings is set
  --disable-warnings, --disable-pytest-warnings
                        disable warnings summary
  -l, --showlocals      show locals in tracebacks (disabled by default).
```

```
  --tb=style        traceback print mode
(auto/long/short/line/native/no).
  --show-capture={no,stdout,stderr,log,all}
            Controls how captured stdout/stderr/log is shown on
            failed tests. Default is 'all'.
  --full-trace    don't cut any tracebacks (default is to cut).
  --color=color   color terminal output (yes/no/auto).
  --durations=N   show N slowest setup/test durations (N=0 for all).
  --pastebin=mode
        send failed|all info to bpaste.net pastebin service.
  --junit-xml=path  create junit-xml style report file at given path.
  --junit-prefix=str
            prepend prefix to classnames in junit-xml output
  --result-log=path
            DEPRECATED path for machine-readable result log.
collection:
  --collect-only  only collect tests, don't execute them.
  --pyargs        try to interpret all arguments as python packages.
 --ignore=path    ignore path during collection (multi-allowed).
  --ignore-glob=path
       ignore path pattern during collection (multi-allowed).
  --deselect=nodeid_prefix
              deselect item during collection (multi-allowed).
  --confcutdir=dir
          only load conftest.py's relative to specified dir.
  --noconftest       Don't load any conftest.py files.
  --keep-duplicates  Keep duplicate tests.
  --collect-in-virtualenv
            Don't ignore tests in a local virtualenv directory
  --doctest-modules     run doctests in all .py modules
  --doctest-report={none,cdiff,ndiff,udiff,only_first_failure}
            choose another output format for diffs on doctest
            failure
  --doctest-glob=pat
          doctests file matching pattern, default: test*.txt
  --doctest-ignore-import-errors
            ignore doctest ImportErrors
  --doctest-continue-on-failure
             for a given doctest, continue to run after the first
             failure
test session debugging and configuration:
  --basetemp=dir
       base temporary directory for this test run.(warning:
             this directory is removed if it exists)
  --version    display pytest lib version and import information.
 -h, --help    show help message and configuration info
```

```
  -p name     early-load given plugin module name or entry point
              (multi-allowed). To avoid loading of plugins, use the
              'no: ' prefix, e.g. 'no:doctest'.
  --trace-config  trace considerations of conftest.py files.
  --debug         store internal tracing debug information in
                  'pytestdebug.log'.
  -o OVERRIDE_INI, --override-ini=OVERRIDE_INI
                  override ini option with "option=value" style, e.g.
                  '-o xfail_strict=True -o cache_dir=cache'.
  --assert=MODE
        Control assertion debugging tools. 'plain' performs no
            assertion debugging. 'rewrite' (the default) rewrites
            assert statements in test modules on import to provide
            assert expression information.
  --setup-only    only setup fixtures, do not execute tests.
  --setup-show    show setup of fixtures while executing tests.
  --setup-plan    show what fixtures and tests would be executed but
                  don't execute anything.

pytest-warnings:
  -W PYTHONWARNINGS, --pythonwarnings=PYTHONWARNINGS
                  set which warnings to report, see -W option of python
                  itself.
logging:
  --no-print-logs  disable printing caught logs on failed tests.
  --log-level=LOG_LEVEL
                  logging level used by the logging module
  --log-format=LOG_FORMAT
                  log format as used by the logging module.
  --log-date-format=LOG_DATE_FORMAT
                  log date format as used by the logging module.
  --log-cli-level=LOG_CLI_LEVEL
                  cli logging level.
  --log-cli-format=LOG_CLI_FORMAT
                  log format as used by the logging module.
  --log-cli-date-format=LOG_CLI_DATE_FORMAT
                  log date format as used by the logging module.
  --log-file=LOG_FILE   path to a file when logging will be written to.
  --log-file-level=LOG_FILE_LEVEL
                  log file logging level.
  --log-file-format=LOG_FILE_FORMAT
                  log format as used by the logging module.
  --log-file-date-format=LOG_FILE_DATE_FORMAT
                  log date format as used by the logging module.
[pytest] ini-options in the first pytest.ini|tox.ini|setup.cfg file
found:
```

```
  markers (linelist)    markers for test functions
  empty_parameter_set_mark (string) default marker for empty
parametersets
  norecursedirs (args)  directory patterns to avoid for recursion
  testpaths (args)       directories to search for tests when no
files or directories are given in the command line.
  console_output_style (string) console output: classic or with
additional progress information (classic|progress).
  usefixtures (args)    list of default fixtures to be used with this
project
  python_files (args)   glob-style file patterns for Python test
module discovery
  python_classes (args)  prefixes or glob names for Python test
class discovery
  python_functions (args)  prefixes or glob names for Python test
function and method discovery
  disable_test_id_escaping_and_forfeit_all_rights_to_community_support
(bool) disable string escape non-ascii characters, might cause unwante
  xfail_strict (bool)      default for the strict parameter of xfail
markers when not given explicitly (default: False)
  junit_suite_name (string) Test suite name for JUnit report
  junit_logging (string)   Write captured log messages to JUnit
report: one of no|system-out|system-err
  junit_duration_report (string) Duration time to report: one of
total|call
  junit_family (string)    Emit XML for schema: one of
legacy|xunit1|xunit2
  doctest_optionflags (args) option flags for doctests
  doctest_encoding (string) encoding used for doctest files
  cache_dir (string)       cache directory path.
  filterwarnings (linelist) Each line specifies a pattern for
warnings.filterwarnings. Processed after -W and --pythonwarnings.
  log_print (bool)         default value for --no-print-logs
  log_level (string)       default value for --log-level
  log_format (string)      default value for --log-format
  log_date_format (string) default value for --log-date-format
  log_cli (bool)          enable log display during test run (also
known as "live logging").
  log_cli_level (string)   default value for --log-cli-level
  log_cli_format (string)  default value for --log-cli-format
  log_cli_date_format (string) default value for
--log-cli-date-format
  log_file (string)        default value for --log-file
  log_file_level (string)  default value for --log-file-level
  log_file_format (string) default value for --log-file-format
  log_file_date_format (string) default value for
```

```
--log-file-date-format
  addopts (args)          extra command line options
  minversion (string)     minimally required pytest version
environment variables:
  PYTEST_ADDOPTS        extra command line options
  PYTEST_PLUGINS        comma-separated plugins to load during
startup
  PYTEST_DISABLE_PLUGIN_AUTOLOAD set to disable plugin
auto-loading
  PYTEST_DEBUG        set to enable debug tracing of pytest's internals
to see available markers type: pytest --markers
to see available fixtures type: pytest --fixtures
(shown according to specified file_or_dir or current dir if not
specified; fixtures with leading '_' are only shown with the '-v'
option
```

6.2.2 Pytest 重要参数

实现按关键字匹配。例如，只执行 test_bubble_sort.py 文件中的 test_ascending_order 方法。将命令行引导到该文件路径下，执行以下命令：

```
pytest -v -k ascending test_bubble_sort.py
```

执行结果为：

```
===================== test session starts =====================
platform win32 -- Python 3.7.2, pytest-4.4.1, py-1.8.0,
pluggy-0.9.0 -- c:\python37\python.exe
cachedir: .pytest_cache
rootdir: E:\Programs\Python\Tools
collected 2 items / 1 deselected / 1 selected
test_bubble_sort.py::test_ascending_order    PASSED      [100%]
============== 1 passed, 1 deselected in 0.07 seconds ==============
```

选择运行特定的某个类。命令行如下：

```
pytest -v test_pytest_markers.py::TestClass
```

运行.py 模块测试类里面的某个方法。命令行如下：

```
pytest -v test_pytest_markers.py::TestClass::test_method
```

运行.py 模块里面的某个函数。命令行如下：

```
pytest test_mod.py::test_func
```

组合执行。命令行如下：

```
pytest -v test_pytest_markers.py::TestClass test_pytest_markers.
py::test_send_http
```

生成日志：

```
py.test test_asserts.py  --resultlog=F:\Programs\Python\
PythonPytest\TestResults\log.txt
```

生成.xml 格式的结果用于 Jenkin 或其他的持续集成工具读取。命令行如下：

```
py.test test_asserts.py --junitxml=F:\Programs\Python\PythonPytest\
TestResults\log.xml
```

指定测试文件。命令行如下：

```
pytest.main("-q test_main.py")
```

指定测试目录。命令行如下：

```
pytest.main("d:/pyse/pytest/")
```

有时候测试用例文件分散在不同的层级目录下，通过命令行的方式运行测试显然不太方便，如何编写一个运行所有测试用例的脚本呢？Pytest 可以自动生成这样的脚本。命令行如下：

```
py.test --genscript=runtests.py
```

6.3　用例运行级别

在第 5 章学习 Unittest 的时候，掌握了 setUp()、tearDown()等 Test Fixture 的使用，并且学习到了其中的好处，在 Pytest 中也具备这样的机制，如表 6.1 所示。

表 6.1　Pytest Test Fixture

Test Fixture	描　　述
setup_module/teardown_module	开始于模块始末，只执行一次，全局方法
setup_class/teardown_class	只在类中前后运行一次（在类中），类方法
setup_method/teardown_method	开始于方法始末（在类中），类中函数方法
setup_function/teardown_function	只对函数用例生效（不在类中），函数方法
setup/teardown	运行在调用方法的前后

6.4　Pytest 测试报告

Pytest 有自己的 HTML 报告模块 pytest-html，当使用 Pytest 执行测试用例时，便可以使用它将执行结果生成 HTML 格式的测试报告，本节将介绍 pytest-html 的使用及其结果展示。

在命令行执行 pip install –U pytest-html 命令，安装 pytest-html 模块。执行结果为：

```
E:\Programs\Python\Tools>pip install -U pytest-html
Collecting pytest-html
  Downloading
https://files.pythonhosted.org/packages/67/95/ca1c8fdf96f3bc8be8ce
f942478df3c79c2cdf1ba44de1f0e41dc336d4ab/pytest_html-1.20.0-py2.py
3-none-any.whl
Requirement already satisfied, skipping upgrade: pytest>=3.0 in
c:\python37\lib\site-packages (from pytest-html) (4.4.1)
Collecting pytest-metadata (from pytest-html)
  Downloading
https://files.pythonhosted.org/packages/ce/8f/d0542e1aa0e23d902ce6
acce2790736473da94453a36bdc7829f25734199/pytest_metadata-1.8.0-py2
.py3-none-any.whl
Requirement already satisfied, skipping upgrade: attrs>=17.4.0 in
c:\python37\lib\site-packages (from pytest>=3.0->pytest-html) (19.1.0)
Requirement already satisfied, skipping upgrade: six>=1.10.0 in
c:\python37\lib\site-packages (from pytest>=3.0->pytest-html) (1.12.0)
Requirement already satisfied, skipping upgrade: py>=1.5.0 in
c:\python37\lib\site-packages (from pytest>=3.0->pytest-html) (1.8.0)
Requirement already satisfied, skipping upgrade: pluggy>=0.9 in
c:\python37\lib\site-packages (from pytest>=3.0->pytest-html) (0.9.0)
Requirement already satisfied, skipping upgrade: setuptools in
c:\python37\lib\site-packages (from pytest>=3.0->pytest-html) (40.6.2)
Requirement already satisfied, skipping upgrade: atomicwrites>=1.0 in
c:\python37\lib\site-packages (from pytest>=3.0->pytest-html) (1.3.0)
Requirement already satisfied, skipping upgrade:
more-itertools>=4.0.0; python_version > "2.7" in
c:\python37\lib\site-packages (from pytest>=3.0->pytest-html) (7.0.0)
Requirement already satisfied, skipping upgrade: colorama;
sys_platform == "win32" in c:\python37\lib\site-packages (from
pytest>=3.0->pytest-html) (0.4.1)
Installing collected packages: pytest-metadata, pytest-html
Successfully installed pytest-html-1.20.0 pytest-metadata-1.8.0
```

还是以前面创建的 test_bubble_sort.py 文件为例，在命令行执行以下命令：

```
py.test test_bubble_sort.py  --html=C:\report.html
```

执行结果为：

```
E:\Programs\Python\Tools>pytest 6-test_bubble_sort.py --html=
C:\report.html
====================== test session starts =====================
platform win32 -- Python 3.7.2, pytest-4.4.1, py-1.8.0, pluggy-0.9.0
rootdir: E:\Programs\Python\Tools
```

```
plugins: metadata-1.8.0, html-1.20.0
collected 2 items
6-test_bubble_sort.py ..
[100%]
------------- generated html file: C:\report.html ---------------
===================== 2 passed in 0.05 seconds ================
```

然后 C:\report.html 找到 report.html，用浏览器打开便可以看到如图 6.1 所示的 HTML 格式的测试报告。

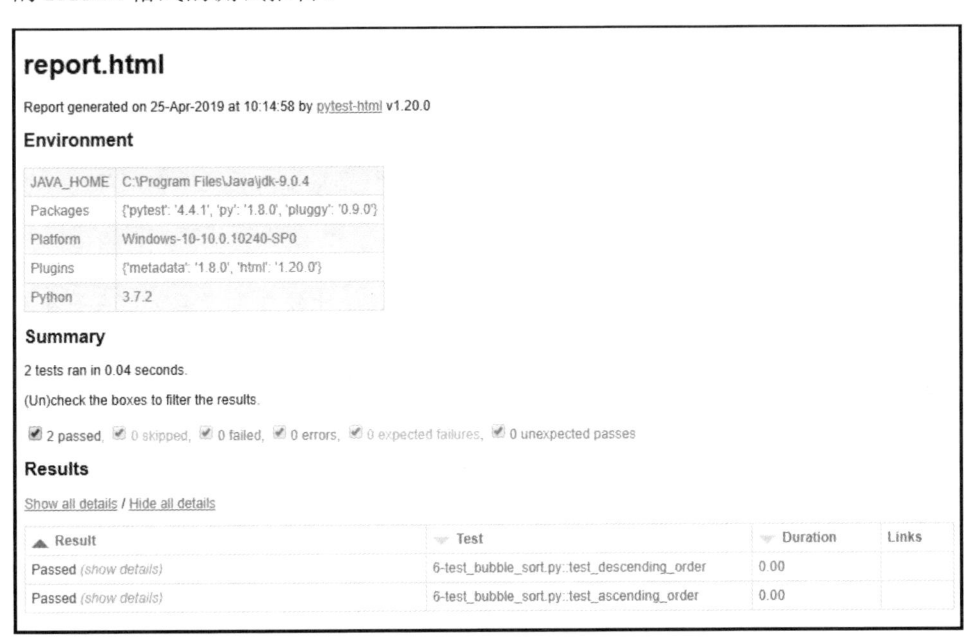

report.html

Report generated on 25-Apr-2019 at 10:14:58 by pytest-html v1.20.0

Environment

JAVA_HOME	C:\Program Files\Java\jdk-9.0.4
Packages	{'pytest': '4.4.1', 'py': '1.8.0', 'pluggy': '0.9.0'}
Platform	Windows-10-10.0.10240-SP0
Plugins	{'metadata': '1.8.0', 'html': '1.20.0'}
Python	3.7.2

Summary

2 tests ran in 0.04 seconds.

(Un)check the boxes to filter the results.

2 passed, 0 skipped, 0 failed, 0 errors, 0 expected failures, 0 unexpected passes

Results

Show all details / Hide all details

Result	Test	Duration	Links
Passed (show details)	6-test_bubble_sort.py::test_descending_order	0.00	
Passed (show details)	6-test_bubble_sort.py::test_ascending_order	0.00	

图 6.1 pytest-html 测试报告

6.5 本章小结

单元测试才是自动化测试的核心，笔者想阐述的自动化测试不仅仅是 UI，也不仅仅是接口，而是只要能够模拟实际场景去代替人工或者非人工的工作都是自动化测试。而掌握好单元测试框架能让测试工程师以不变应万变，且上述任务都可以放到单元测试框架中来执行，并形成漂亮的测试结果。

Pytest 是目前比较火的单元测试框架，相对于 Unittest 来说，它更加灵活，同时，也更加复杂。

第7章 集成开发环境

读者可能很奇怪，前文一直没有提到一个很重要的内容——集成开发环境。在很多同类书籍中，开发环境的搭建与配置是在很靠前的章节来介绍的，但是那并不是笔者希望的编排方式，因为学习语言最佳的方式是一个字母一个字母地写出来然后去执行，而学习语言最佳的工具便是命令行工具。

然而命令行工具并不能满足所有的开发工作，尤其在大量代码涉及构建模式以后，命令行工具更不够用了。本章将介绍几款非常强大的集成开发环境的安装配置。

有些初学者可能对“集成开发环境”这个词还比较陌生，实际上它并没有那么高大上，它是一个环境，用来开发（编写代码）的环境，同时它为用户编写代码提供了很多便利，关联了很多组件，因此被称为集成开发环境。

7.1 PyCharm 集成开发环境

每种语言的开发工具都有很多，如果写一些小的脚本或者小的工具，建议直接使用命令行或者 Python 自带的 IDLE；如果进行大型的开发工作，建议使用 PyCharm，当然这属于个人喜好。

PyCharm 给了人们一个美观且可以自定义的界面风格，在其内部就可以检索很多实用的插件辅助编码工作，同时它还集成了 Python 命令行窗口、Windows 命令行窗口以及版本管理相关工具等，读者还是可以根据自身喜好和经验去发现其他的开发工具，但不需要过多掌握，能够熟练使用其中一种，从而使我们的编码工作简单、高效即可。

7.1.1 下载与安装

用浏览器打开页面，网址为 http://www.jetbrains.com/pycharm/download/，PyCharm 的下载页面如图 7.1 所示，分为专业版和社区版，其中专业版需要付费，而社区版足够满足用户的测试开发工作，单击 DOWNLOAD 按钮下载，然后默认安装即可。

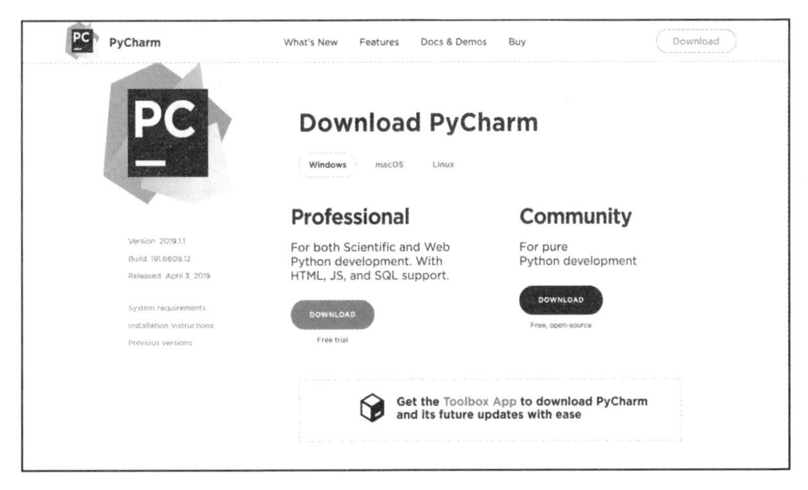

图 7.1　PyCharm 下载

7.1.2　创建项目

安装完成后，在桌面可以找到名为 JetBrains PyCharm Community Edition 2018.1 x64 快捷方式，双击即可启动它，启动后界面如图 7.2 所示。

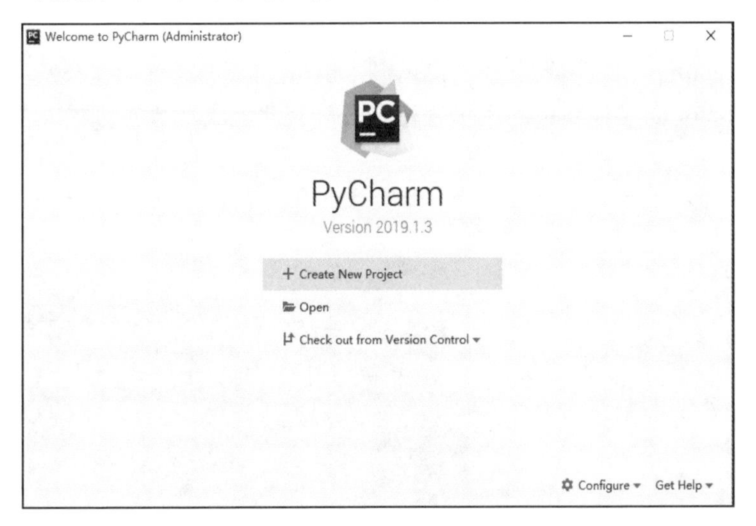

图 7.2　PyCharm 启动界面

单击 Create New Project 进入 New Project 窗口，其中 Location 后面的文本框用于输入代码存储的路径，根据自己的环境输入路径即可；展开 Project Interpreter：New Virtualenv environment，其中 Location 为新的虚拟环境的路径，

Base interpreter 为安装的 Python 路径；勾选 Inherit global site-packages 和 Make available to all projects 复选框，其中 Inherit global site-packages 表示该项目可以使用 Base interpreter 中的第三方库，而 Make available to all projects 表示该虚拟环境可以被其他项目使用，也就是说如果以后再建项目的时候可以选中 Existing interpreter 单选按钮；然后就能够找到这次创建的环境，如图 7.3 所示。

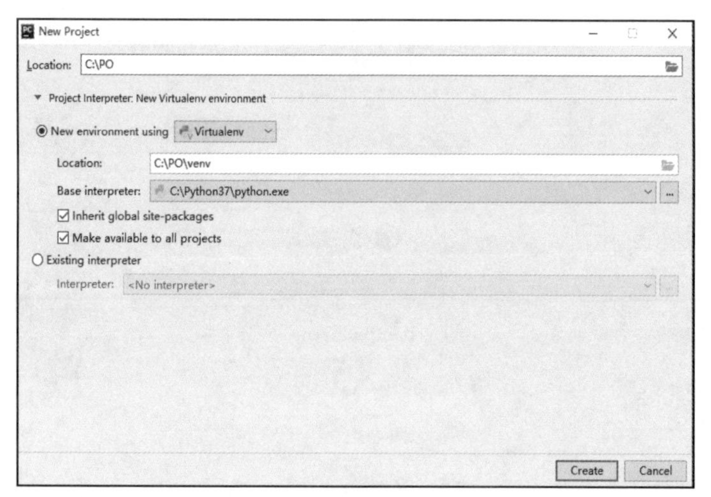

图 7.3　New Project 窗口

单击 Create 按钮即可开始创建，创建的时候在窗口的右下角能够看到 x processes running…的字样，这表示 PyCharm 正在根据配置构建开发环境，当 x processes running 字样结束后表示构建完成，到此就成功地创建了一个项目，如图 7.4 所示。

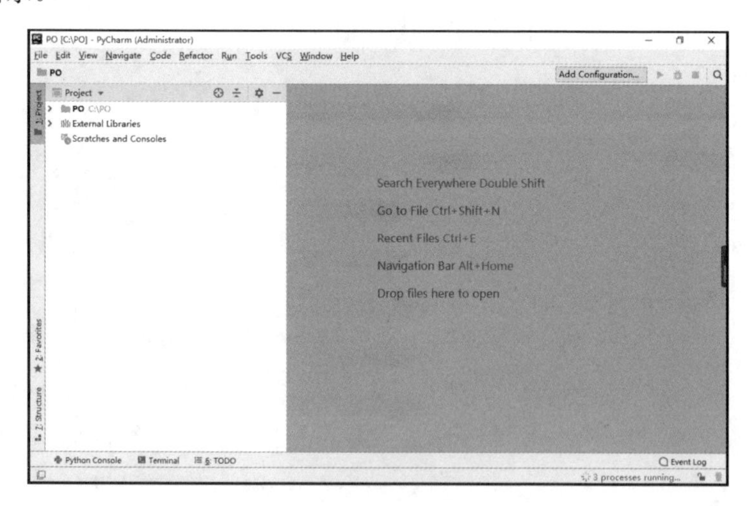

图 7.4　PyCharm 构建环境

7.1.3　环境验证

新建 Python Package，在左侧的树形项目结构中的根节点处右击，执行 New→Python Package 命令，系统会弹出一个输入名称的窗口，在窗口中输入名称，单击 OK 按钮即可完成 Python Package 的创建，如图 7.5 所示。

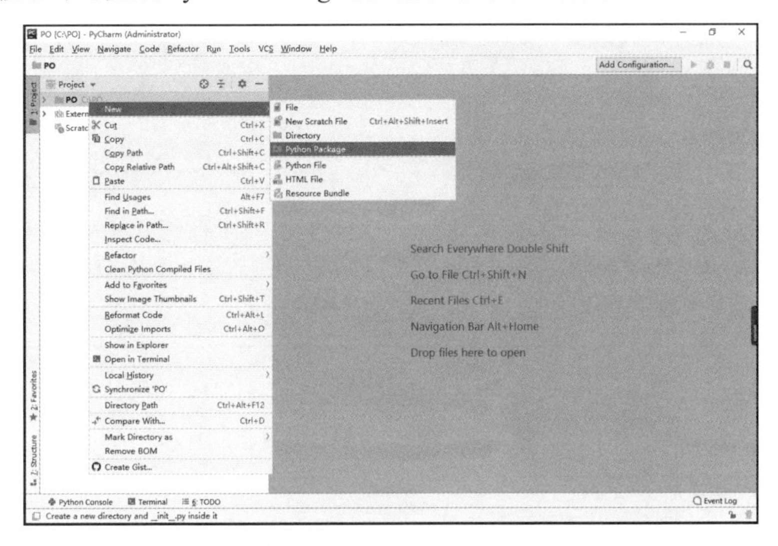

图 7.5　新建 Python Package

在刚刚新建的 Python Package 上右击，执行 New→Python File 命令，输入名称后单击 OK 按钮即可完成 Python 文件的创建，如图 7.6 所示。

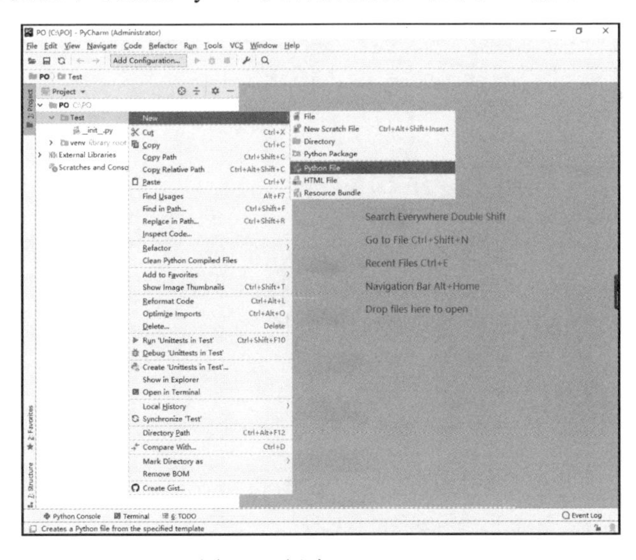

图 7.6　新建 Python File

在文件中写入以下代码，效果如图 7.7 所示。

```
from selenium import webdriver        #将 webdriver 引入当前环境
chrome_driver = webdriver.Chrome()  #启动浏览器
chrome_driver.get("http://www.baidu.com")  #打开百度首页
chrome_driver.quit()                       #关闭浏览器驱动，浏览器也随之关闭
```

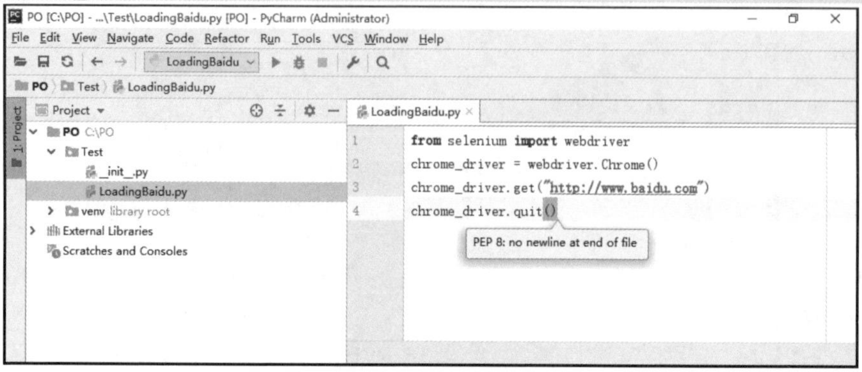

图 7.7　程序编写

按组合键<Shift+F10>，执行该文件，结果如图 7.8 所示。

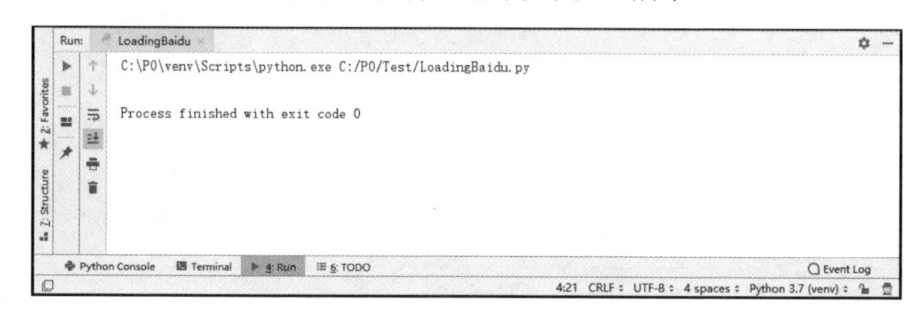

图 7.8　执行结果

7.2　Eclipse 集成开发环境

Eclipse 虽然多用于 Java 的开发，但是它也可以支持 Python 的开发，通过配置依然可以作为 Python 开发环境的一种选择。

7.2.1　下载与安装

使用浏览器打开以下链接便可直接下载 Eclipse。

http://mirror.rise.ph/eclipse//technology/epp/downloads/release/2019-03/R/eclipse-jee-2019-03-R-win32-x86_64.zip

下载完成后解压即可，如图 7.9 所示。

名称	修改日期	类型	大小
configuration	2019/6/3 4:03	文件夹	
dropins	2019/3/14 14:39	文件夹	
features	2019/3/14 14:39	文件夹	
p2	2019/6/3 4:03	文件夹	
plugins	2019/3/14 14:39	文件夹	
readme	2019/3/14 14:39	文件夹	
.eclipseproduct	2018/12/10 5:40	ECLIPSEPRODUC...	1 KB
artifacts.xml	2019/3/14 14:39	XML 文档	277 KB
eclipse.exe	2019/3/14 14:45	应用程序	415 KB
eclipse.ini	2019/3/14 14:39	配置设置	1 KB
eclipsec.exe	2019/3/14 14:45	应用程序	127 KB

图 7.9　Eclipse

7.2.2　安装 PyDev

双击 eclipse.exe 文件启动软件，会弹出如图 7.10 所示的窗口，该窗口用于设置本地代码的地址。

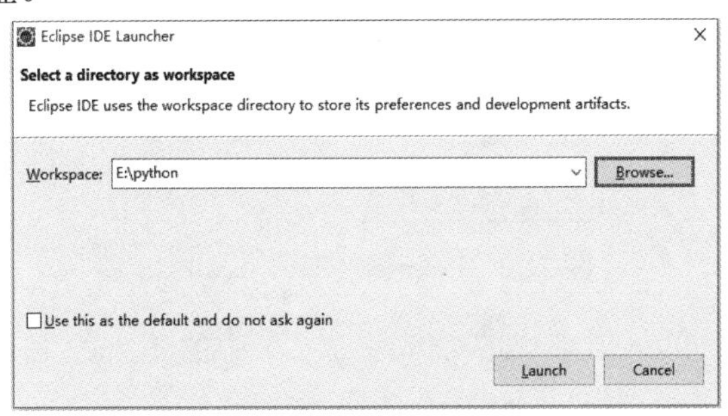

图 7.10　配置本地路径

然后单击 Launch 按钮便可启动 Eclipse，如图 7.11 所示。

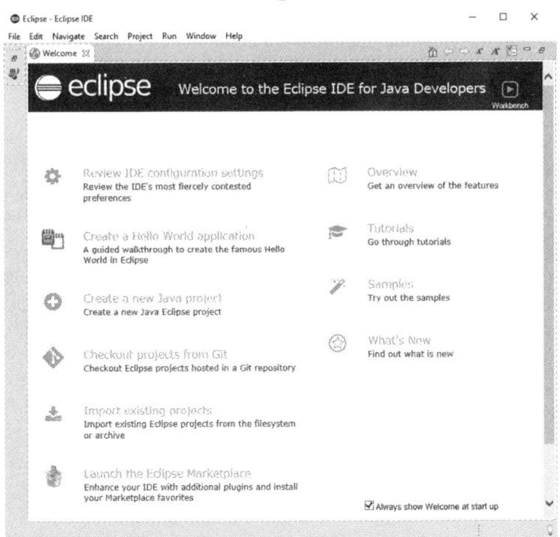

图 7.11　Eclipse 启动界面

打开 Help 菜单中的 Eclipse Marketplace，然后在弹出的窗口中检索 PyDev，如图 7.12 所示。

图 7.12　Eclipse Marketplace 窗口

单击 PyDev-Python IDE for Eclipse 7.2.0 中的 Install 按钮，系统会跳转到 PyDev 详细的安装内容窗口，如图 7.13 所示。

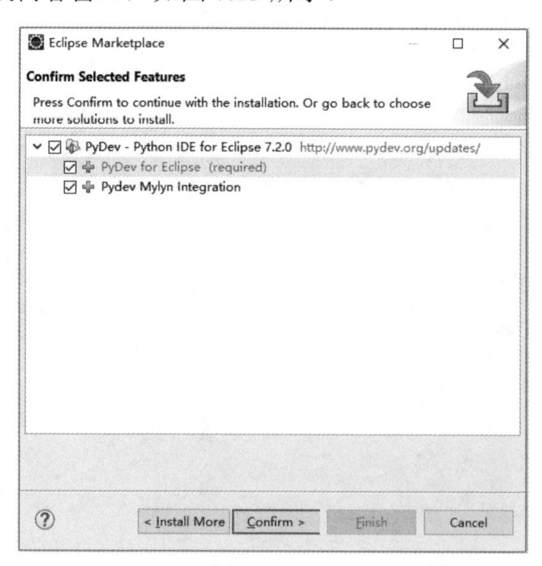

图 7.13　PyDev for Eclipse 窗口

单击 Confirm 按钮，系统跳转到如图 7.14 所示的 Review Licenses 窗口。

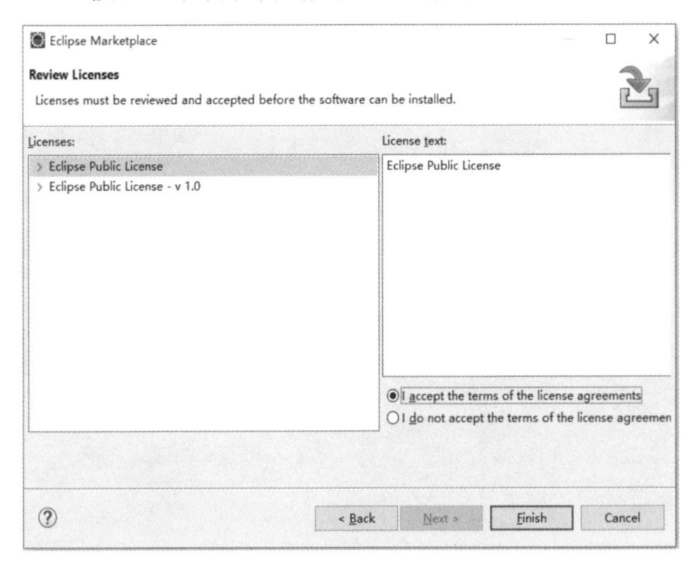

图 7.14　Reivew Licenses 窗口

选中 I accept the terms of the license agreements 单选按钮，单击 Finish 按钮，即可开始安装，并且在 Eclipse 主窗口的右下角能够看到安装进度，如图 7.15 所示。

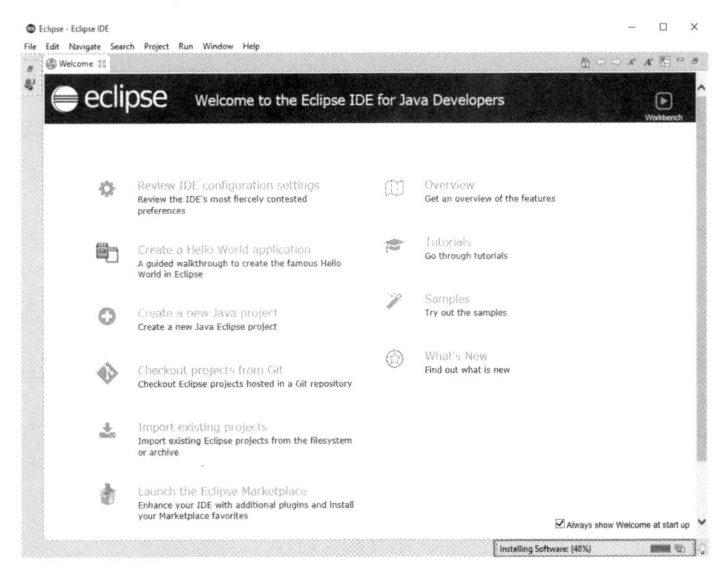

图 7.15　安装 PyDev 进度

安装完成后会自动弹出提示重启 Eclipse 的窗口，单击 Restart Now 按钮即可。

7.2.3 配置 PyDev

打开 Window 菜单中的 Preferences 软件，如图 7.16 所示。

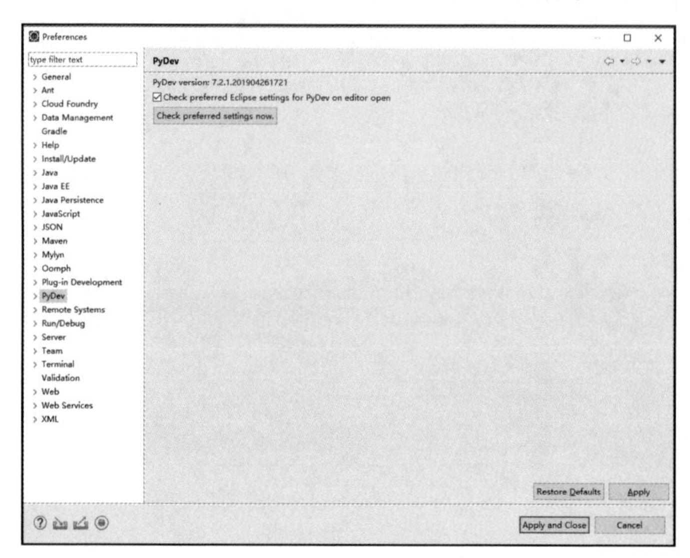

图 7.16　Preferences

从左侧的菜单中执行 PyDev→Interpreters→Python Interpreters 命令，然后在 Python Interpreters 窗口中单击 Config first in PATH 按钮，它会自动从用户的系统变量里读取 Python 的安装路径，如图 7.17 所示。

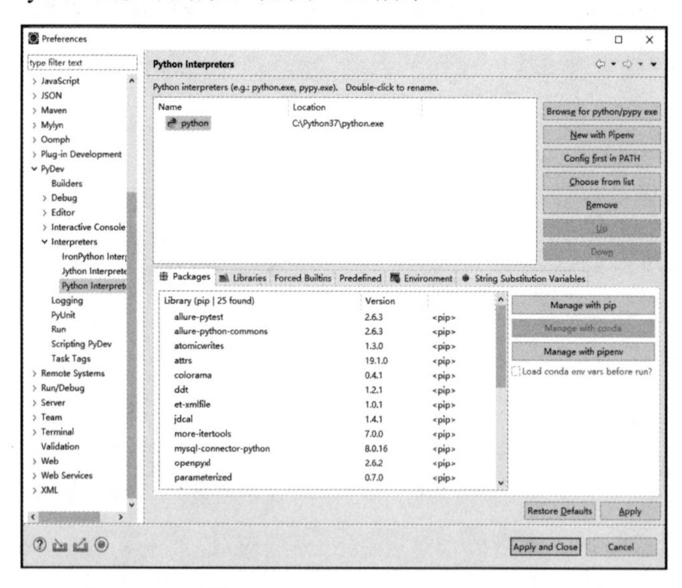

图 7.17　Python Interpreters

单击窗口右下角的 Apply 按钮使配置生效，在经过一段执行过程后，即可完成 Python 解释器的配置。

还是在 Preferences 的左侧菜单中执行 General→Editors→Text Editors→Spelling 命令，在打开的窗口中配置 Encoding 选项，设置 Other 为 UTF-8，如图 7.18 所示。

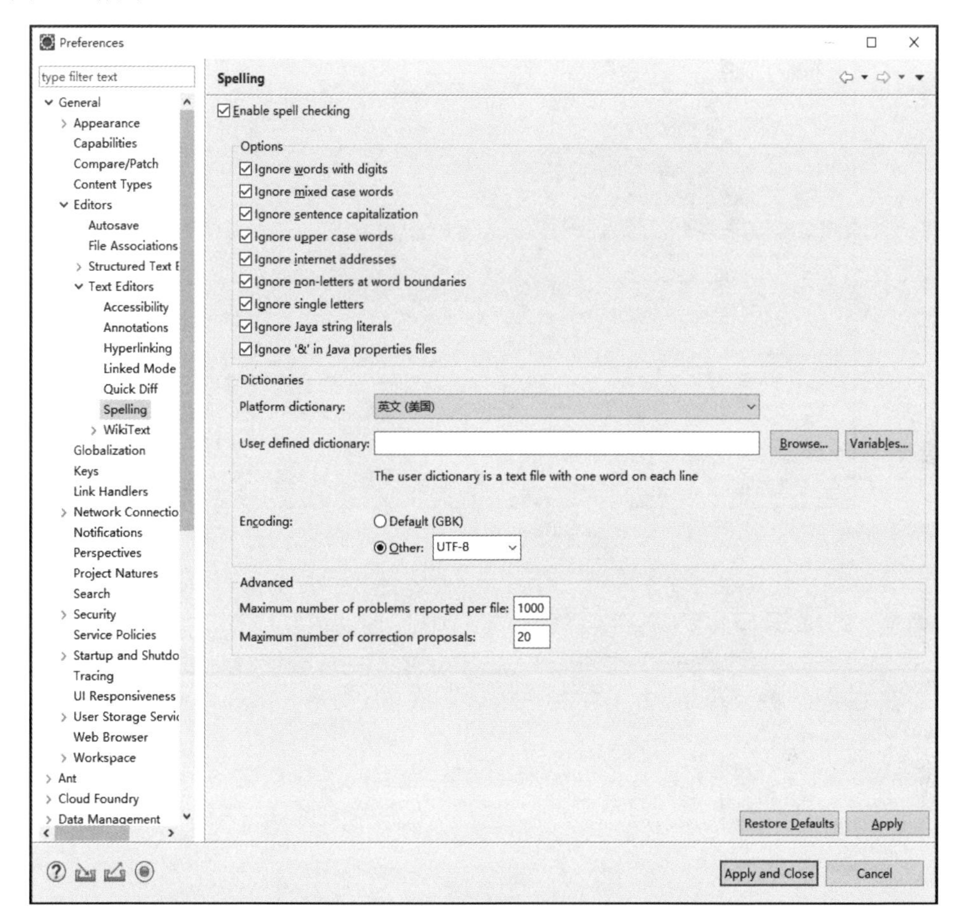

图 7.18　配置 Encoding

然后单击窗口右下角的 Apply 按钮，继续在 Preferences 的左侧菜单中执行 General→Workspace 命令，在打开的窗口中配置 Text file encoding 选项，设置 Other 为 UTF-8，如图 7.19 所示。

单击 Apply 按钮完成配置，到此 PyDev 的配置就完成了。

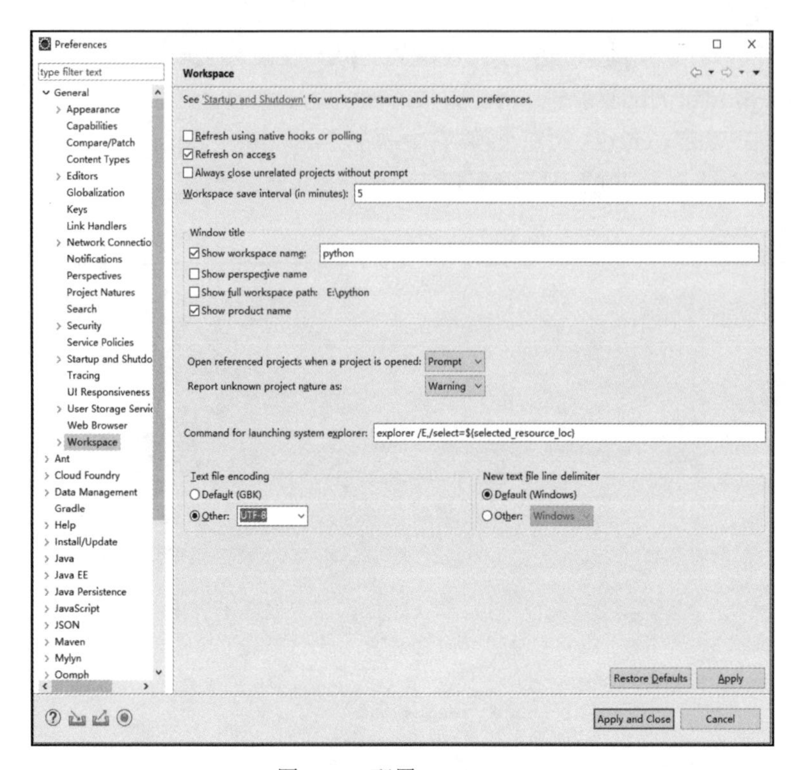

图 7.19 配置 Workspace

7.2.4 创建项目

在 Eclipse 的菜单中，执行 File→New→Project 命令，弹出 New Project 窗口，如图 7.20 所示。

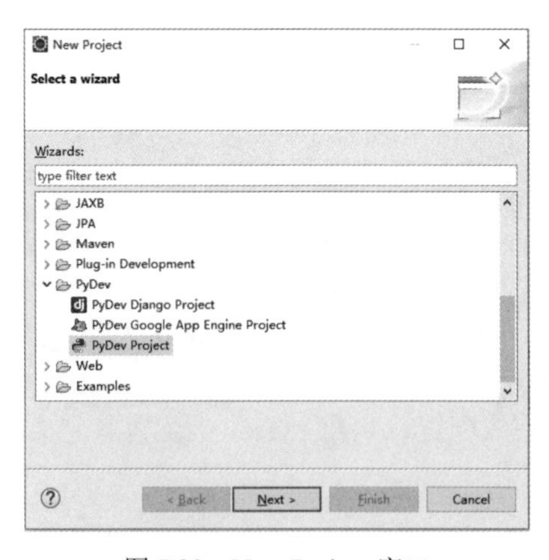

图 7.20 New Project 窗口

在 New Project 窗口中找到 PyDev 节点下的 PyDev Project，单击 Next 按钮，在 Project name 文本框中输入项目名称，选择配置 PyDev 时的相关选项，如图 7.21 所示（如果不记得了，再执行 Preferences→PyDev→Interpreters→Python Interpreters 命令查看一下即可）。

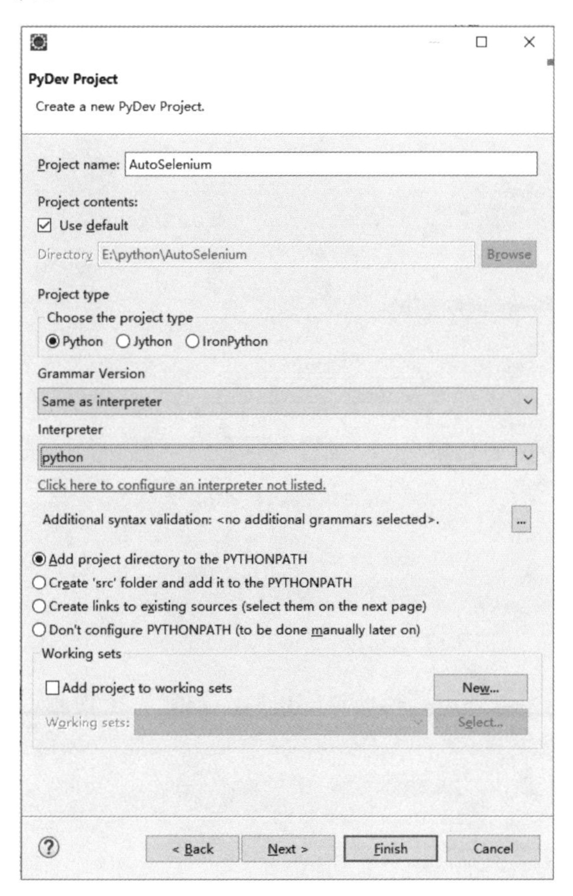

图 7.21　配置项目

单击 Finish 按钮，完成新建 Python 项目。

7.2.5　环境验证

在项目的根节点右击，执行 New→PyDev Package 命令，在弹出的窗口中设置 Name 为 Test，单击 Finish 按钮，如图 7.22 所示。

在新建的名为 Test 的 PyDev Package 上右击，执行 New→PyDev Module 命令，在弹出的窗口中输入文件名称后，单击 Finish 按钮，如图 7.23 所示。

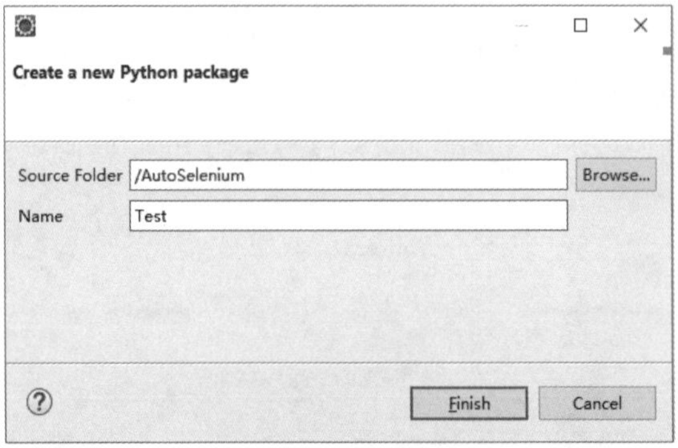

图 7.22　Create a new Python package 窗口

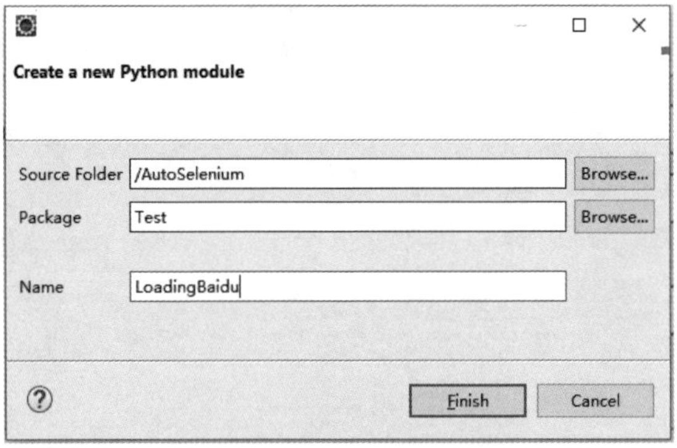

图 7.23　Create a new Python module 窗口

单击 Finish 按钮，弹出选择模板的窗口，如图 7.24 所示。

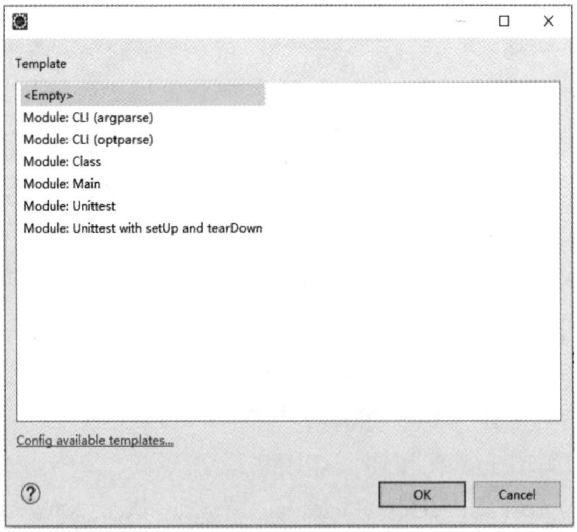

图 7.24　选择模板

选择 Module:Unittest with setUp and tearDown，单击 OK 按钮，即可完成创建，如图 7.25 所示。

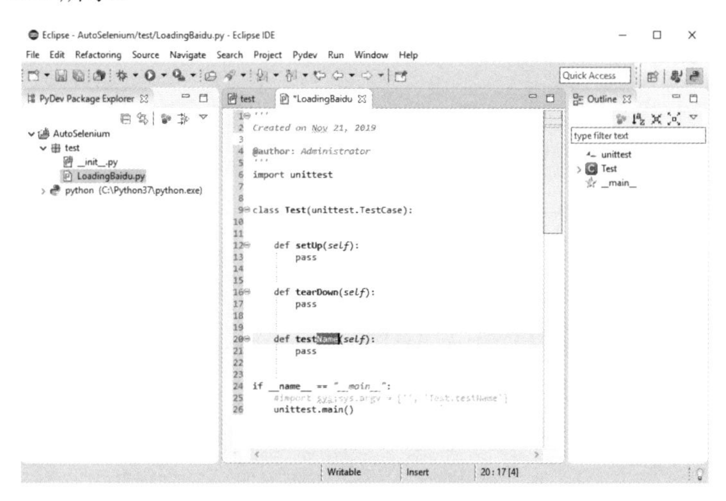

图 7.25　New PyDev Module

直接在文件中右击，执行 Run As→Python unit-test 命令来执行文件，如图 7.26 所示。

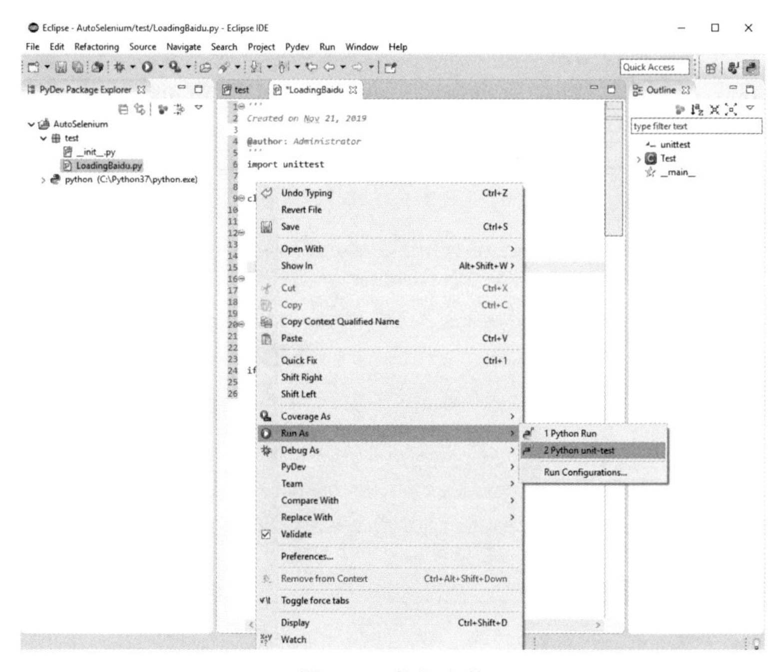

图 7.26　执行文件

执行结果如图 7.27 所示，结果表明 Eclipse 的 Python 开发环境配置成功。

图 7.27 执行结果

7.3 Anaconda 集成开发环境

除了使用 PyCharm 和 Eclipse 外，笔者想让读者朋友们了解的第三个集成开发环境是 Anaconda，虽然它的诞生是为了数据分析，但它同样适合用于 Python 其他方面的开发。它本身就包含了很多工具包，在构建环境上更便利，接下来将详细介绍它的使用。

7.3.1 下载与安装

Anaconda 官方下载地址为 https://www.anaconda.com/distribution/#download-section，其下载界面如图 7.28 所示，下载适合自己系统的版本即可。

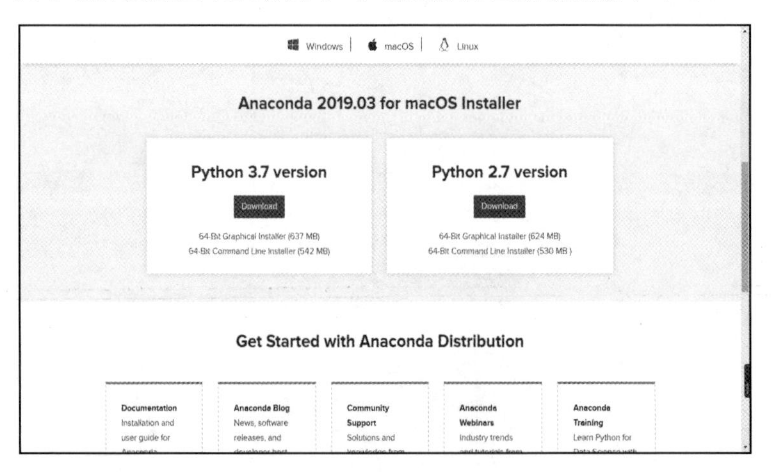

图 7.28 Anaconda 下载界面

下载完成后，双击.exe 文件，全部选择默认安装即可。安装完成后，在“开始”菜单中便可以找到启动文件，如图 7.29 所示。

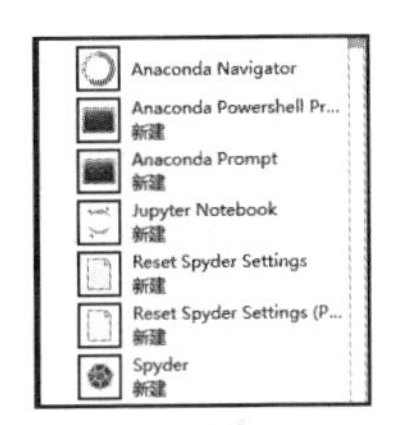

图 7.29　“开始”菜单

7.3.2　创建新的 Python 环境

在“开始”菜单中启动 Anaconda Navigator，打开如图 7.30 所示界面。

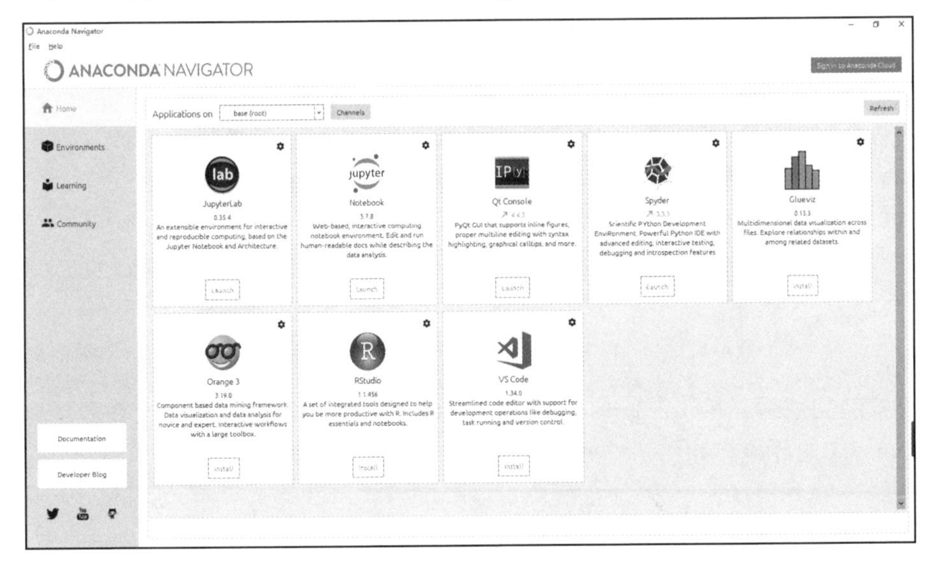

图 7.30　Anaconda Navigator 界面

在左侧菜单中单击 Environments 选项，可以创建一个新的 Python 3.7 的环境，进入 Environment 窗口后，单击其中下部的 Create 按钮，会弹出如图 7.31 所示的对话框，输入新环境的名字，选择 Packages 为 3.7，然后单击对话框里的 Create 按钮。

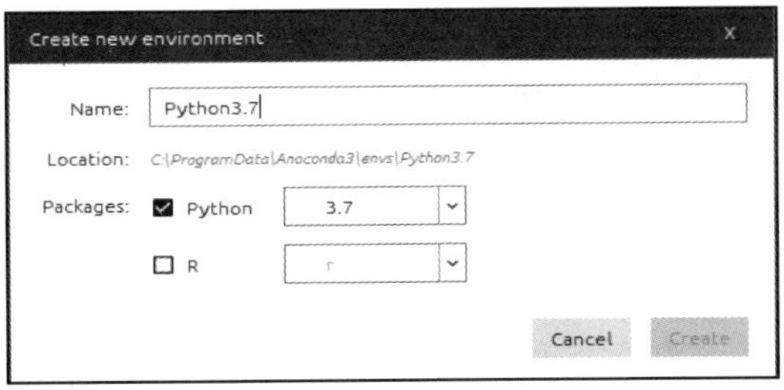

图 7.31　创建新环境

创建好环境后，右侧列表是新环境所包含的 Python Package，然而并不是用户需要的所有内容都有了，在右上角的下拉菜单中选择 Not Installed，再检索 Selenium，如果能检索出 Selenium，则说明新环境中并不包含 Selenium 包，如图 7.32 所示。

在列表中勾选 Selenium，单击窗口右下角的 Apply 按钮，即可开始往新环境中安装 Selenium。

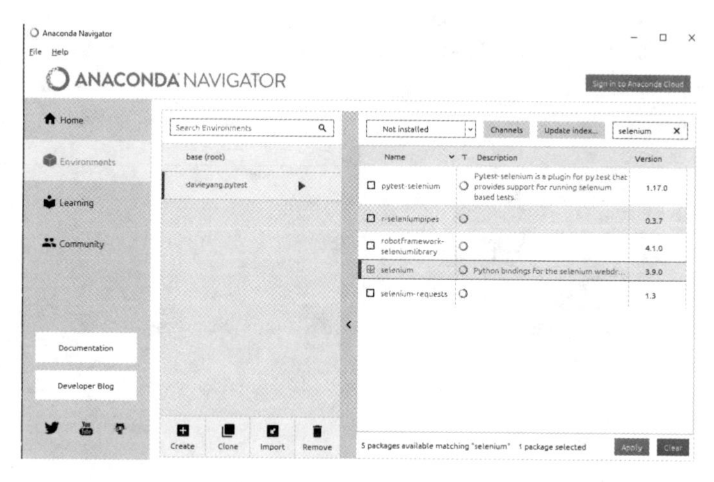

图 7.32 安装 Python 包

安装完成后，单击左侧列表中的 Home 回到主页，在主页中选择新创建的 Python 3.7 的环境，如图 7.33 所示。

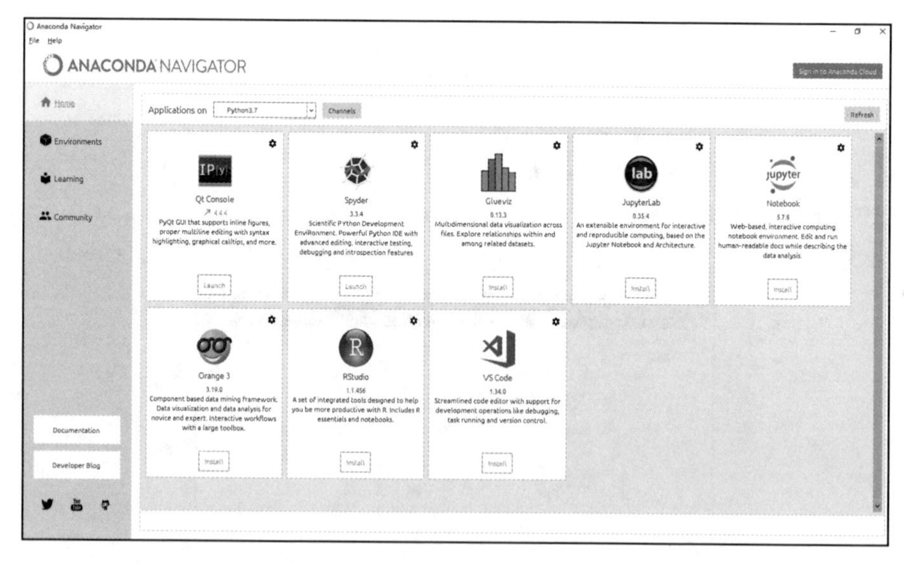

图 7.33 新环境主页

然后单击 Spyder 下的 Install 按钮，即安装该环境下编写 Python 代码的编译工具。安装完成后，单击 Launch 按钮即可启动 Spyder。如果需要创建多个环境，那么 Spyder 是与环境绑定的，不同的环境可以有不同的 Spyder。

Spyder 安装完成后，在操作系统的“开始”菜单中就会多出一个 Spyder，如图 7.34 所示。当需要使用 Spyder 开发程序的时候，直接启动这个新建的 Spyder 即可。

这样，即可在多个环境情况下，启动不同环境下的工具了。

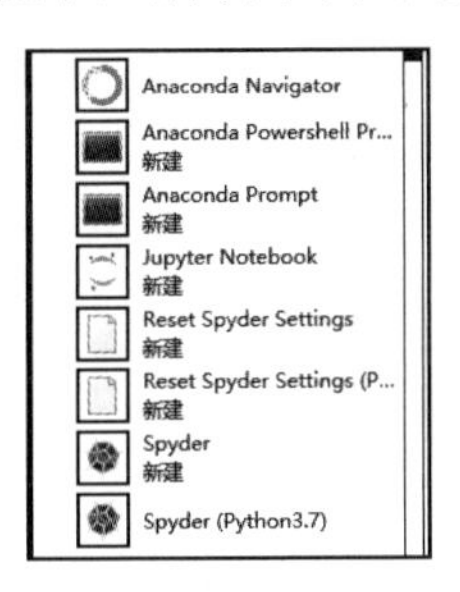

图 7.34　Spyder

7.3.3　环境验证

从操作系统的“开始”菜单启动新安装的 Spyder(Python 3.7)，如图 7.35 所示。

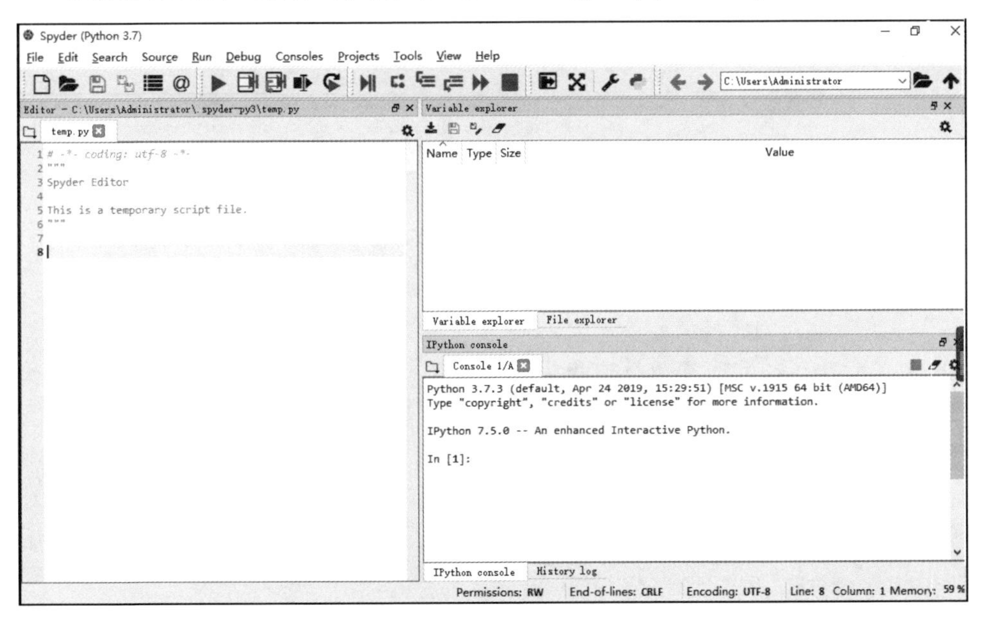

图 7.35　Spyder 编辑窗口

然后在左侧的编辑窗口中输入以下代码：

```
from selenium import webdriver              #将 Webdriver 引入当前环境
chrome_driver = webdriver.Chrome()   #启动浏览器
chrome_driver.get("http://www.baidu.com")  #打开百度首页
chrome_driver.quit()                       #关闭浏览器驱动，浏览器也随之关闭
```

按 F5 键执行，执行结果会在右下角的 Console 窗口中展示，如图 7.36 所示。

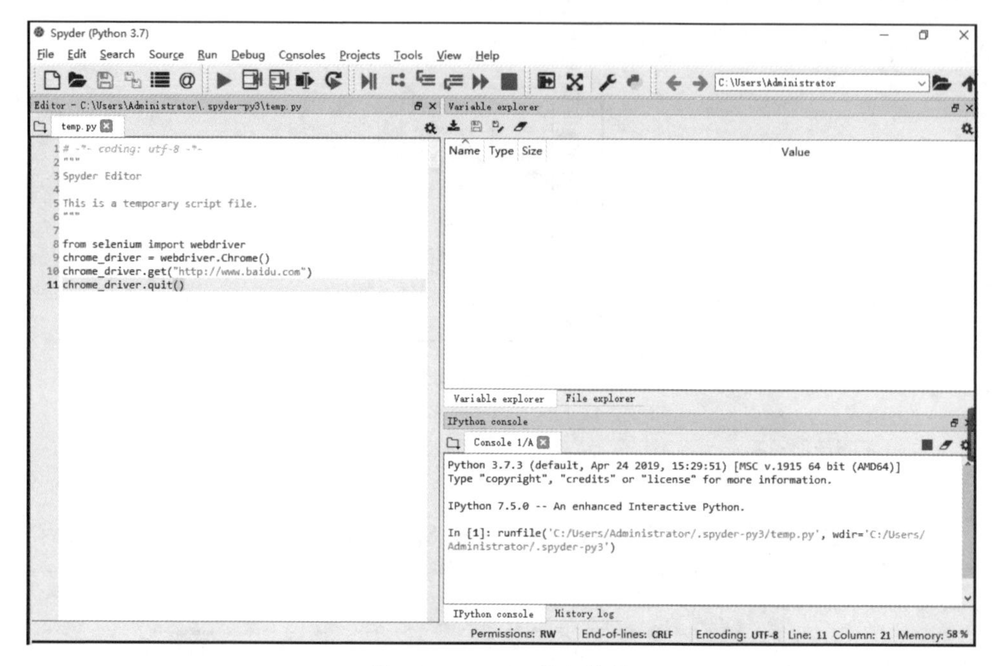

图 7.36　Spyder 执行结果

7.4　本章小结

除了笔者介绍的这 3 款集成开发环境外，还有一些轻型的工具，如 Geany、Sublime 等，它们更适合编写一些并不是复杂架构下的项目，使用起来相对便利和快捷一些。而笔者介绍的 3 款集成开发环境更适合于框架级别的开发。

笔者想再次强调的是，对于初学者，最佳的学习编码工具是命令行，自己对自己的代码纠错，不要借助任何工具，这对于基本功的训练是非常重要的。练好基本功，真到了复杂的架构中再去使用编译工具，也仅仅是学习一个工具的使用而已。

第 8 章　Page Object 模式

PO 模式就是 Page Object 模式的缩写，意为页面对象，这个模式在很多大公司面试自动化测试工程师的时候，被提起的次数非常多，因此希望读者朋友们能够领悟其中的深意，它也是自动化测试框架最核心的理念。

8.1　PO 模式简介

PO 模式的终极目标就是页面对象与测试代码分离，从而使得自动化测试代码可快速构建、可轻松扩展，当以页面为单位，将页面中的控件逐一抽取出来封装成对象，并定义各个控件的实际操作方法，那么当页面发生变化后修改测试代码的工作将非常轻松。

在实际工作中，页面新增内容或者优化抑或减少内容，都会影响到测试代码，然而当分离了页面元素后，只需单独维护页面元素定位信息即可，这样会非常容易处理这种频率较高的场景。

8.1.1　非 PO 模式下的隐患

读者经历了前面几章的训练，已经可以达到编写自动化测试或者单元测试的水准了，在熟练掌握了前面章节中的单一技能后，就需要考虑高一层次的内容，比如那么多内容如何组织起来，简单的线性堆砌明显是比较低级的方式，并且简单堆砌测试代码将会带来灾难性的后果。

当测试代码越来越多时，一旦页面进行了优化就需要修改测试代码，然而如果从一开始就只是堆积代码，那可能连需要修改的地方都很难找到；同样，一旦代码多了以后，想要进行扩展也将无从下手，没有清晰的模式规划代码，牵一发而会动全身。

然而自动化测试的终极目的便是高效，因此 PO 模式是自动化测试工程师必须掌握的代码构建模式和思想。

8.1.2 PO 模式下的优势

Page Object 模式，它并不是什么高大上的概念，Page Object 及页面对象是哪些东西呢？比如，一个按钮是一个对象，一个页面也是一个对象，这种设计模式有什么好处呢？当将需要操作的元素封装成对象，在测试脚本中通过调用它们完成测试任务的时候，实际上实现的是测试代码和页面元素的分离，当页面发生变化的时候，便不需要再修改以前的测试代码，只需维护页面对象，这就大大提高了代码的复用性，降低了维护成本，从而使得自动化测试更高效，代码结构更加清晰。

做好了分离后，也使得测试工程师在进行扩展的时候能够更加清晰，大大缩短了无效地分析代码才敢动手的过程。

这种模式类似于绝大多数公司的开发团队使用的 MVC 模式，想要拓展的读者朋友们可以深入研究，本章将详细介绍 PO 模式的设计思路和实现过程。

8.2 传统 PO 模式

传统的 PO 模式也就是使用比较广泛的一种，一般情况下提到的 PO 模式就是指这种，尤其当面试自动化测试工程师岗位的时候，技术方面也会问起，是否做过 PO 模式下的自动化测试，甚至还会要求临时写一段代码。

8.2.1 传统 PO 模式简介

传统的 PO 模式将页面对象和测试代码分离，以页面为单位为每个页面创建一个页面对象文件，如 Baidu_Main_Page.py，该文件逐个封装页面中的元素以及操作各元素的函数以供外界调用；再新建一个对应的测试脚本文件，如 Test_Baidu_Main_Page.py，用于编写测试代码，直接调用页面对象文件中封装好的元素对象及方法。

而当页面发生变化时，只需去修改 Baidu_Main_Page.py 这个页面对象文件即可，无须修改测试代码；而当需要扩展的时候，只需在 Baidu_Main_Page.py 这个文件中继续扩展即可。

8.2.2 代码示例

接下来实战一下传统的 PO 模式如何构建，用 PyCharm 新建一个叫作 PO 的项目，然后在项目根节点右击，执行 New→Python Package 命令，给这个项目新建两个 Python Package，第一个 Python Package 命名为 PageObject，第二个 Python Package 命名为 TestScript，如图 8.1 所示。

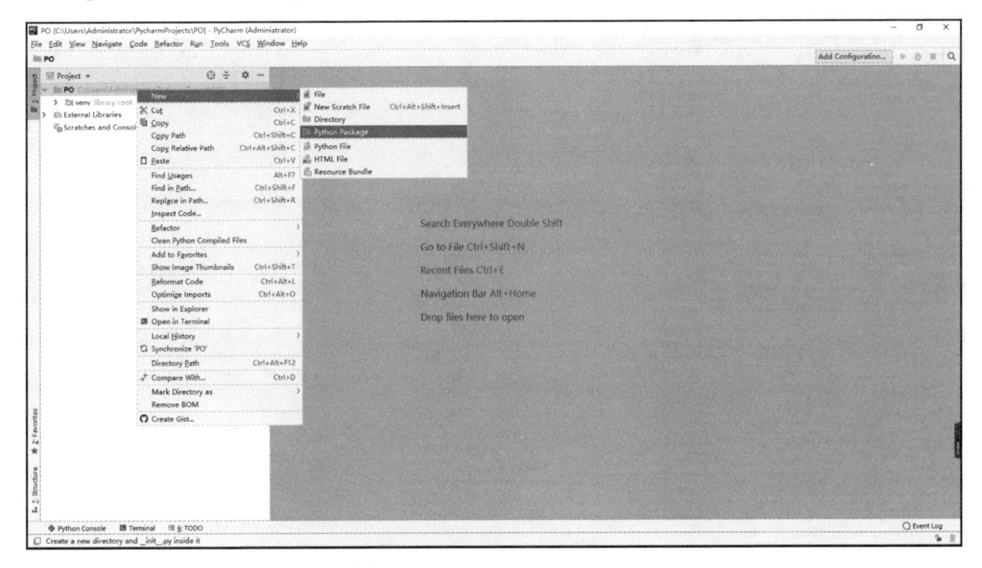

图 8.1　创建 Python Package

接下来建一个登录页面的页面对象文件，在刚刚新建的名为 PageObject 的 Python Package 上右击，选择 New→Python File 命令，命名新建的文件为 Baidu_Main_Page；紧接着在刚刚新建的名为 TestScript 的 Python Package 上右击，执行 New→Python File 命令，命名新建的文件为 Test_Baidu_Main_Page，如图 8.2 所示。

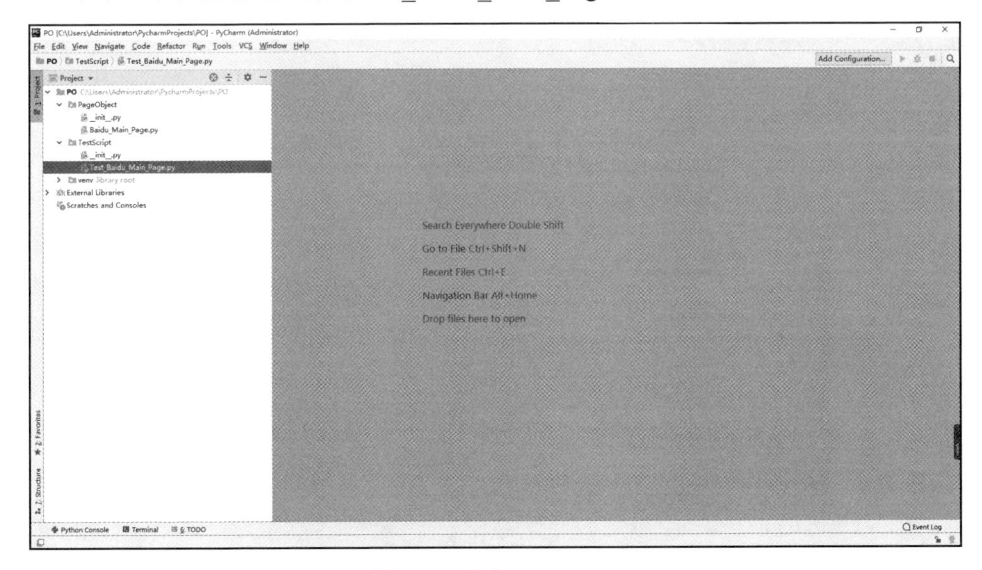

图 8.2　创建 Python File

创建成功后应如图 8.3 所示，如此便将页面对象和测试代码分别放在了不同 Python Package 中，通过封装和调用就可以完成代码的执行。

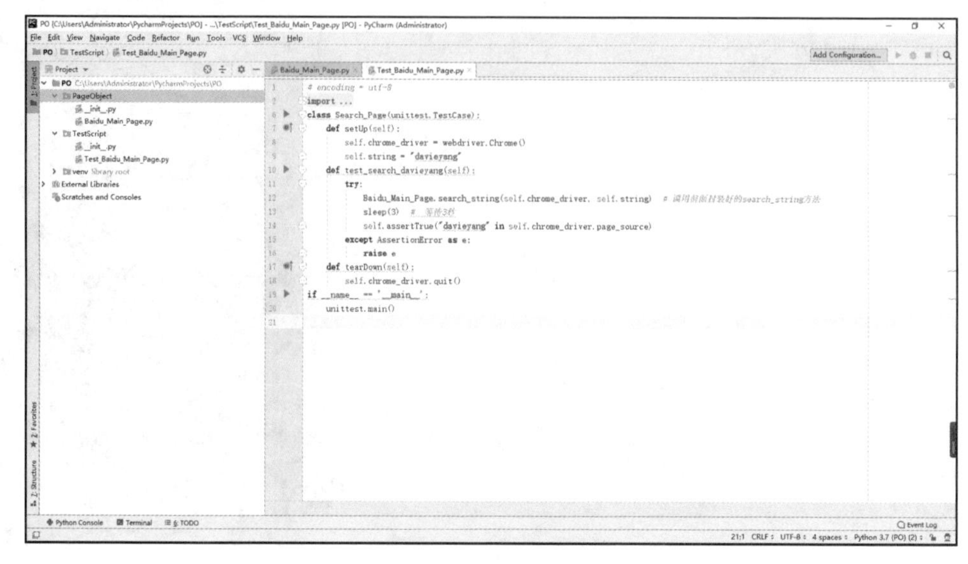

图 8.3 PO 项目结构

Baidu_Main_Page 即是百度主页页面对象文件，用于封装百度主页页面对象以及操作页面对象的各类方法，代码示例如下。

```
#encoding = utf-8
from selenium.webdriver.common.by import By
from time import sleep
class Page(object):
    """
    基础类，用于页面对象类的继承
    """
    login_url = 'http://www.baidu.com'
    #初始化类函数，定义属性 base.url/driver/timeout
    def __init__(self, driver, base_url=login_url):
        self.base_url = base_url
        self.driver = driver
        self.timeout = 30
    #定义目标页面
    def target_page(self):
         return self.driver.current_url == self.base_url
    #定义打开页面的函数
    def open(self):
         url = self.base_url
         self.driver.get(url)
         print(self.driver.current_url)
```

```
    #定义获取元素基础方法
    def find_element(self, *loc):
        return self.driver.find_element(*loc)
class SearchPage(Page):
    """
    Baidu 首页，页面对象类
    """
    url = '/'
    input_loc = (By.NAME, "wd")  #页面控件对象：input 控件
    search_button_loc = (By.ID, "su")  #页面控件对象："百度一下"按
钮
    """
    为每个页面元素对象封装其相对应的方法
    """
    def input_search_string(self, search_string):
        self.find_element(*self.input_loc).send_keys(search_string)
    #输入要检索的字符串
    def click_search_button(self):
        self.find_element(*self.search_button_loc).click()
                                                #单击"百度一下"按钮
    #定义检索字符串函数
def search_string(driver, string):
    search_Page = SearchPage(driver)
    search_Page.open()
    search_Page.input_search_string(string)
    sleep(3)
    search_Page.click_search_button()
```

然后在 Test_Baidu_Main_Page 中编写测试代码，代码示例如下。

```
#encoding = utf-8
from selenium import webdriver
from PageObject import Baidu_Main_Page
from time import sleep
import unittest
class Search_Page(unittest.TestCase):
    def setUp(self):
        self.chrome_driver = webdriver.Chrome()
        self.string = "davieyang"
    def test_search_davieyang(self):
        try:
            Baidu_Main_Page.search_string(self.chrome_driver,
self.string)  #调用前面封装好的 search_string()方法
            sleep(3)  #等待 3s
            self.assertTrue("davieyang" in
self.chrome_driver.page_source)
        except AssertionError as e:
            raise e
```

```
    def tearDown(self):
        self.chrome_driver.quit()
if __name__ == '__main__':
    unittest.main()
```

8.2.3 执行结果

执行 Test_Baidu_Main_Page 的结果如图 8.4 所示。

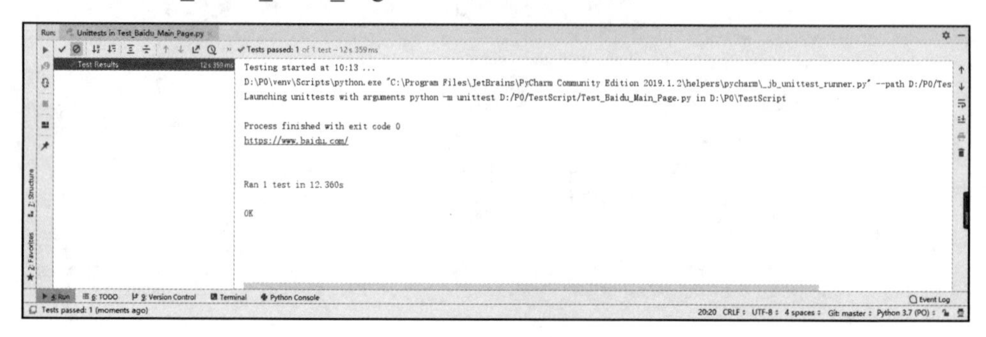

图 8.4　执行结果

8.3 框架层 PO 模式

在 8.2 节中详细介绍了传统的 PO 模式，实际上它已经足够满足测试工程师的自动化测试工作，然而它并不是最好的，它比较适合小型项目的自动化测试（一个页面配一个页面对象文件和一个测试代码文件），接下来从框架层面考虑并实现 PO 模式。

8.3.1 框架层 PO 模式简介

前边介绍的 PO 模式是两层，即页面对象和测试代码，现在从框架层面考虑，再多加一层，将页面元素定位信息完全剥离，再使用封装好的工具类进行文件解析，然后封装成页面对象文件。

8.3.2 代码示例

在项目中新建两个 Python Package，在项目的根节点右击，执行 New→Python Package 命令。将新建的 Python Package 一个命名为 Util，用于放框架中的核心工具类；另一个命名为 PageElementLocator，用于放页面元素的定位信息，创建完成后如图 8.5 所示。

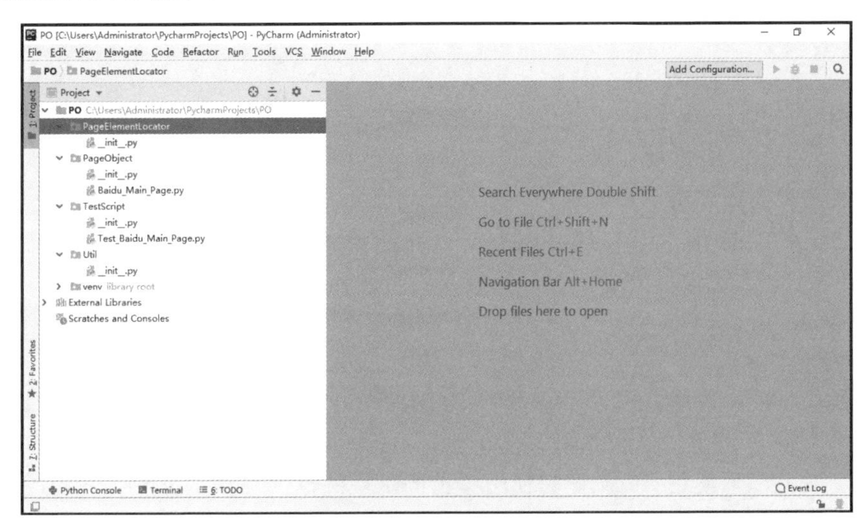

图 8.5　PO 项目结构（1）

在名为 PageElementLocator 的 Python Package 上右击，执行 New→File 命令，将新建的文件命名为 Baidu_Main_Page_Plus.ini；在名为 Util 的 Python Package 上右击，执行 New → Python File 命令，将新建的文件命名为 ParseElementLocator.py；在名为 PageObject 的 Python Package 上右击，执行 New →Python File 命令，将新建的文件命名为 Baidu_Main_Page_Plus.py；在名为 TestSctipt 的 Python Package 上右击，执行 New→Python File 命令，将新建的文件命名为 Test_Baidu_Main_Page_Plus.py，创建完成后项目结构如图 8.6 所示。

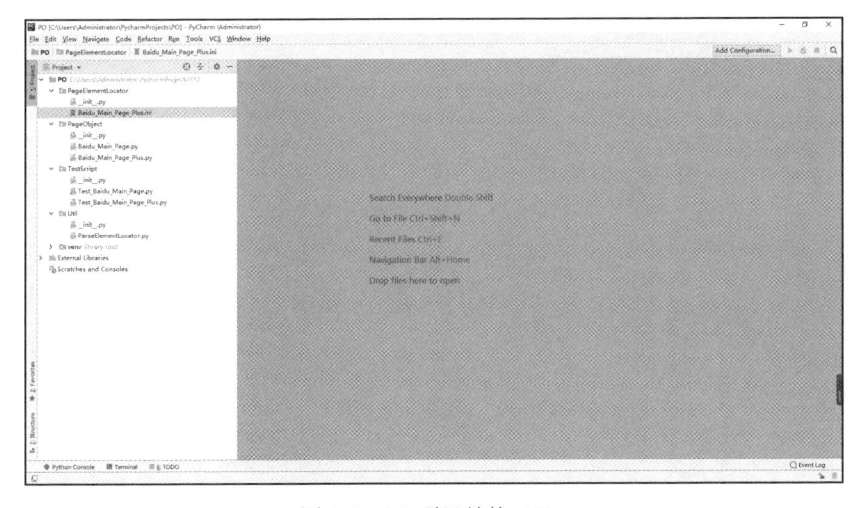

图 8.6　PO 项目结构（2）

在 Baidu_Main_Page_Plus.ini 文件中写入如下面命令行所示内容，从内容中可以看到，该文件中只保存了元素定位信息，第一行内容被称为 section name。PO 模式是以页面为单位，一般情况下一个页面包含在一个文件中，但是页面与页面是不同的，一般的应用系统不会像百度首页这么简单，往往应用页面都比较复杂，甚至分很多区域，比如分列表区域、导航区域等。这个时候就可以在一个页面文件中使用如下面命令行所示的" [main_baidu] "这个 section name，以区分每个页面文件中的不同区域，换句话说，是按照页面的不同区域再次细分。而每个 section name 下边定义的是该页面区域内的页面元素定位信息。

```
[main_baidu]
input_search = id>kw
button_search = id>su
```

在 Util 下的 ParseElementLocator.py 文件中写入如下面命令行所示的内容，刚刚定义了一个使用 ini 文件并使用了页面区域的概念保存了页面元素的定位信息，然而只有定位信息是不能够工作的，有了定位信息文件用户就要解析它，从而得到页面元素对象，因为元素定位信息是不能操作的，将其变成对象便可以操作它，从而完成自动化测试任务。

以下代码便是解析存储元素定位信息文件的工具类，一般情况下都会将工具类放在 Util 的 Python Package 内，请读者阅读代码时仔细阅读代码注释。

```
#-*- coding: utf-8 -*-
"""
用于解析配置文件，并获取页面元素定位表达式
"""
#从 Python 的 configparser 模块中引入 ConfigParser 类
from configparser import ConfigParser
from time import sleep
from selenium.webdriver.support.wait import WebDriverWait #引入等
待类
#定义解析文件类
class ParseConfigFile:
    """
    初始化解析文件类
    """
    def __init__(self, driver, page_element_locator):
        self.driver = driver
        self.cf = ConfigParser()
        self.cf.read(page_element_locator, encoding='utf-8')
    def get_items_section(self, section_name):
        """
        获取配置文件中指定 section 下的所有 option_name 键值对，并以字典类
型返回给调用者
```

```
        注意：使用 self.cf.items(sectionName)此种方法获取到
        配置文件中的 options 内容均被转换成小写，如 loginPage.frame 将被转
换成 loginpage.frame
        """
        options_dict = dict(self.cf.items(section_name))
        return options_dict  #返回一个字典
    def get_option_value(self, section_name, option_name):
        """
        获取指定 section 下的指定 option 的值
        """
        value = self.cf.get(section_name, option_name)
        return value
    def get_element_location(self, section_name, option_name,
timeout):
        """
        获取页面元素定位表达式，并以元素对象的形式返回给调用者
        """
        driver = self.driver
        location = self.get_option_value(section_name, option_name)
        location_type = location.split(">")[0]
        location_value = location.split(">")[1]
        print("读取到的定位类型为：" + location_type + "\t 读取到的定位
信息为：" + location_value)
        try:
            element = WebDriverWait(driver, timeout)\
                .until(lambda x: x.find_element(by=location_type,
                       value=location_value))
            return element
        except Exception as e:
            print("定位元素超过" + str(timeout) + "秒，详细异常信息如下：")
            raise e
    def highlight_element(self, driver, element):
        """
        调用 JS，用于高亮控件
        :param driver:
        :param element:
        :return:
        """
        driver.execute_script("arguments[0].setAttribute('style',
arguments[1]);", element, "background: yellow; border:2px solid red;")
```

PageObject 下的 Baidu_Main_Page_Plus.py 文件内容如下，前面已经将页面元素定位信息存储在页面元素定位文件 Baidu_Main_Page_Plus.ini 中，然后又写了解析该类文件的工具类 PageElementLocator，那么第三步便是封装页面元素，请读者仔细阅读代码中的注释，并重点关注各调用关系。

```
#encoding = utf-8
from Util import ParseElementLocator  #引入解析元素定位信息文件的工具类
import os
driver = None  #定义 driver 为 None
#获取当前文件所在目录的父目录的绝对路径
parent_directory_path =
os.path.dirname(os.path.dirname(os.path.abspath(__file__)))
print(parent_directory_path)  #打印该路径
#定义存放页面元素定位表达式文件的绝对路径
baidu_main_page_plus_file= parent_directory_path +
u"\\PageElementLocator\\baidu_main_page_plus.ini"
class Search_Page_Element():  #定义页面对象类
    def __init__(self, driver):
        self.location_file = baidu_main_page_plus_file
        self.driver = driver
        #实例化解析文件类
        self.get_element = ParseElementLocator.ParseConfigFile
(self.driver, self.location_file)
    def input_search(self):  #定义获取检索输入框控件的方法，方法执行完返回该控件对象
        #调用工具类中的 get_element_location()方法获取页面元素对象
        input_search = self.get_element.get_element_location
("main_baidu", "input_search", 5)
        #高亮该元素
        self.get_element.highlight_element(self.driver, input_search)
        #返回该元素
        return input_search
    def button_search(self): #定义获取检索按钮控件的方法，方法执行完返回该控件对象
        #调用工具类中的 get_element_location()方法获取页面元素对象
        button_search = self.get_element.get_element_location("main_baidu", "button_search", 5)
        #高亮该元素
        self.get_element.highlight_element(self.driver, button_search)
        #返回该元素
        return button_search
    def input_search_string(self, string):  #定义在检索输入框输入内容的方法
        baidu_main_page_plus = Search_Page_Element(self.driver)
        baidu_main_page_plus.input_search().send_keys(string)
    def click_search_button(self):  #定义单击“检索”按钮的方法
        baidu_main_page_plus = Search_Page_Element(self.driver)
        baidu_main_page_plus.button_search().click()
```

在 TestScript 下的 Test_Baidu_Main_Page_Plus.py 文件中写入自己编写的测试

代码，请读者朋友们阅读代码时请仔细看注释，并重点关注各调用关系。

```
#encoding = utf-8
from selenium import webdriver  #引入 Webdriver
from PageObject import Baidu_Main_Page_plus  #引入页面对象类
from time import sleep
import unittest  #引入单元测试框架
class Search_Page(unittest.TestCase):  #定义测试类，继承 TestCase
    def setUp(self):
        self.chrome_driver = webdriver.Chrome()  #启动 Chrome 浏览器
        self.string = "davieyang"  定义字符串
    def test_search_davieyang(self):
        self.chrome_driver.get("http://www.baidu.com")  #打开百度主页
        self.baidu_main_page_plus=Baidu_Main_Page_plus.Search_Pag
e_Element(self.chrome_driver)  #实例化页面对象类
        try:
            #在百度输入框输入定义好的字符串
            self.baidu_main_page_plus.input_search_string(self.string)
            #单击“检索”按钮
            self.baidu_main_page_plus.button_search().click()
            sleep(3)  #等待 3s
            #断言结果
            self.assertTrue("davieyang" in self.chrome_driver.
                         page_source)
        except AssertionError as e:
            raise e  #如果断言失败，抛出断言异常
    def tearDown(self):
        self.chrome_driver.quit()
if __name__ == '__main__':
    unittest.main()
```

8.3.3　执行结果

执行 Test_Baidu_Main_Page_Plus.py 结果如图 8.7 所示。

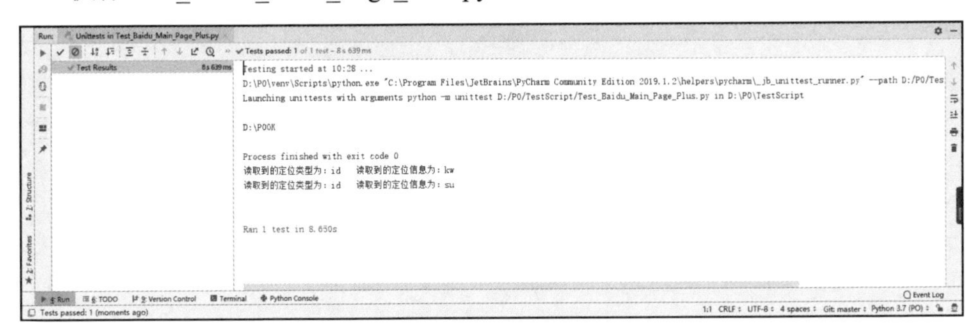

图 8.7　执行结果

8.4 本章小结

本章首先介绍了使用传统的 PO 思想将页面元素和测试代码分为了两层；其次笔者又介绍了另外一种 PO 模式，将页面定位表达式、页面元素对象、测试代码分成了 3 层，这非常像经典的 MVC 模式。

PO 模式是进行自动化测试必不可少的模式，它的思想应该贯穿于整套框架中。

第 9 章　HTML 测试报告

掌握了前面 8 章内容后，读者实际上已经可以编写自己的脚本了，然而在实际工作中自动化测试的汇报工作往往也是一个重要的环节，如何给管理层提供一份合适的自动化测试报告就成了一个难题，本章将详细介绍 3 种自动化测试报告的生成。

9.1　HTMLTestRunner

HTMLTestRunner 是在 Python 的单元测试框架 Unittest 基础上扩展的一个报告模块，使用它也就意味着所写的自动化测试用例要基于 Unittest 单元测试框架编写才能够使用 HTMLTestRunner，其生成的 HTML 报告样式如图 9.1 所示。

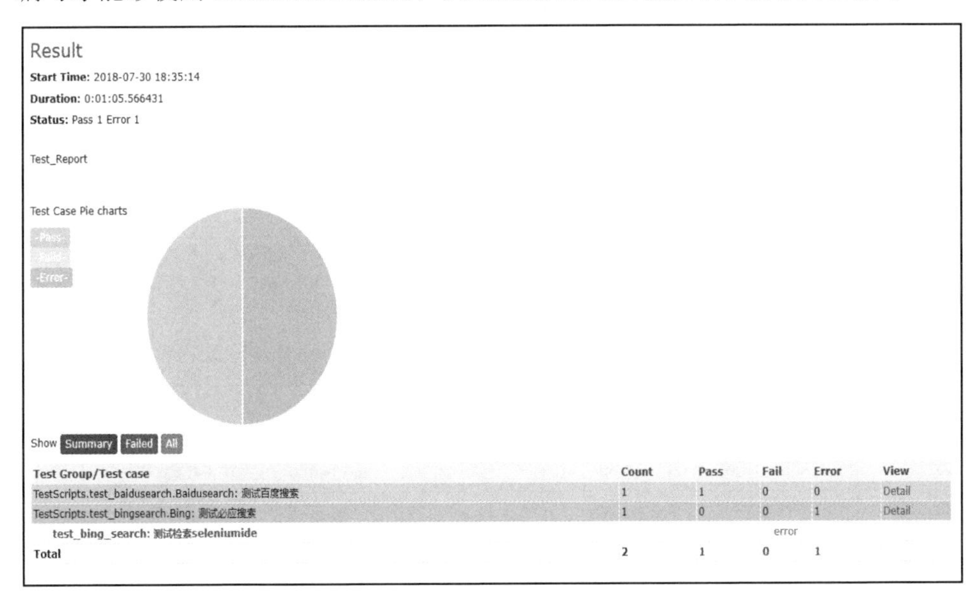

图 9.1　HTMLTestRunner

9.1.1 获取 HTMLTestRunner 模块

获取 HTMLTestRunner 模块的网址为 http://tungwaiyip.info/software/HTMLTestRunner.html，它目前的版本是 0.8.2，在页面中单击 HTMLTestRunner.py (0.8.2)，即可通过浏览器自动下载，实际上它本身只是个 py 文件，可以将它当成一个工具类，放在第 8 章建立的项目的名为 Util 的 Python Package 中，如图 9.2 所示。

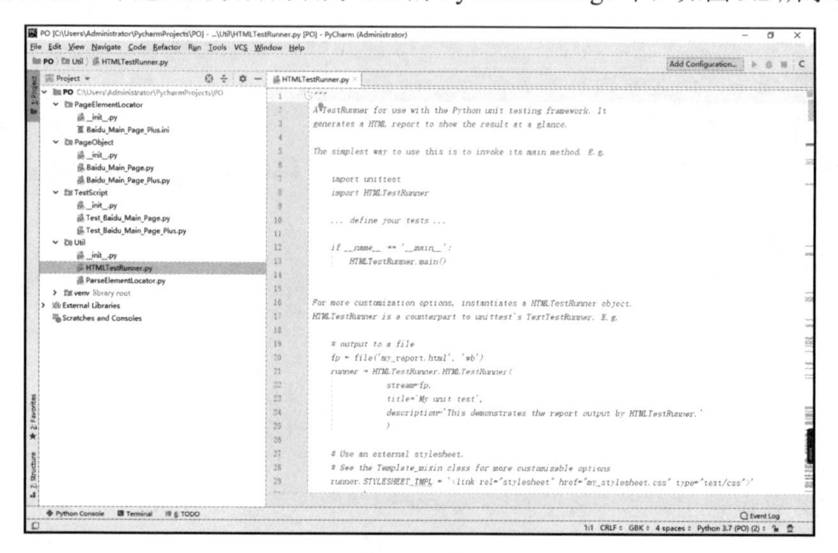

图 9.2 HTMLTestRunner.py

9.1.2 Python 3 版本的 HTMLTestRunner

然而不幸的是，HTMLTestRunner（0.8.2）版本是基于 Python 2 的，而本书中的代码均是基于 Python 3 的，Python 3 较之 Python 2 在语法上有一些变化，因此要对下载下来的 HTMLTestRunner.py 进行修改从而使它能够在 Python 3 环境下执行，所需修改的内容如表 9.1 所示。

表 9.1 HTMLTestRunner 基于 Python 2 和 Python 3 的修改内容

	Python 2	Python 3
第 94 行	import StringIO	import io
第 539 行	self.outputBuffer = StringIO.StringIO()	self.outputBuffer = io.StringIO()
第 642 行	if not rmap.has_key(cls):	if not cls in rmap:
第 766 行	uo = o.decode('latin-1')	uo = e
第 772 行	ue = e.decode('latin-1')	ue = e
第 631 行	print >> sys.stderr, '\nTime Elapsed: %s' % (self.stopTime-self.startTime)	print(sys.stderr, '\nTime Elapsed: %s' % (self.stopTime-self.startTime))

9.1.3　生成 HTML 测试报告代码示例

将下载的 HTMLTestRunner.py 放到名为 Util 的 Python Package 下并做了能够在 Python 3 环境下执行的修改后，在项目的根节点右击，执行 New→Directory 命令，并将其命名为 TestResult，它用于存放执行后的测试结果；再在项目的根节点右击，执行 New→Python File 命令，命名新建的文件为 Run_Automation，它用于编写执行用例的代码，在该文件中写入以下代码。

```
#encoding = utf-8
from Util import HTMLTestRunner #将下载并修改后的HTMLTestRunner引入
import unittest  #引入Unittest单元测试框架
import time
import os
class StartTest(object):
    def __init__(self):
        print("generate test reports...")  #初始化类，仅打印一条提示到
控制台
    @staticmethod  #静态方法装饰器
    def start_test():  #定义执行测试用例的方法
        #获取当前文件所在目录的父目录的绝对路径
        parent_directory_path = os.path.dirname(os.path.dirname
(os.path.abspath(__file__)))
        print(parent_directory_path) #打印路径
        #使用unittest.defaultTestLoader.discover获取TestScript路径
下的测试代码文件
        #执行test（不区分大小写）开头的py文件
        test_suite = unittest.defaultTestLoader.discover
('TestScript', pattern='test*.py')
        #获取当前时间
        current_time = time.strftime("%Y-%m-%d-%H_%M_%S",
time.localtime(time.time()))
        #定义报告文件名
        filename = parent_directory_path + "\\PO\\TestResult\\
Results-" + current_time + "result.html"
        print(filename)  #打印文件名称
        #打开报告文件
        fp = open(filename, 'wb')
        #调用HTMLTestRunner
        runner = HTMLTestRunner.HTMLTestRunner\
            (stream=fp, title='Result', description='Test_Report')
        #执行测试
```

```
        runner.run(test_suite)
        print('Test reports generate finished')  #打印执行完毕的相关提示
if __name__ == '__main__':
    StartTest.start_test()
```

注意：

这里在执行用例的代码中的大部分内容在 Unittest 单元测试框架的章节中都讲过，不同的地方有亮点而且比较重要，其一是获取了当前时间用于命名自动化测试报告文件的名字，因为每次执行都要生成报告的话，如果文件名不进行区分，旧文件就会被直接覆盖，而使用当前时间是最佳的方式；其二执行用例使用的是 HTMLTestRunner 方法，从而能够生成 HTML 格式的自动化测试报告，执行完结果如图 9.3 所示。

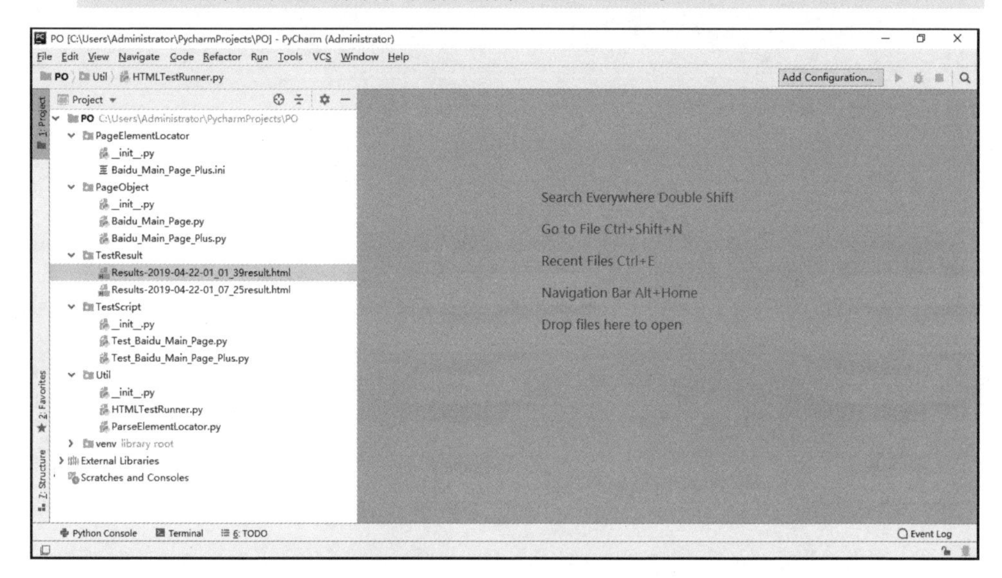

图 9.3　HTML 测试报告

9.2　Allure

Allure 已经出了 Allure 2，它是一个非常强大的报告框架，它结合 Pytest 单元测试框架使用能够非常详细地展示测试用例的执行情况，以及展示各种独特的分析结果，同时它还支持多语种的切换，到目前为止它的功能是最强大的，然而它的操作相对复杂，本节笔者将详细介绍如何使用它。

9.2.1　Allure 模块及所需组件安装

首先 Allure 的报告框架是由 Java 语言开发而来的，因此它需要 Java 8 版本的支持，需要从官方下载安装；配好系统环境变量后，还要安装 Pytest 和 allure-pytest。Pytest 在第 6 章已经介绍过安装，此处相关操作可以忽略，直接在命令行执行命令 pip install allure-pytest 安装 allure-pytest 即可，执行结果如下。

```
E:\Programs\Python\Tools>pip install allure-pytest
Collecting pytest_allure_adaptor
  Downloading
    https://files.pythonhosted.org/packages/2e/94/862ca2f86f364
    4fd6687e254518ff57fe729676172ef37594913e88a2e3c/pytest_allu
    re_adaptor-1.7.10-py3-none-any.whl
Collecting namedlist (from pytest_allure_adaptor)
  Downloading
    https://files.pythonhosted.org/packages/88/49/f7db251a94931
    1c4f09f583e1b3c5a7e377220d5913607e6ab453446fe7e/namedlist-1.
    7.tar.gz
Collecting enum34 (from pytest_allure_adaptor)
  Downloading
    https://files.pythonhosted.org/packages/af/42/cb9355df32c69
    b553e72a2e28daee25d1611d2c0d9c272aa1d34204205b2/enum34-1.1.
    6-py3-none-any.whl
Requirement already satisfied: pytest>=2.7.3 in c:\python37\lib\
site-packages (from pytest_allure_adaptor) (4.4.1)
Requirement already satisfied: lxml>=3.2.0 in c:\python37\lib\si
te-packages (from pytest_allure_adaptor) (4.3.1)
Requirement already satisfied: six>=1.9.0 in   c:\python37\lib\s
ite-packages (from pytest_allure_adaptor) (1.12.0)
Requirement already satisfied: py>=1.5.0 in    c:\python37\lib\s
ite-packages (from  pytest>=2.7.3->pytest_allure_adaptor) (1.8.
0)
Requirement already satisfied: more-itertools>=4.0.0; python_ve
rsion > "2.7" in c:\python37\lib\site-packages (from  pytest>=2.
7.3->pytest_allure_adaptor) (7.0.0)
Requirement already satisfied: attrs>=17.4.0 in    c:\python37\l
ib\site-packages (from pytest>=2.7.3->pytest_allure_adaptor) (1
9.1.0)
Requirement already satisfied: atomicwrites>=1.0 in    c:\python
37\lib\site-packages (from pytest>=2.7.3->pytest_allure_adaptor)
 (1.3.0)
Requirement already satisfied: colorama; sys_platform == "win32"
    in c:\python37\lib\site-packages (from
```

```
    pytest>=2.7.3->pytest_allure_adaptor) (0.4.1)
Requirement already satisfied: pluggy>=0.9 in  c:\python37\lib\s
ite-packages (from pytest>=2.7.3->pytest_allure_adaptor) (0.9.
0)
Requirement already satisfied: setuptools in   c:\python37\lib\s
ite-packages (from pytest>=2.7.3->pytest_allure_adaptor) (40.6.
2)
Installing collected packages: namedlist, enum34, pytest-allure-
adaptor
  Running setup.py install for namedlist ... done
Successfully installed enum34-1.1.6 namedlist-1.7 pytest-allure-
adaptor-1.7.10
```

9.2.2 执行测试并生成结果

使用第 8 章中建的 PO 项目，为了项目结构清晰整洁，在 PO 项目的 TestResult 路径下新建一个文件夹，并命名为 Report，用于存储最终生成的 HTML 文件格式的测试报告，在 PyCharm 的底部找到 Terminal，然后命令行引导到 TestScript 路径下，如图 9.4 所示。

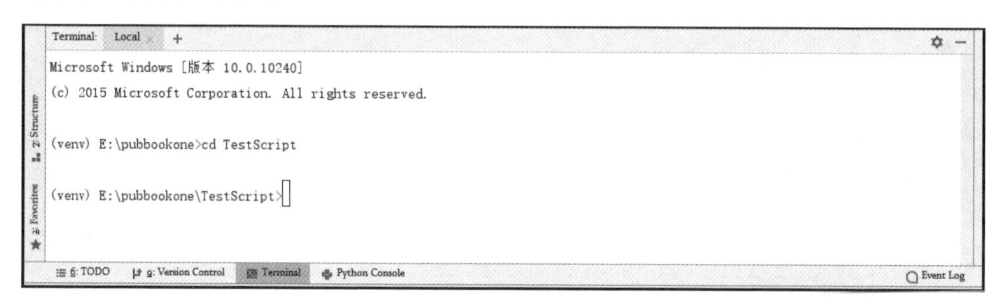

图 9.4 Terminal

执行测试命令 pytest -s -q --alluredir [path_to_report_dir]，其中[path_to_ report_dir]为执行测试后生成测试结果的路径，此处将结果生成在 PO 项目中的 TestResult 路径下即可，执行命令如下：

```
pytest -s -q --alluredir "E:\\pubbookone\\TestResult\\"
```

执行完毕后，在命令中指定的[path_to_report_dir]的路径下，会生成如图 9.5 所示的若干文件。

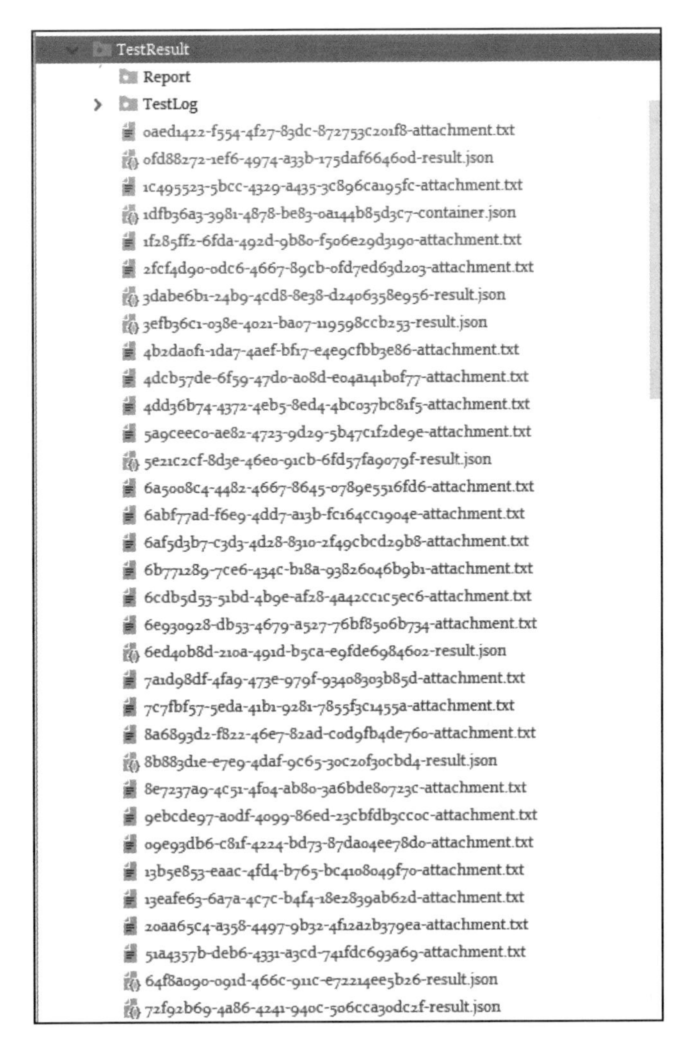

图 9.5　用例执行结果

9.2.3　安装 Allure Command Line

测试结束生成结果后，需要使用 Allure Command Line 来将测试结果转换成 HTML 格式的报告，读者朋友们可以通过网址为 https://github.com/allure-framework/allure2/releases 下载 Allure Command Line，如图 9.6 所示。

下载完成后将其解压，因其也是一个工具，所以就把解压后的文件放到项目中的 Util 路径下，添加 Allure 到环境变量 PATH（\安装路径\allure-commandline\bin），如图 9.7 所示，以方便项目调用。

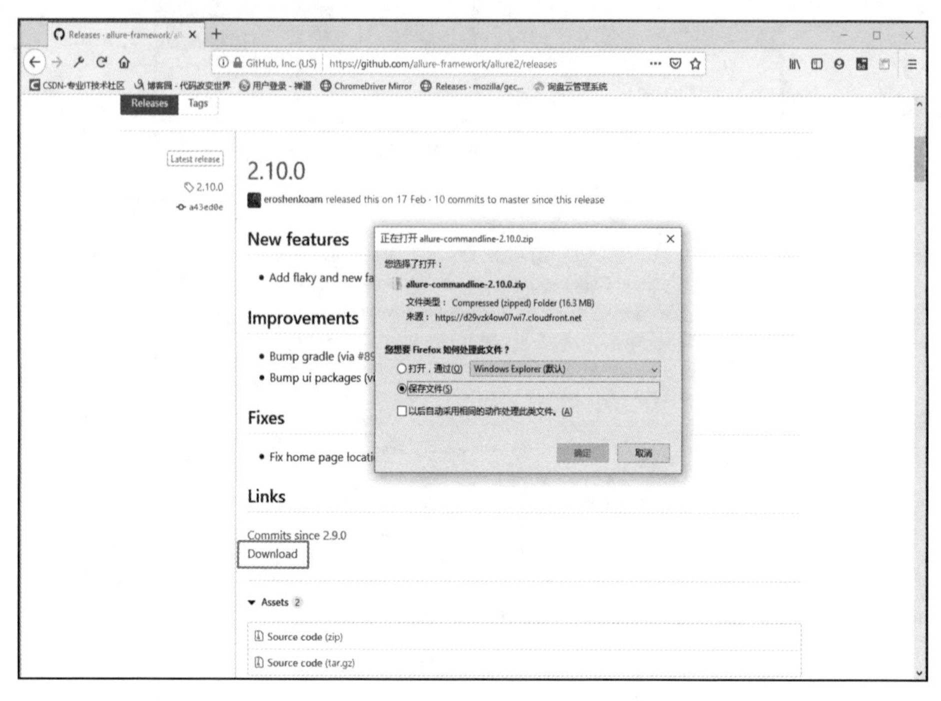

图 9.6　下载 Allure Command Line

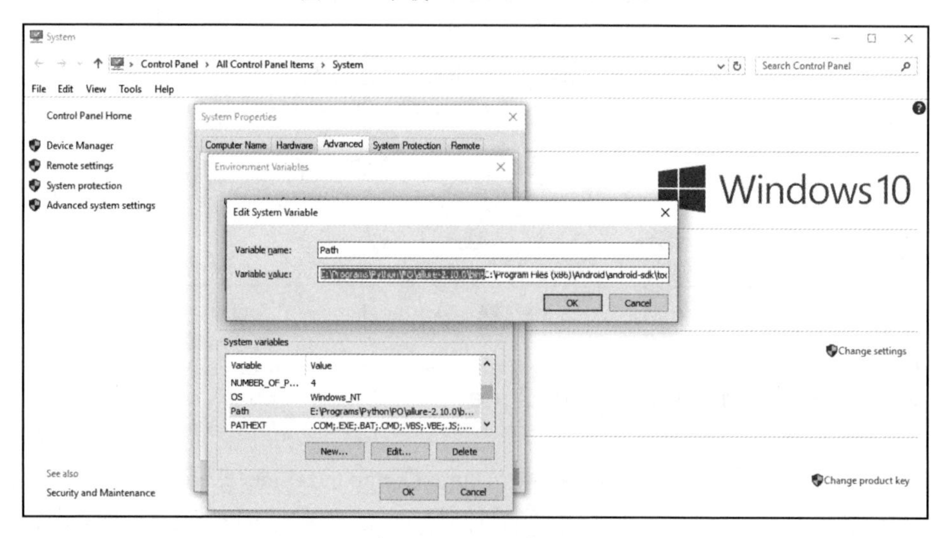

图 9.7　配置环境变量

配置好 PATH 后，启动命令行，直接执行命令 allure，得到如下所示的内容，这表示配置生效。

```
C:\Users\Administrator>allure
Usage: allure [options] [command] [command options]
```

```
Options:
  --help
    Print commandline help.
  -q, --quiet
    Switch on the quiet mode.
    Default: false
  -v, --verbose
    Switch on the verbose mode.
    Default: false
  --version
    Print commandline version.
    Default: false
Commands:
  generate     Generate the report
    Usage: generate [options] The directories with allure results
      Options:
        -c, --clean
          Clean Allure report directory before generating a new one.
          Default: false
        --config
          Allure commandline config path. If specified overrides
values from
          --profile and --configDirectory.
        --configDirectory
          Allure commandline configurations directory. By default uses
          ALLURE_HOME directory.
        --profile
          Allure commandline configuration profile.
        -o, --report-dir, --output
          The directory to generate Allure report into.
          Default: allure-report
  serve     Serve the report
    Usage: serve [options] The directories with allure results
      Options:
        --config
          Allure commandline config path. If specified overrides
values from
          --profile and --configDirectory.
        --configDirectory
          Allure commandline configurations directory. By default uses
          ALLURE_HOME directory.
        -h, --host
          This host will be used to start web server for the report.
```

```
        -p, --port
          This port will be used to start web server for the report.
          Default: 0
        --profile
          Allure commandline configuration profile.
    open      Open generated report
      Usage: open [options] The report directory
        Options:
        -h, --host
          This host will be used to start web server for the report.
        -p, --port
          This port will be used to start web server for the report.
          Default: 0
    plugin      Generate the report
      Usage: plugin [options]
        Options:
        --config
          Allure commandline config path. If specified overrides
values from
          --profile and --configDirectory.
        --configDirectory
          Allure commandline configurations directory. By default uses
          ALLURE_HOME directory.
        --profile
          Allure commandline configuration profile.
```

9.2.4 生成 HTML 测试报告代码示例

在 Result 文件夹上右击，选择 New→Directory 命令，并将其命名为 Report，它用于存储最终生成的 HTML 格式报告。在 PyCharm 的 Terminal 窗口中执行以下命令：

```
allure generate directory-with-results/ -o directory-with-report
```

①directory-with-results 为 XML 文件路径。

②directory-with-report 用于自定义 HTML 报告生成到哪个路径下。

因为已经建好了 Report 文件夹，因此需要执行的命令类似于：

```
allure generate "E:\pubbookone\TestResult"/ -o "E:\pubbookone\TestResult\Report"
```

在 Terminal 窗口中执行结果为：

```
(venv)E:\pubbookone\TestScript>alluregenerate"E:\pubbookone\TestResult"/-o"E:\pubbookone\TestResult\Report"
Report successfully generated to E:\pubbookone\TestResult\Report
```

然后在新建的 Report 文件夹内可以看到相应内容，如图 9.8 所示。

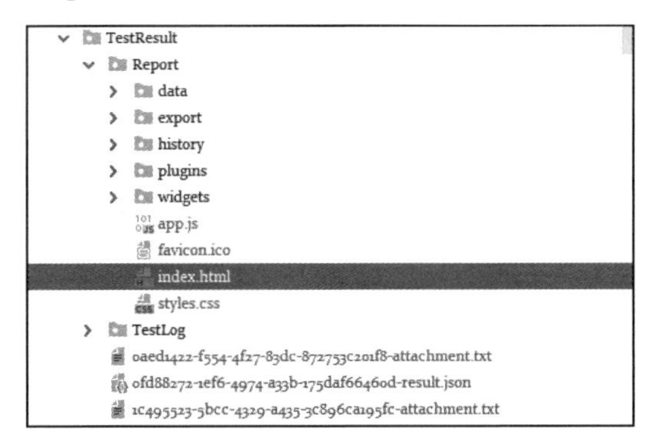

图 9.8　生成 HTML 格式报告

然后在 Report 文件夹内的 index.html 上右击，选择用 Chrome 打开，如图 9.9 所示。

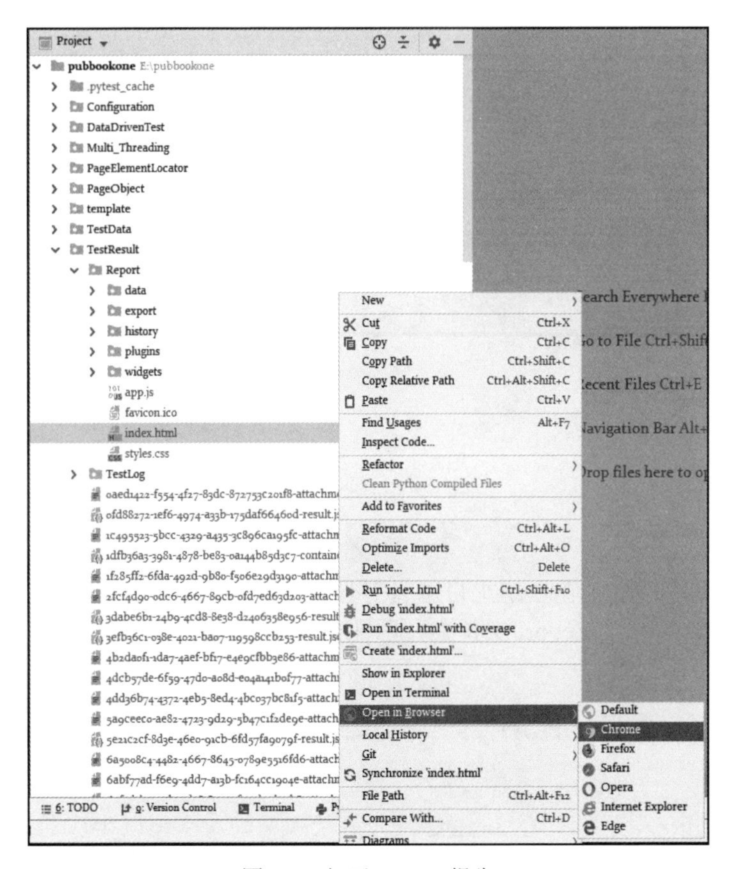

图 9.9　打开 HTML 报告

浏览器打开 HTML 测试报告样式，如图 9.10 所示。

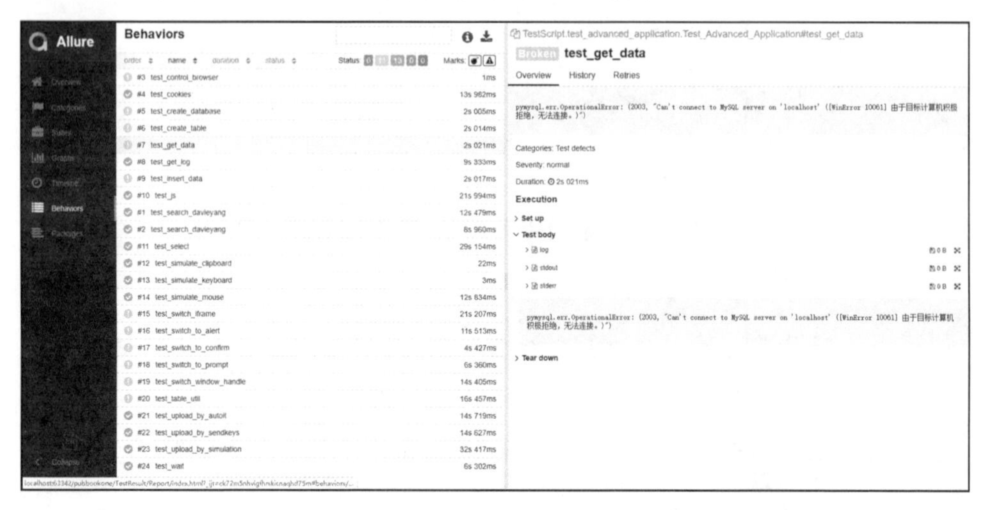

图 9.10　HTML 报告用例执行结果

报告样式可以切换语言，如图 9.11 所示。

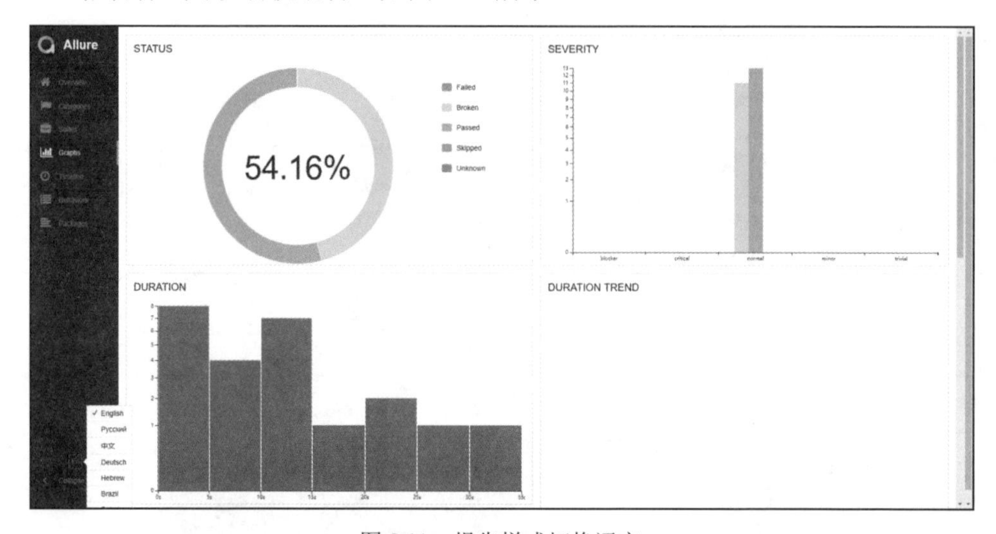

图 9.11　报告样式切换语言

9.3　BeautifulReport

BeautifulReport 是基于 Unittest 单元测试框架的一个可以生成 HTML 格式的自动化测试报告的报告框架，它为用户提供了既简洁又美观的 HTML 模板，将生成的结果添加到模板中，然后在指定的目录下生成 HTML 格式报告。

9.3.1 获取 BeautifulReport 模块

获取该报告模块的网址为 https://github.com/TesterlifeRaymond/BeautifulReport，其中很重要的两个文件分别为 BeautifulReport.py 和 template 文件夹内的 template 文件，会用 Git 的朋友们可以直接复制粘贴下来。

如果对 Git 不熟悉也可以直接 Download ZIP 到本地，然后将 BeautifulReport.py 放入名为 Util 的 Python Package 内，同时在项目的根节点上右击，执行 New→Directory 命令，将其命名为 template，然后将 template 文件放到该文件夹内，如图 9.12 所示。

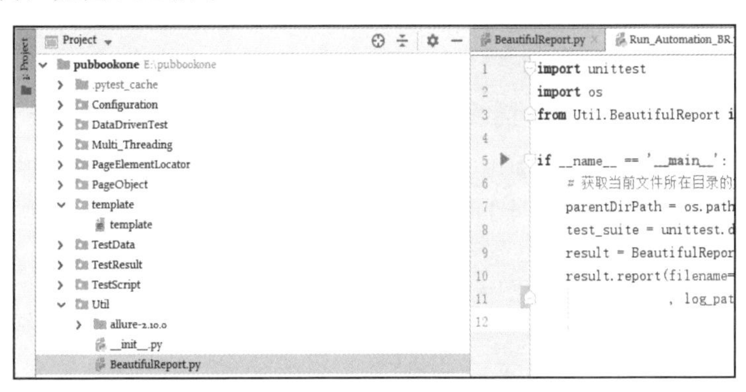

图 9.12 BeautifulReport 项目结构

9.3.2 生成 HTML 测试报告代码示例

右击项目根节点，执行 New→Python File 命令并命名新建文件为 Run_Automation_BR，用于编写执行测试用例的代码，示例如下。

```
import unittest
import os
from Util.BeautifulReport import BeautifulReport
if __name__ == '__main__':
    #获取当前文件所在目录的父目录的绝对路径
    parent_directory_path = os.path.dirname(os.path.dirname(os.p
ath.abspath(__file__)))
    #定义测试集合
    test_suite = unittest.defaultTestLoader.discover('TestScript',
pattern='test*.py')
    result = BeautifulReport(test_suite) #将测试集合传给Beautiful Report
```

```
#调用 report()方法并传参生成报告
result.report(filename='测试报告', description='测试报告'
                , log_path=parent_directory_path +
               "\\PO\\TestResult\\ Report\\")
```

执行完成后系统会报以下异常信息：

```
..Traceback (most recent call last):
File "F:/PO/Run_Automation_BR.py", line 10, in <module>
  result.report(filename='测试报告', description='测试报告',
log_path=parent_directory_path + "\\PO\\TestResult\\")  #调用
report()方法并传参生成报告
File "F:\PO\Util\BeautifulReport.py", line 364, in report
  self.output_report()
File "F:\PO\Util\BeautifulReport.py", line 378, in output_report
  with open(template_path, 'rb') as file:
FileNotFoundError:[Errno2]Nosuchfileordirectory:'F:\\PO\\venv\\
Lib\\site-packages/BeautifulReport/template/template'
Process finished with exit code 1
```

很显然，在平时调试代码中经常会看到异常信息，而 Err 这样的字样是必须关注的，从上述异常信息中能够看到以下所示的一行信息，意思是找不到 template，也就是说可能测试工程师在自动化测试时并没有按源码中定义好的路径放置 template 文件。

```
[Errno2]Nosuchfile or directory:'F:\\PO\\venv\\Lib\\site-packages/
BeautifulReport/template/template'
```

那么有两种解决方法，最简单的一种方法就是根据异常信息，将 template 文件放到系统提示的路径中去；第二种方法也是笔者推荐的方法，即看源码修改成适合自己的，双击刚刚放到名为 Util 的 Python Package 里的 BeautifulRcport.py 文件，找到该文件的第 67 行，便会看到定义的 template 路径，因为系统执行完用例 BeautifulReport 要去找 template 将测试结果根据 template 去生成 HTML 报告，修改 69 行定义的路径为：

```
#获取当前文件所在目录的父目录的绝对路径
parent_directory_path = os.path.dirname(os.path.dirname(os.path.
abspath (__file__)))
#重新定义 config_tmp_path
config_tmp_path = parentDirPath + \\template\\template
```

然后再次执行 Run_Automation_BR.py 文件，在 TestResult 文件夹下就会新生成一个 HTML 格式的报告，如图 9.13 所示。

在报告文件上右击，在弹出的列表中选择 Open In Browser 选项，然后选择 Chrome 选项，即可打开报告，如图 9.14 所示。

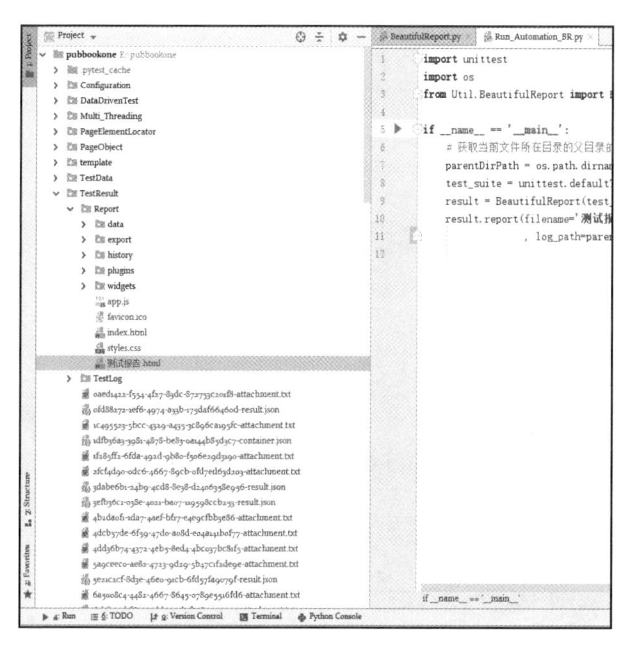

图 9.13　BeautifulReport HTML 报告文件

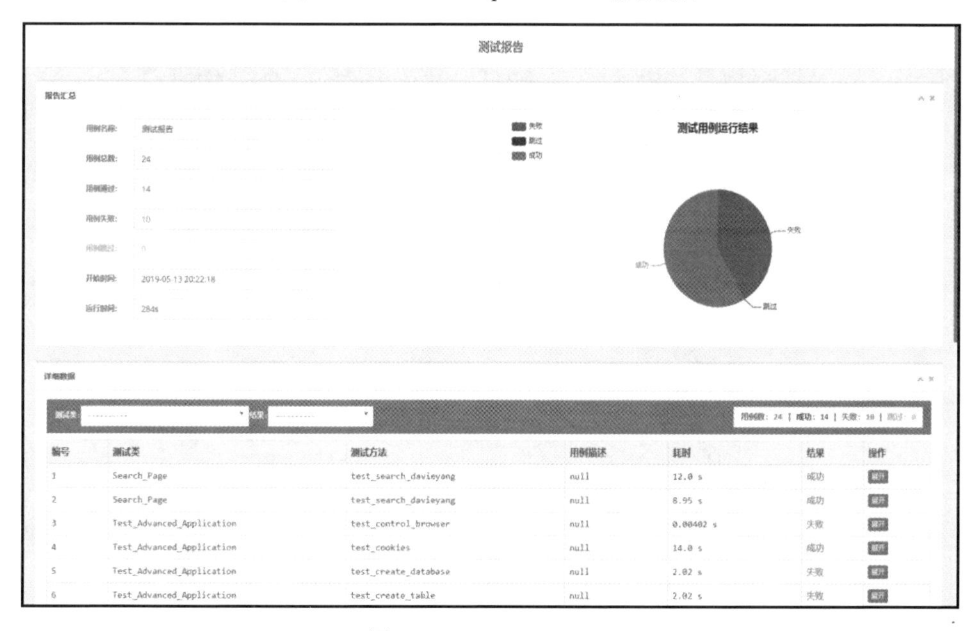

图 9.14　BeautifulReport

9.3.3　BeautifulReport 深度使用

BeautifulReport 报告框架还提供了一些非常实用的功能，比如用例执行失败截图等，代码示例如下所示。

```
"""
定义截图方法
"""
def save_img(self, img_name):

    传入一个 img_name， 并存储到默认的文件路径下
    :param img_name:
    :return:
    self.driver.get_screenshot_as_file('{}/{}.png'.format
(self.img_path, img_name))@BeautifulReport.add_test_img('点击第一
个文章页面前', '点击第一个文章页面后')
def test_save_img_and_view(self):
    """
        打开首页，截图，在截图后单击第一篇文章链接，跳转页面完成后再次截图
    """
    self.driver.get(self.test_page)
    self.save_img('点击第一个文章页面前')
self.driver.find_element_by_xpath("//*[@id='homepage1_HomePageD
ays_ctl00_DayList_TitleUrl_1']").click()
    self.save_img('点击第一个文章页面后')
    print('跳转与保存截图完成')
    self.assertTrue(self.parse(self.driver.page_source,
"//*[@id='cnblogs_post_body']/h2[2]"), '二、命令行模式执行用例')
@BeautifulReport.add_test_img('test_errors_save_imgs')
def test_errors_save_imgs(self):
    """
    如果在测试过程中，出现不确定的错误，程序会自动截图，并返回失败，如果需要
程序自动截图，则需要在测试类中定义 save_img()方法
    """
    self.driver.get(self.test_page)
    self.driver.find_element_by_xpath('//davieyang')
@BeautifulReport.add_test_img('test_success_case_img')
def test_success_casc_img(self):
    """
    如果 case 没有出现错误， 即使使用了错误的截图装饰器， 也不会影响 case 的
使用
    """
    self.driver.get(self.test_page)
    self.driver.find_element_by_xpath('//title/text()')
```

9.4 本章小结

在实际工作中华丽的测试报告往往是用于公布执行测试结果的，本章笔者介绍了多种测试报告框架的使用，读者朋友们可自行选择使用任一款，目前笔者所带的自动化团队用的是 BeautifulReport，个人感觉它就足够了。

第 10 章　Python 多线程

笔者并不是想在此章节讲解什么是进程什么是线程，而是想让读者知道有“多线程”和“多进程”的概念，而它们可以大大提高自动化测试用例的执行效率。试想一下，假如产品模块比较多，导致测试代码量巨大，执行时不可能单线程逐一执行，那样效率实在太低了，根本满足不了现如今的快速迭代，因此要使用“多线程”和“多进程”。此处读者无须去考究两者的概念，只需知道此时采用了“并发”执行测试用例。

10.1　单线程执行任务

既然讲到多线程，那么必须知道单线程是如何执行任务的。计算机处理单线程任务时实际上是按照一个给定的顺序逐一执行的，为了清晰阐述单线程执行任务的情况，请新建一个.py 格式的文件，并命名为 single_threading.py，然后在文件中写入以下代码。

```
#-*- coding: utf-8 -*-
from selenium import webdriver  #引入 Webdriver
from time import sleep  #从 time 模块引入 sleep
from time import ctime  #从 time 模块引入 ctime
def start_chrome():  #定义启动 Chrome 浏览器的方法
    print("starting chrome browser now! %s" % ctime())  #控制台打印
当前时间
    chrome_driver = webdriver.Chrome()
    chrome_driver.get("http://www.baidu.com") #打开百度主页
    sleep(2)  #强制等待 2s
    chrome_driver.quit()

def start_firefox():  #定义启动 Firefox 浏览器的方法
    print("starting firefox browser now! %s" % ctime())  #控制台打
印当前时间
    fire_driver = webdriver.Firefox()
```

```
    fire_driver.get("http://www.baidu.com") #打开百度主页
    sleep(3)  #强制等待 3s
    fire_driver.quit()

def start_ie():  #定义启动 IE 浏览器的方法
    print("starting ie browser now! %s" %ctime())  #控制台打印当前时间
    ie_driver = webdriver.Ie()
    ie_driver.get("http://www.baidu.com")  #打开百度主页
    sleep(5)  #强制等待 5s
    ie_driver.quit()

if __name__ == '__main__':
    start_chrome()
    start_firefox()
    start_ie()
    print(u"全部结束 %s" %ctime())
```

然后启动命令行工具，将命令行引导到该文件所在路径下，使用 Python 命令 python single_threading.py 执行该文件，执行结果如下。

```
E:\Programs\Python\Tools>python single_threading.py
DevToolslisteningonws://127.0.0.1:54850/devtools/browser/f0f1d7
05-5c1e-4e58-9e78-74b4d4615ca2
starting chrome browser now! Wed Apr 24 13:40:38 2019
starting firefox browser now! Wed Apr 24 13:40:46 2019
starting ie browser now! Wed Apr 24 13:40:59 2019
全部结束 Wed Apr 24 13:41:14 2019
```

从执行时间很容易看出来，定义的 3 个方法是按单条线顺序执行下来的，然而定义的方法越来越多后，按顺序逐条执行往往是牺牲了最佳的效率，而自动化测试的意义便被大打折扣。

10.2 多线程和多进程

以前版本的 Python 为用户提供了两个线程模块，一个是 thread、另一个是 threading，而本书是基于 Python 3.7 的，因此如果尝试引入 thread 会报异常 ModuleNotFoundError: No module named 'thread'，本节将详细介绍 threading 模块是如何帮助用户提升执行效率的。

10.2.1 多线程执行任务

请新建一个.py 格式的文件，并命名为 mult_threading.py，然后在文件中写入以下代码。

```
#-*- coding: utf-8 -*-
from selenium import webdriver  #引入 Webdriver
from time import sleep  #从 time 模块引入 sleep
from time import ctime  #从 time 模块引入 ctime
import threading
def start_chrome():  #定义启动 Chrome 浏览器的方法
    print("starting chrome browser now! %s" % ctime())  #控制台打印
当前时间
    chrome_driver = webdriver.Chrome()
    chrome_driver.get("http://www.baidu.com") #打开百度主页
    sleep(2)  #强制等待 2s
    chrome_driver.quit()
def start_firefox():  #定义启动 Firefox 浏览器的方法
    print("starting firefox browser now! %s" % ctime())  #控制台打
印当前时间
    fire_driver = webdriver.Firefox()
    fire_driver.get("http://www.baidu.com") #打开百度主页
    sleep(3)  #强制等待 3s
    fire_driver.quit()
def start_ie():  #定义启动 IE 浏览器的方法
    print("starting ie browser now! %s" %ctime()) #控制台打印当前时间
    ie_driver = webdriver.Ie()
    ie_driver.get("http://www.baidu.com")  #打开百度主页
    sleep(5)  #强制等待 5s
    ie_driver.quit()
threading_list = []  #创建一个空列表用于存储线程
#定义一个执行 start_chrome()方法的线程
chrome_thread = threading.Thread(target = start_chrome)
threading_list.append(chrome_thread)  #将线程放到列表中
#定义一个执行 start_firefox()方法的线程
firefox_thread = threading.Thread(target = start_firefox)
threading_list.append(firefox_thread)  #将线程放到列表中
#定义一个执行 start_chrome()方法的线程
ie_thread = threading.Thread(target = start_ie)
threading_list.append(ie_thread)  #将线程放到列表中
if __name__ == '__main__':
    for start_thread in threading_list:
        start_thread.start()  #启动线程
    for start_thread in threading_list:
        start_thread.join()   #等待线程终止
    print(u"全部结束 %s" %ctime())
```

然后启动命令行工具，将命令行引导到该文件所在路径下，使用 Python 命令 python multi_threading.py 执行该文件，执行结果如下。

```
E:\Programs\Python\Tools>python multi_threading.py
starting chrome browser now! Wed Apr 24 20:15:22 2019
starting firefox browser now! Wed Apr 24 20:15:22 2019
starting ie browser now! Wed Apr 24 20:15:22 2019
DevToolslisteningonws://127.0.0.1:62752/devtools/browser/0194c9
7d-e508-4f86-81aa-581671d93784
全部结束 Wed Apr 24 20:15:36 2019
```

从执行结果中很容易看出，定义的 3 个方法是同时启动的，并且在实际视觉效果上也是几乎同时启动了 3 个浏览器，这样的机制下执行用户的测试用例会大大提升执行效率。

10.2.2 参数化多线程

试想一下，如果自动化测试用例比较多，那么前一种创建多线程执行任务的方式无疑要编写大量的线程创建代码，而实际上还有其他方式可创建多线程执行任务的机制，新建一个.py 文件，并命名为 multi_threading_plus.py，然后写入以下代码。

```
#-*- coding: utf-8 -*-
from selenium import webdriver
from time import sleep
from time import ctime
import threading
def start_browser(browser, time):
   if browser == "chrome":
      print("starting chrome browser now! %s" % ctime())  #控制台
打印当前时间
      chrome_driver = webdriver.Chrome()
      chrome_driver.get("http://www.baidu.com") #打开百度主页
      sleep(time)
      chrome_driver.quit()
   elif browser == "firefox":
      print("starting firefox browser now! %s" % ctime())  #控制
台打印当前时间
      fire_driver = webdriver.Firefox()
      fire_driver.get("http://www.baidu.com") #打开百度主页
      sleep(time)
      fire_driver.quit()
   else:
      print("starting ie browser now! %s" %ctime())  #控制台打印当
前时间
      ie_driver = webdriver.Ie()
      ie_driver.get("http://www.baidu.com")  #打开百度主页
```

```
        sleep(time)
        ie_driver.quit()
browser_dict = {"chrome":3,"firefox":4,"ie":5}
start_browser_threading = []
for browser, time in browser_dict.items():
    threading_browser = threading.Thread(target = start_browser,
args = (browser, time))
    start_browser_threading.append(threading_browser)
if __name__ == '__main__':
    for threading_browser in range(len(browser_dict)):
        start_browser_threading[threading_browser].start()
    for threading_browser in range(len(browser_dict)):
        start_browser_threading[threading_browser].join()
    print(u"全部结束 %s" %ctime())
```

然后启动命令行工具，将命令行引导到该文件所在路径下，使用 Python 命令 python multi_threading_plus.py 执行该文件，执行结果如下。

```
E:\Programs\Python\Tools>python multi_threading_plus.py
starting chrome browser now! Thu Apr 25 09:06:10 2019
starting firefox browser now! Thu Apr 25 09:06:10 2019
starting ie browser now! Thu Apr 25 09:06:10 2019
DevToolslisteningonws://127.0.0.1:52223/devtools/browser/56dddc
45-a9a7-46b6-a739-94eec17f7e07
全部结束 Thu Apr 25 09:06:25 2019
```

10.2.3　多进程执行任务

除了使用多线程外，Python 还提供了 multiprocessing 模块用于多进程执行任务，同样也可以为自动化测试代码的执行提升效率，而 multiprocessing 的使用和多线程非常相似，请大家新建一个.py 文件，并命名为 multi_processing.py，然后写入以下代码。

```
#-*- coding: utf-8 -*-
from selenium import webdriver
from time import sleep
from time import ctime
import multiprocessing
def start_browser(browser, time):
    if browser == "chrome":
        print("starting chrome browser now! %s" % ctime())   #控制台
打印当前时间
        chrome_driver = webdriver.Chrome()
        chrome_driver.get("http://www.baidu.com") #打开百度主页
        sleep(time)
```

```
        chrome_driver.quit()
    elif browser == "firefox":
        print("starting firefox browser now! %s" % ctime())  #控制台打印当前时间
        fire_driver = webdriver.Firefox()
        fire_driver.get("http://www.baidu.com") #打开百度主页
        sleep(time)
        fire_driver.quit()
    else:
        print("starting ie browser now! %s" %ctime())  #控制台打印当前时间
        ie_driver = webdriver.Ie()
        ie_driver.get("http://www.baidu.com")  #打开百度主页
        sleep(time)
        ie_driver.quit()
#定义字典参数
browser_dict = {"chrome":3,"firefox":4,"ie":5}
#定义空 List 用于存储进程
start_browser_processing = []
#循环字典 Key-Value，创建进程并加入 List 中
for browser, time in browser_dict.items():
    processing_browser = multiprocessing.Process(target = start_browser, args = (browser, time))
    start_browser_processing.append(processing_browser)

if __name__ == '__main__':
    for processing_browser in range(len(browser_dict)):
        start_browser_processing[processing_browser].start()
    for processing_browser in range(len(browser_dict)):
        start_browser_processing[processing_browser].join()
    print(u"全部结束 %s" %ctime())
```

然后启动命令行工具，将命令行引导到该文件所在路径下，使用 Python 命令 python multi_processing.py 执行该文件，执行结果如下。

```
E:\Programs\Python\Tools>python multi_processing.py
starting firefox browser now! Thu Apr 25 09:03:37 2019
starting chrome browser now! Thu Apr 25 09:03:37 2019
starting ie browser now! Thu Apr 25 09:03:37 2019
DevToolslisteningonws://127.0.0.1:52011/devtools/browser/0607100a-2c91-43c7-8817-1a6e04c7fb5d
全部结束 Thu Apr 25 09:03:51 2019
```

从执行结果中很容易看出，定义的 3 个方法是同时启动的，并且在实际视觉效果上也是几乎同时启动了 3 个浏览器，这样的机制下执行用户的测试用例会大大提升执行效率。

10.3　本章小结

笔者在本书第 1 章介绍了自动化测试概念，而多线程绝不仅仅在执行 Selenium 的内容时会提高执行效率，在实际的使用场景下还能够帮助用户模拟很多种情况，甚至可以做一些轻微的压测模拟多个访问。

第11章 高级应用

本章笔者将介绍的内容并非只是自动化测试过程中的一些高级应用，在一些高级应用的基础上，还将穿插讲述如何将一些实用的、频率较高的应用封装，以供自动化测试脚本调用，从而减少自动化测试脚本的代码量。万变不离其宗，自动化测试代码的编写必须秉持着一条宗旨——快速构建、便于扩展、易于维护。

软件测试中有一项比较重要的测试是兼容性测试，例如，一个产品要兼容三个浏览器，即 Chrome、Firefox 和 IE，那么无疑在自动化测试代码中要分别定义这三种浏览器的驱动，再往远处想，很有可能要把极其相似的代码写三遍，而实际自动化测试中肯定不会做这么笨的事情。Python 是支持面向对象的，可以将很多重复的代码想办法封装，然后通过调用它，从而减少重复代码的编写，达到高效的目的。

11.1 控制浏览器

在使用 Selenium 进行自动化测试的过程中，对浏览器的控制往往是非常频繁的，因此不能在每段测试代码中都写关于浏览器相关的操作，正确的做法是将相关操作封装好，然后再在测试代码中进行调用，这样一方面可以提高代码的可维护性；另一方面也为扩展功能提供了一个入口。

11.1.1 场景展示

假设一种场景，分别使用 Chrome、Firefox 和 IE 在百度检索字符串__davieyang__。

启动 PyCharm，这里继续使用第 8 章建立的 PO 项目，在 TestScrip 下新建一个 Python 文件，并命名为 test_advanced_application，然后写入以下代码：

```
#encoding = utf-8
```

```
import unittest  #引入 Unittest
from selenium import webdriver  #从 Selneium 模块中引入 Webdriver
class Test_Advanced_Application(unittest.TestCase):  #定义一个测试类
    def test_search_string(self):  #定义一个测试方法
        url = "http://www.baidu.com"  #定义 url
        '''
        启动 Chrome 浏览器检索字符串"__davieyang__"
        '''
        chrome_driver = webdriver.Chrome()
        chrome_driver.get(url)
        chrome_driver.maximize_window()
        chrome_driver.find_element_by_id("kw").send_keys ("__davi
eyang__")
        chrome_driver.find_element_by_id("su").click()
        '''
        启动 Firefox 浏览器检索字符串"__davieyang__"
        '''
        firefox_driver = webdriver.Firefox()
        firefox_driver.get(url)
        firefox_driver.maximize_window()
        firefox_driver.find_element_by_id("kw").send_keys ("__dav
ieyang__")
        firefox_driver.find_element_by_id("su").click()
        '''
        启动 IE 浏览器检索字符串"__davieyang__"
        '''
        ie_driver = webdriver.Ie()
        ie_driver.get(url)
        ie_driver.maximize_window()
        ie_driver.find_element_by_id("kw").send_keys ("__davieyan
g__")
        ie_driver.find_element_by_id("su").click()
if __name__ == '__main__':
    unittest.main(verbosity=2)
```

从上面的代码可以看出，几乎一样的代码，写了 3 遍，这违背了自动化测试的初衷，可以从中提炼并进行封装以供自动化测试脚本调用。

11.1.2　方法封装

在项目的 Util 路径下，新建一个 Python 文件，并命名为 BrowserController，用它来封装控制浏览器相关的方法，首先先封装根据不同的参数启动不同的浏览器，并使浏览器打开 url 的方法，将以下代码写入文件。

```
#encoding = utf-8
from selenium import webdriver
class Browser_Controller:
    def driver_browser(self, browser_type, base_url):
        #如果参数转换成小写后是 firefox 则启动 Firefox 浏览器
        if browser_type.lower() == "firefox":
            driver = webdriver.Firefox()
        #如果参数转换成小写后是 chrome 则启动 Chrome 浏览器
        elif browser_type.lower() == "chrome":
            driver = webdriver.Chrome()
        else:
            driver = webdriver.Ie()  #如果参数不是上边两种之一，则启动
IE 浏览器
        driver.get(base_url)  #驱动浏览器打开 self.base_url
        driver.maximize_window()  #最大化浏览器
        driver.implicitly_wait(10)  #全局等待
        return driver  #返回浏览器驱动
```

11.1.3 方法调用

封装好启动浏览器并打开 url 的方法后，便可以直接调用它，只需将其引入测试代码文件中，并传给它两个参数（浏览器类型和要浏览器打开的 url）即可，修改 test_advanced_application 文件中的代码，如下所示。

```
#encoding = utf-8
import unittest
from Util import BrowserController
class Test_Advanced_Application(unittest.TestCase):
    def setUp(self):
        self.url = 'http://www.baidu.com'  #定义 url
    def test_control_browser(self):
        BC = BrowserController.Browser_Controller()  #实例化
Browser_Controller 类
        #调用 driver_browser()方法用于启动相应浏览器并打开 url
        chrome_driver = BC.driver_browser("chrome", self.url)
        chrome_driver.find_element_by_id("kw").send_keys ("__davi
eyang__")
        chrome_driver.find_element_by_id("su").click()
        #调用 driver_browser()方法用于启动相应浏览器并打开 url
        firefox_driver = BC.driver_browser("firefox", self.url)
        firefox_driver.find_element_by_id("kw").send_keys ("__dav
ieyang__")
        firefox_driver.find_element_by_id("su").click()
        #调用 driver_browser()方法用于启动相应浏览器并打开 url
        ie_driver = BC.driver_browser("ie", self.url)
```

```
        ie_driver.find_element_by_id("kw").send_keys ("__davieyan
g__")
        ie_driver.find_element_by_id("su").click()
if __name__ == '__main__':
    unittest.main(verbosity=2)
```

读者看到修改后的测试代码可能会疑惑，为什么进行了抽象和封装后的测试代码并没减少多少而且还有两条代码重复写了 3 遍，实际上也可以将那两行重复的封装起来，但是不能这么做。

封装方法供外界调用有一个前提——通用性，回头看看封装好的方法，实际上不止自己能用，团队内其他小伙伴也能用它来启动浏览器并打开 url，而如果将以下代码也封装进去，那么无疑降低了通用性，从而大大降低了封装方法的意义。

```
        ie_driver.find_element_by_id("kw").send_keys ("__davieyan
g__")
        ie_driver.find_element_by_id("su").click()
```

11.1.4　方法扩展

控制浏览器的方法很多，可以继续进行扩展，代码如下所示。

```
#encoding = utf-8
from selenium import webdriver
class Browser_Controller:
    def __init__(self, driver):
        self.driver = driver
    def driver_browser(self, browser_type, base_url):
        if browser_type.lower() == "firefox":  #如果参数转换成小写后
是 firefox 则启动 Firefox 浏览器
            driver = webdriver.Firefox()
        elif browser_type.lower() == "chrome":  #如果参数转换成小写后
是 chrome 则启动 Chrome 浏览器
            driver = webdriver.Chrome()
        else:
            driver = webdriver.Ie()  #如果参数不是上边两种之一，则启动
IE 浏览器
        driver.get(base_url)  #驱动浏览器打开 self.base_url
        driver.maximize_window()  #最大化
        driver.implicitly_wait(10)  #全局等待
        return driver  #返回浏览器驱动
    def back(self):
        """
```

```
        浏览器后退按钮
        :param none:
        """
        self.driver.back()
    def forward(self):
        """
        浏览器前进按钮
        :param none:
        """
        self.driver.forward()
    def open_url(self, url):
        """
        打开 url 站点
        :param url:
        """
        self.driver.get(url)
    def quit_browser(self):
        """
        关闭并停止浏览器服务
        :param none:
        """
        self.driver.quit()
    def set_browser_window(self, weight, high):
        """
        设置浏览器窗口宽和高
        :param driver:
        :param weight:
        :param high:
        :return:
        """
        self.driver.set_window_size(weight, high)
```

方法有很多，而实际的封装和调用方式正如笔者在本节代码中所展示的一样，读者可以根据实际的产品或者项目封装适合自己的内容，只有更好、更合适，不存在最好、最合适。

11.2 模拟鼠标

在实际的测试中鼠标的操作也是频繁发生的，与封装控制浏览器相关方法是相同的思想，本节笔者将详细介绍如何封装模拟鼠标操作的方法以及如何调用封装好的方法。

11.2.1 方法封装

在实际的自动化测试中往往需要模拟一些鼠标的操作来辅助完成页面上一些特殊的操作，例如，有的需要鼠标拖曳页面元素、挪动页面元素，鼠标悬停在页面元素上等，因此封装一些工具类以便于在写测试代码中直接调用。代码示例如下：

```
#encoding = utf-8
from selenium.webdriver.common.action_chains import ActionChains
class Simulate_Mouse:
    def __init__(self, driver):
        self.driver = driver
        self.actions = ActionChains(self.driver)
    #按一下鼠标左键
    def left_click(self, element):
        self.actions.click(element).perform()
    #按两下鼠标左键
    def double_left_click(self, element):
        self.actions.double_click(element).perform()
    #按一下鼠标右键
    def right_click(self, element):
        self.actions.context_click(element).perform()
    #移动鼠标到 element
    def move_mouse(self, element):
        self.actions.move_to_element(element).perform()
    #从 source 移动鼠标到 target
    def move_mouse_source_target(self, source, target):
        self.actions.drag_and_drop(source, target).perform()
    #从 source 移动鼠标到 target
    def move_source_target(self, source, target):
       self.actions.click_and_hold(source).release(target).perform()
    #拖曳元素到坐标（x, y）
    def drag_element(self, element, x, y):
        self.actions.click_and_hold(element).move_by_offset(x,
y).release().perform()
    #按住并且不释放
    def click_hold(self, element):
        self.actions.click_and_hold(element)
```

11.2.2 方法调用

用 11.2.1 小节介绍的方法封装好常用的方法，当需要调用其中的方法的时候，将其引入测试代码中，调用类中的方法时，根据方法所需参数传参即可。

在 test_advanced_application 文件中新增以下测试方法，验证封装的方法是否可用，代码如下所示。

```
from Util.Mouse_Simulation import Simulate_Mouse  #引入封装好的工具类
import time #引入 time 模块用于等待
def test_simulate_mouse(self):  #定义测试方法
    chr_driver = webdriver.Chrome()  #启动 Chrome 浏览器
    chr_driver.get(self.url)  #打开 url
    element = chr_driver.find_element_by_link_text("设置") #获取页面元素
    Simulate_Mouse(chr_driver).move_mouse(element)  #鼠标悬停动作
    time.sleep(5)  #强制等待 5s
```

11.3 模拟键盘

在实际的自动化代码调试过程中，往往 Selenium 提供的方法不能满足于自动化测试任务，例如，定位某个按钮要完成单击操作，定位正确但就是无法完成单击，此时如果掌握模拟键盘的方法便可以为自动化测试提供很大的帮助。

11.3.1 安装 Pywin32

要模拟键盘操作，需要先为 Python 安装相关模块，启动命令行，然后在命令行执行命令 pip install –U pywin32，执行结果如下：

```
C:\Users\davieyang>pip install pywin32
Collecting pywin32
  Using cached
https://files.pythonhosted.org/packages/a3/8a/eada1e7990202cd27e58eca2a278c344fef190759bbdc8f8f0eb6abeca9c/pywin32-224-cp37-cp37m-win_amd64.whl
Installing collected packages: pywin32
Successfully installed pywin32-224
```

看到 Successfully installed pywin32-xxx 则表示安装成功。

11.3.2 方法封装

在 PO 项目中的 Util 路径下新建一个 Python 文件并将其命名为 Keyboard_Simulation，然后在文件中写入以下代码。

```
#用于实现模拟键盘单个或多个组合键操作
#encoding = utf-8
import win32api
import win32con
class Simulate_Keyboard:
    """
    定义字典，字典内容为键盘上的按键与 VkCode 的键值对
    """
    VK_CODE = {
        'backspace': 0x08,
        'tab': 0x09,
        'clear': 0x0C,
        'enter': 0x0D,
        'shift': 0x10,
        'ctrl': 0x11,
        'alt': 0x12,
        'pause': 0x13,
        'caps_lock': 0x14,
        'esc': 0x1B,
        'spacebar': 0x20,
        'page_up': 0x21,
        'page_down': 0x22,
        'end': 0x23,
        'home': 0x24,
        'left_arrow': 0x25,
        'up_arrow': 0x26,
        'right_arrow': 0x27,
        'down_arrow': 0x28,
        'select': 0x29,
        'print': 0x2A,
        'execute': 0x2B,
        'print_screen': 0x2C,
        'ins': 0x2D,
        'del': 0x2E,
        'help': 0x2F,
        '0': 0x30,
        '1': 0x31,
        '2': 0x32,
        '3': 0x33,
        '4': 0x34,
        '5': 0x35,
        '6': 0x36,
        '7': 0x37,
```

```
    '8': 0x38,
    '9': 0x39,
    'a': 0x41,
    'b': 0x42,
    'c': 0x43,
    'd': 0x44,
    'e': 0x45,
    'f': 0x46,
    'g': 0x47,
    'h': 0x48,
    'i': 0x49,
    'j': 0x4A,
    'k': 0x4B,
    'l': 0x4C,
    'm': 0x4D,
    'n': 0x4E,
    'o': 0x4F,
    'p': 0x50,
    'q': 0x51,
    'r': 0x52,
    's': 0x53,
    't': 0x54,
    'u': 0x55,
    'v': 0x56,
    'w': 0x57,
    'x': 0x58,
    'y': 0x59,
    'z': 0x5A,
    'numpad_0': 0x60,
    'numpad_1': 0x61,
    'numpad_2': 0x62,
    'numpad_3': 0x63,
    'numpad_4': 0x64,
    'numpad_5': 0x65,
    'numpad_6': 0x66,
    'numpad_7': 0x67,
    'numpad_8': 0x68,
    'numpad_9': 0x69,
    'multiply_key': 0x6A,
    'add_key': 0x6B,
    'separator_key': 0x6C,
    'subtract_key': 0x6D,
    'decimal_key': 0x6E,
```

```
        'divide_key': 0x6F,
        'F1': 0x70,
        'F2': 0x71,
        'F3': 0x72,
        'F4': 0x73,
        'F5': 0x74,
        'F6': 0x75,
        'F7': 0x76,
        'F8': 0x77,
        'F9': 0x78,
        'F10': 0x79,
        'F11': 0x7A,
        'F12': 0x7B,

        'num_lock': 0x90,
        'scroll_lock': 0x91,
        'left_shift': 0xA0,
        'right_shift ': 0xA1,
        'left_control': 0xA2,
        'right_control': 0xA3,
        'left_menu': 0xA4,
        'right_menu': 0xA5,
        'browser_back': 0xA6,
        'browser_forward': 0xA7,
        'browser_refresh': 0xA8,
        'browser_stop': 0xA9,
        'browser_search': 0xAA,
        'browser_favorites': 0xAB,
        'browser_start_and_home': 0xAC,
        'volume_mute': 0xAD,
        'volume_Down': 0xAE,
        'volume_up': 0xAF,
        'next_track': 0xB0,
        'previous_track': 0xB1,
        'stop_media': 0xB2,
        'play/pause_media': 0xB3,
        'start_mail': 0xB4,
        'select_media': 0xB5,
        'start_application_1': 0xB6,
        'start_application_2': 0xB7,
        'attn_key': 0xF6,
        'crsel_key': 0xF7,
        'exsel_key': 0xF8,
```

```
        'play_key': 0xFA,
        'zoom_key': 0xFB,
        'clear_key': 0xFE,
        '+': 0xBB,
        ',': 0xBC,
        '-': 0xBD,
        '.': 0xBE,
        '/': 0xBF,
        '`': 0xC0,
        ';': 0xBA,
        '[': 0xDB,
        '\\': 0xDC,
        ']': 0xDD,
        "'": 0xDE,
    }
    @staticmethod
    def press_key (keyName):
        #按下按键
        win32api.keybd_event(Simulate_Keyboard.VK_CODE[keyName], 0, 0, 0)
    @staticmethod
    def release_key (keyName):
        #释放按键
        win32api.keybd_event(Simulate_Keyboard
                             .VK_CODE[keyName], 0, win32con.
                             KEYEVENTF_KEYUP, 0)
    @staticmethod
    def click_onekey(key):
        #模拟单个按键
        Simulate_Keyboard.press_key(key)
        Simulate_Keyboard.release_key(key)
    @staticmethod
    def click_twokey(first_key, second_key):
        #模拟两个组合键
        Simulate_Keyboard.press_key(first_key)
        Simulate_Keyboard.press_key(second_key)
        Simulate_Keyboard.release_key(second_key)
        Simulate_Keyboard.release_key(first_key)
```

11.3.3 方法调用

当需要调用 11.3.3 小节封装的方法的时候，将其引入测试代码中，调用类中的方法时，将想要的按键传给相应方法即可，在 test_advanced_application 文件中新增以下测试方法，验证封装的方法是否可用，代码如下所示。

```
from Util.Keyboard_Simulation import Simulate_Keyboard
def test_simulate_keyboard(self):
    Simulate_Keyboard.oneKey('enter')
    Simulate_Keyboard.oneKey('ctrl', 'v')
    Simulate_Keyboard.oneKey('enter')
```

11.4 PyUserInput 模拟鼠标键盘操作

Selenium 为选择下拉菜单中的选项提供了 3 种方法，接下来分别将这 3 种方法进行封装然后调用。

11.4.1 PyUserInput 安装

在 Python 3.7 版本下安装 PyUserInput，需要先安装 PyHook，用浏览器打开的网址为 https://www.lfd.uci.edu/~gohlke/pythonlibs/#pyhook，打开的页面里能找到很多 Python 的第三方扩展，读者朋友不妨将它们保存起来。找到 PyHook 兼容 Python 3.7 版本的链接，直接单击链接即可下载，如图 11.1 所示。

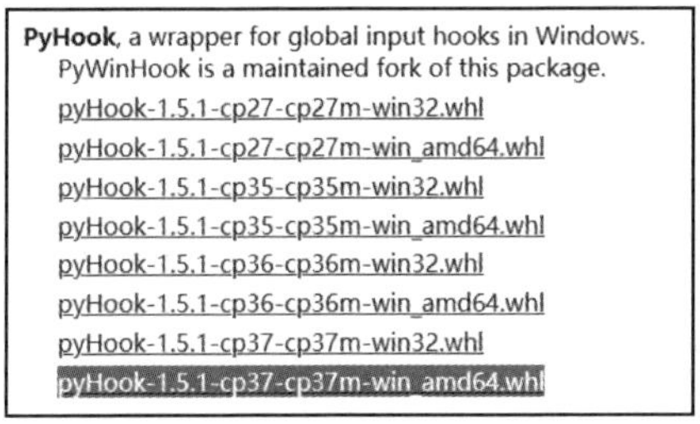

PyHook, a wrapper for global input hooks in Windows.
PyWinHook is a maintained fork of this package.
pyHook-1.5.1-cp27-cp27m-win32.whl
pyHook-1.5.1-cp27-cp27m-win_amd64.whl
pyHook-1.5.1-cp35-cp35m-win32.whl
pyHook-1.5.1-cp35-cp35m-win_amd64.whl
pyHook-1.5.1-cp36-cp36m-win32.whl
pyHook-1.5.1-cp36-cp36m-win_amd64.whl
pyHook-1.5.1-cp37-cp37m-win32.whl
pyHook-1.5.1-cp37-cp37m-win_amd64.whl

图 11.1 PyHook 下载链接

然后启动命令行并将命令行引导到文件所在路径下，执行命令 pip install pyHook-1.5.1-cp37-cp37m-win_amd64.whl，执行过程如下所示则表示 PyHook 安装成功。

```
C:\Users\Administrator\Downloads>pip install pyHook-1.5.1-cp37-
cp37m-win_amd64.whl
Processing c:\users\administrator\downloads\pyhook-1.5.1-cp37-
cp37m-win_amd64.whl
Installing collected packages: pyHook
Successfully installed pyHook-1.5.1
```

安装完 PyHook 后，便可以安装 PyUserInput 模块，继续在命令行执行命令

pip install PyUserInput，执行过程如下所示则表示 PyUserInput 安装成功。

```
C:\Users\Administrator\Downloads>pip install PyUserInput
Collecting PyUserInput
Usingcachedhttps://files.pythonhosted.org/packages/d0/09/17fe0b
16c7eeb52d6c14e904596ddde82503aeee268330120b595bf22d7b/PyUserIn
put-0.1.11.tar.gz
Requirement already satisfied: pyHook in
c:\python37\lib\site-packages (from PyUserInput) (1.5.1)
Requirement already satisfied: pywin32 in
c:\python37\lib\site-packages (from PyUserInput) (223)
Installing collected packages: PyUserInput
Running setup.py install for PyUserInput ... done
Successfully installed PyUserInput-0.1.11
```

11.4.2 PyUserInput 模拟键盘

启动命令行工具，并进入 Python 命令行，将 pykeyboard 类引入环境中，然后调用 PyKeyboard()函数，它返回键盘对象，将其赋值给 pk，命令行如下所示。

```
>>> import pykeyboard
>>> pk = pykeyboard.PyKeyboard()
```

这样，有了鼠标和键盘对象后，就可以模拟一些实际的鼠标键盘操作了，在键盘上敲字母 D，命令行如下所示。

```
pk.press_key('D')
pk.release_key('D')
```

从上面的命令行可以看出，敲击一个字母需要使用两个方法，一个是 press_key()；另一个是 release_key()，正如键盘上按下按钮和松开按钮的操作是一样的，还可以使用一个方法 tap_key()代替 press_key()和 release_key()，命令行如下所示。

```
pk.tap_key('D')
```

同时 tap_key()还支持在指定间隔时间情况的多次敲击，命令行如下所示，其中 10 表示敲击键盘的次数，而 1 表示敲击间隔。

```
pk.tap_key('D', 10, 1)
```

并且还可以使用方法 type_string()模拟敲击整个字符串，代码如下所示。

```
pk.type_string('__davieyang__')
```

接下来看一下如何完成组合键和功能键的模拟，模拟敲击组合键<Ctrl+A>的命令行如下所示。

```
pk.press_key(pk.control_key)
```

```
pk.tap_key('a')
pk.release_key(pk.control_key)
```

模拟敲击功能键 F5，代码如下所示。

```
pk.tap_key(pk.function_keys[5])
```

模拟敲击小键盘上的 Home 键，代码如下所示。

```
pk.tap_key(pk.numpad_keys['Home'])
```

模拟敲击小键盘上的 3，敲 8 次，代码如下所示。

```
pk.tap_key(pk.numpad_keys[3], n=8)
```

还可以使用 press_keys()方法，然后传给它一个列表，完成模拟组合键的敲击，模拟敲击键盘的组合键<Ctrl+A>的代码如下所示。

```
pk.press_keys([pk.control_key,'a'])
```

11.4.3　PyUserInput 模拟鼠标

启动命令行工具，并进入 Python 命令行，将 pymouse 类引入环境中，然后调用 PyMouse()函数，它会返回鼠标对象，将其赋值给 pm，代码如下所示。

```
>>> import pymouse
>>> pm = pymouse.PyMouse()
```

获取鼠标指针当前所在位置的坐标，命令行如下所示。

```
>>> mouse_position = pm.position()
>>> print(mouse_position)
(849, 589)
```

获取了当前位置，模拟鼠标从当前所在位置按住鼠标左键拖动到坐标（300，400），代码如下所示。

```
>>> pm.drag(300,400)
```

模拟鼠标移动到坐标（300，500），代码如下所示。

```
>>> pm.move(300,500)
```

模拟鼠标在坐标（300，500）被按住不放，其中 1 表示左键，2 表示右键，3 表示中间键，命令行如下所示。

```
>>> pm.press(300,500,1)
```

上面模拟了鼠标被按住不放，就要有释放按键的方法，命令行如下所示。

```
>>> pm.release(300,500,1)
```

模拟鼠标滚轮滚动，命令行如下所示，其中参数 vertical 为负数表示向下滚动；反之，如果为正数表示向上滚动，而 horizontal 为负数表示向左滚动；反之表示向右滚动。

```
pm.scroll(vertical = -30, horizontal = -40)
```

模拟鼠标在坐标为（300，500）处被按键 5 次，命令行如下所示，其中 2 表示鼠标右键，1 表示鼠标左键，3 表示中间键，命令行中的 5 表示点击次数，系统默认为 1。

```
>>> pm.click(300,500,2,5)
```

模拟获取屏幕尺寸，命令行如下所示。

```
>>> screen_x, screen_y = pm.screen_size()
>>> print(screen_x, screen_y)
3360 1080
```

模拟鼠标在坐标（300，500）处被按下左键或右键，或者被滚动滚轮，其中 2 表示鼠标右键，1 表示鼠标左键，3 表示滚轮，代码分别如下所示。

```
>>> pm.click(300,500, 1|2)
>>> pm.click(300,500, 3)
```

11.5 模拟剪切板

有些时候还会涉及剪切板操作，例如，将字符串写入剪切板或者从剪切板中获取内容，然后再进行粘贴操作。

11.5.1 方法封装

在 PO 项目中的 Util 路径下新建一个 Python 文件，并命名为 Clipboard_Simulation，然后将以下代码写入，其中定义了一个 getText()方法用于获取剪切板内容，还定义了一个设置剪切板内容的方法 set_text()。

```
#encoding = utf-8
import win32clipboard as wc
import win32con
class Simulate_Clipboard:
    #读取剪切板
    @staticmethod
    def get_clipboard():
        #打开剪切板
        wc.OpenClipboard()
        #获取剪切板中的数据
```

```
        data = wc.GetClipboardData(win32con.CF_TEXT)
        #关闭剪切板
        wc.CloseClipboard()
        #返回剪切板数据给调用者
        return data
    #设置剪切板内容
    @staticmethod
    def set_clipboard(content):
        #打开剪切板
        wc.OpenClipboard()
        #清空剪切板
        wc.EmptyClipboard()
        #将数据 astring 写入剪切板
        wc.SetClipboardData(win32con.CF_UNICODETEXT, content)
        #关闭剪切板
        wc.CloseClipboard()
```

11.5.2　方法调用

而当调用 11.5.1 小节封装的方法的时候，将其引入 test_advanced_application 中，调用类中的方法时，将想要设置的内容传给 set_clipboard()方法便可以设置剪切板内容，然后再调用 get_clipboard()方法便可以获取设置到剪切板的内容。

在 test_advanced_application 文件中新增以下测试方法，验证封装的方法是否可用，代码如下所示。

```
#将模拟剪切板的类引入测试代码文件中
from Util.Clipboard_Simulation import Simulate_Clipboard
def test_simulate_clipboard(self):  #定义测试方法
    Simulate_Clipboard.set_clipboard("set clipboard")  #设置剪切板内容
    str = Simulate_Clipboard.get_clipboard()  #获取剪切板内容并赋给 str
    print(str)  #将剪切板内容打印到控制台
```

11.6　等待元素

在实际的自动化测试过程中，因为页面的加载速度不一，因此常常会用到等待元素加载完成，再进行定位的情况。如果页面元素加载未完成就去定位它，即便定位方法写得没有问题，系统也还是会报类似定位元素找不到的异常。

通常常用的等待方式有 3 种，分别是强制等待、隐式等待和显式等待。本节笔者将详细介绍这些常用的等待方法，并将其封装，以便于写测试代码时可以直接调用。

11.6.1 强制等待

实际上读者已经见过很多强制等待，Python 的 time 模块提供了 sleep()方法，代码如下所示，sleep(3)表示强制等待 3s 然后再继续执行后续内容，很明显不多不少强制等待的 3s 往往失去了灵活性，如果在等待了 3s 后，条件仍不满足于执行后续的代码，则程序将抛出异常。

例如，等待 3s 并不意味着页面已经完全加载完毕，而 3s 后可能就要定位页面元素，未加载完则可能程序定位不到会抛出异常，因此这种方法需要谨慎使用。

```
from selenium import webdriver
from time import sleep
chrome_driver = webdriver.Chrome()
chrome_driver.get("http://www.baidu.com")
sleep(3)  #强制等待
```

11.6.2 隐式等待

在很多使用 SeleniumIDE 录制的测试代码中，往往会自动添加隐式等待，实际上它是 Webdriver 为用户提供的一个全局等待的方法，它设置了一个最长等待时间，如果在规定时间内网页加载完成，则执行下一步，否则一直等到时间截止，然后执行下一步。

代码如下所示，其中设置了隐式等待 20s，意思是程序在获取页面元素的时候准备等待 20s，如果页面第一秒就加载完成并能够定位到它要的内容，则立即执行后续代码而不需要完成 20s 的等待。

```
from selenium import webdriver  #引入 Webdriver
chrome_driver = webdriver.Chrome()  #启动 Chrome 浏览器
chrome_driver.implicitly_wait(20)  #隐式等待 20s
chrome_driver.get("http://www.baidu.com")
chrome_driver.find_element_by_id("kw").send_keys("__davieyang__")
chrome_driver.find_element_by_id("su").click()
```

11.6.3 显式等待

Selenium 还提供了显式等待的方法即 WebDriverWait，它让等待方式更加灵活，系统默认的情况下，在用户设置的等待时间内，每隔 0.5s 就会去检查，如果条件成立则继续执行后续代码；如果条件不成立则继续等待直到设置的等待时间。

因为 WebDriverWait 提供的对于条件是否成立的判断有很多，接下来就将其中一些常用的显式等待方法进行封装，以供测试代码调用。

在 PO 项目中的 Util 路径下新建一个 Python 文件，将其命名为 Intelligent_Wait，然后写入以下代码。

```
#encoding = utf-8
from selenium.webdriver.common.by import By
from selenium.webdriver.support.ui import WebDriverWait
from selenium.webdriver.support import expected_conditions as EC
class WaitUtil(object):
   def __init__(self, driver):
          self.locationTypeDict = {
          "xpath": By.XPATH,
          "id": By.ID,
          "name": By.NAME,
          "css_selector": By.CSS_SELECTOR,
          "class_name": By.CLASS_NAME,
          "tag_name": By.TAG_NAME,
          "link_text": By.LINK_TEXT,
          "partial_link_text": By.PARTIAL_LINK_TEXT
       }
       self.driver = driver
       self.wait = WebDriverWait(self.driver, 30)
def presence_of_element_located(self, locationType,
locatorExpression, *args):
   """
       显式等待页面元素出现在 DOM 中，但并不一定可见，存在则返回该页面元素对象
       :param locatorMethod:
       :param locatorExpression:
       :param arg:
       :return:
       """
       try:
          if locationType.lower() in self.locationTypeDict:
             self.wait.until(
                EC.presence_of_element_located((
                   self.locationTypeDict[locationType.lower()],
locatorExpression)))
          else:
             raise TypeError(u"未找到定位方式，请确认定位方法是否正确")
       except Exception as e:
          raise e
   def clickable_of_element(self, locationType, locatorExpression,
*args):
       """
```

```
        判断某个元素中是否可见并且是 enable 的，代表可单击
        :param locatorMethod:
        :param locatorExpression:
        :param arg:
        :return:
        """
        try:
            if locationType.lower() in self.locationTypeDict:
                self.wait.until(
                    EC.element_to_be_clickable((
                        self.locationTypeDict[locationType.lower()],
locatorExpression)))
            else:
                raise TypeError(u"未找到定位方式，请确认定位方法是否正确")
        except Exception as e:
            raise e
    def selection_of_element(self, locationType, locatorExpression,
*args):
        """
        判断某个元素是否被选中了，一般用在下拉列表
        :param locatorMethod:
        :param locatorExpression:
        :param arg:
        :return:
        """
        try:
            if locationType.lower() in self.locationTypeDict:
                self.wait.until(
                    EC.element_to_be_selected((
                        self.locationTypeDict[locationType.lower()],
locatorExpression)))
            else:
                raise TypeError(u"未找到定位方式，请确认定位方法是否正确")
        except Exception as e:
            raise e
    def frame_to_be_available_and_switch_to_it(self, locationType,
locatorExpression, *args):
        """
        检查 frame 是否存在，存在则切换进去
        :param locationType:
        :param locatorExpression:
        :param arg:
        :return:
        """
        try:
            self.wait.until(
                EC.frame_to_be_available_and_switch_to_it((
```

```
                    self.locationTypeDict[locationType.lower()],
locatorExpression)))
        except Exception as e:
            #抛出异常信息给上层调用者
            raise e
    def visibility_element_located(self, locationType,
locatorExpression, *args):
        """
        显式等待页面元素的出现
        :param locationType:
        :param locatorExpression:
        :param arg:
        :return:
        """
        try:
            element = self.wait.until(
                EC.visibility_of_element_located((self.locationTypeDict
[locationType.lower()], locatorExpression)))
            return element
        except Exception as e:
            raise e
```

当需要调用上面代码中的方法的时候，将其引入测试代码中，调用类中的方法时，根据方法所需参数传参即可。在 test_advanced_application 文件中新增以下测试方法，验证封装的方法是否可用，代码如下所示。

```
from Util.Intelligent_Wait import WaitUntil  #将封装好的类引入测试代
码文件中
def test_wait(self):
    from selenium import webdriver
    driver = webdriver.Chrome()
    driver.get("https://mail.126.com")
    #实例化 WaitUntil 类
    wait_until = WaitUntil(driver)
    #判断如果 Iframe 存在则切换进去
    wait_until.frame_to_be_available_and_switch_to_it\
        ("xpath","html/body/div[2]/div/div/div[3]/div[3]/div[1]
/div[1]/iframe")
    #等待页面元素 xpath = //input[@name='email']的出现
    wait_until.visibility_element_located("xpath", "//input[@nam
e='email']")
    #显式等待页面元素出现在 DOM 中，但并不一定可见，存在则返回该页面元素对象
    wait_until.presence_of_element_located("xpath", "//input[@na
me='email']")
```

```
driver.quit()
```

11.6.4 方法扩展

WebDriverWait 提供的方法远远不止这些，笔者在此只是将其中常用的进行封装，重点介绍如何封装和调用，读者朋友有兴趣可以尝试阅读源码，进而将其封装成适合自己或者适合自己团队使用的等待方法。

以下代码是单独的等待方法，读者朋友不妨尝试进行封装，然后写单元测试进行验证。

```
#判断 title，返回布尔值
WebDriverWait(driver,10).until(EC.title_is(u"百度一下，你就知道"))
#判断 title 是否包含，返回布尔值
WebDriverWait(driver,10).until(EC.title_contains(u"百度一下"))
#判断元素是否可见，如果可见就返回这个元素
WebDriverWait(driver,10).until(EC.visibility_of(driver.find_ele
ment(by=By.ID,value='kw')))
#判断是否至少有 1 个元素存在于 dom 树中，如果定位到就返回列表
WebDriverWait(driver,10).until(EC.presence_of_all_elements_loca
ted((by=By.ID,value='kw')))
#判断是否至少有一个元素在页面中可见，如果定位到就返回列表
WebDriverWait(driver,10).until(EC.visibility_of_any_elements_lo
cated((by=By.ID,value='kw')))
#判断指定的元素中是否包含了预期的字符串，返回布尔值
WebDriverWait(driver,10).until(EC.text_to_be_present_in_element
((by=By.ID,value='kw')))
#判断指定元素的属性值中是否包含了预期的字符串，返回布尔值
WebDriverWait(driver,10).until(EC.text_to_be_present_in_element
_value((by=By.ID,value='kw')))
#判断某个元素是否存在于 dom 或不可见，如果可见返回 False，不可见返回这个元素
WebDriverWait(driver,10).until(EC.invisibility_of_element_locat
ed((by=By.ID,value='kw')))
#判断页面上是否存在 alert，如果有就切换到 alert 并返回 alert 的内容
instance = WebDriverWait(driver,10).until(EC.alert_is_present())
print instance.text
instance.accept()
```

11.7 处理 Iframe 控件

如果页面存在 Iframe，那么是不能直接定位到 Iframe 节点下的页面元素的，需要先切换到 Iframe 里边去，然后再对 Iframe 中的页面元素进行定位，而如果

切换进 Iframe 中后也是定位不到 Iframe 外的元素的，还需要切换出去才能进行 Iframe 外的元素的定位。

在经历过前几节多种操作的封装后，Iframe 的封装就简单了很多，接下来笔者将介绍封装后的方法以及如何调用。

11.7.1 方法封装

在 PO 项目中，找到 Util 路径下的 BrowserController 文件，在文件后边追加两个操作 Iframe 的方法，代码如下所示。

```
def switch_to_iframe(self, frame):
    """
    用于切换进页面的 Iframe 控件
    :param iframe:
    :return:
    """
    self.driver.switch_to.frame(frame)
def switch_to_default_content(self):
    """
    从 Iframe 中切换回主页页面
    :return:
    """
    self.driver.switch_to.default_content()
```

11.7.2 方法调用

然后看看如何调用 11.7.1 小节封装的方法，在 test_advanced_application 文件中新增以下测试方法，验证封装的方法是否可用，代码如下所示。

```
def test_switch_iframe(self):  #定义测试方法
    chrome_driver = webdriver.Chrome()
    chrome_driver.get("https://mail.163.com")
    time.sleep(10)
    frame = chrome_driver.find_element_by_xpath("//*[@id=
'loginDiv']/iframe")
    #调用封装好的方法切换进 Iframe 控件
    Browser_Controller(chrome_driver).switch_to_iframe(frame)
    time.sleep(5)
    chrome_driver.find_element_by_name("email").send_keys("邮箱账号")
    chrome_driver.find_element_by_name("password").send_keys("邮
箱密码")
```

```
chrome_driver.find_element_by_id("dologin").click()
```

11.8 处理弹窗控件

常见的弹窗一般分为 3 个样式，分别为 alert、prompt 和 confirm，要定位弹窗控件中的元素或者操作控件都必须先切换进控件内。

为了更好地说明这 3 个弹窗控件的处理方法，请在桌面新建一个 HTML 格式的文件并命名为 test_alert，然后用记事本打开它，将以下代码写入文件内并保存。

```
<html>
    <head>
        <title>For Test Alert</title>
    </head>
    <body>
        <input id = "alert" value = "alert" type = "button" onclick
= "alert('您点击了 alert 按钮');"/>
        <input id = "confirm" value = "confirm" type = "button"
onclick = "confirm('您点击了 confirm 按钮');"/>
        <input id = "prompt" value = "prompt" type = "button" onclick
= "var name = prompt('您点击了 prompt 按钮:','Prompt');
document.write(name) "/>
    </body>
</html>
```

11.8.1 方法封装

在 PO 项目中，找到 Util 路径下的 BrowserController 文件，在文件后边追加一个操作 Alert 控件的方法，不同的是 self.driver.switch_to.alert 会返回一个对象，代码如下所示。

```
def switch_to_alert(self):
    """
    切换进 Alert 控件
    :return:
    """
    pop_dailog = self.driver.switch_to.alert
    return pop_dailog
```

11.8.2 方法调用

然后看看如何调用 11.8.1 小节封装的方法，在 test_advanced_application 文件中新增以下测试方法，验证封装的方法是否可用，代码如下所示。

```
def test_switch_to_alert(self):
    chrome_driver = webdriver.Chrome()
    #浏览器打开刚才新建的 HTML 文件
    chrome_driver.get("file:///C:/Users/davieyang/Desktop/
test_alert.html")
    time.sleep(3)
    #单击 alert 按钮
    chrome_driver.find_element_by_id("alert").click()
    time.sleep(3)
    #调用封装好的方法
    al = Browser_Controller(chrome_driver).switch_to_alert()
    print(al.text)  #打印弹窗中的文本
    #相当于单击弹窗中的“确定”按钮，但实际并不是单击只是弹窗对象提供的方法，
效果一样
    al.accept()
def test_switch_to_confirm(self):
    chrome_driver = webdriver.Chrome()
    #浏览器打开刚才新建的 HTML 文件
    chrome_driver.get("file:///C:/Users/davieyang/Desktop/
test_alert.html")
    time.sleep(3)
    #单击 alert 按钮
    chrome_driver.find_element_by_id("confirm").click()
    time.sleep(3)
    #调用封装好的方法
    al = Browser_Controller(chrome_driver).switch_to_alert()
    print(al.text)  #打印弹窗中的文本
    #相当于单击弹窗中的取消按钮，但实际并不是单击只是弹窗对象提供的方法，效果
一样
    al.dismiss()
def test_switch_to_prompt(self):
    chrome_driver = webdriver.Chrome()
    #浏览器打开刚才新建的 HTML 文件
    chrome_driver.get("file:///C:/Users/davieyang/Desktop/
test_alert.html")
    time.sleep(3)
    #单击 alert 按钮
    chrome_driver.find_element_by_id("prompt").click()
    time.sleep(3)
    #调用封装好的方法
    al = Browser_Controller(chrome_driver).switch_to_alert()
    print(al.text)  #打印弹窗中的文本
    #相当于单击弹窗中的确定按钮，但实际并不是单击只是弹窗对象提供的方法，效果
```

```
一样
    al.accept()
```

11.9 处理下拉菜单控件

Selenium 为选择下拉菜单中的选项提供了 3 种方法，接下来分别将这 3 种方法进行封装然后调用。

11.9.1 方法封装

在 PO 项目中，找到 Util 路径下的 BrowserController 文件，在文件后边追加以下 3 个方法，用来操作下拉菜单。

```
from selenium.webdriver.support.select import Select
def select_by_index(self, element, index):
    """
    通过下拉菜单的索引，完成对选项的选择
    :param element:
    :param value:
    :return:
    """
    Select(element).select_by_index(index)
def select_by_value(self, element, value):
    """
    通过选项值，完成对选项的选择
    :param element:
    :param value:
    :return:
    """
    Select(element).select_by_value(value)
def select_by_text(self, element, text):
    """
    通过选项的文本，完成对选项的选择
    :param element:
    :param text:
    :return:
    """
    Select(element).select_by_visible_text(text)
```

11.9.2 方法调用

然后看看如何调用 11.9.1 小节封装的方法，在 test_advanced_application 文件中新增以下测试方法，验证封装的方法是否可用，代码如下所示。

```
def test_select(self):
    chrome_driver = webdriver.Chrome()
    chrome_driver.get("http://www.baidu.com")
    chrome_driver.implicitly_wait(30)
    mouse = chrome_driver.find_element_by_link_text("设置")
    ActionChains(chrome_driver).move_to_element(mouse).perform()
    chrome_driver.find_element_by_link_text("搜索设置").click()
    time.sleep(5)
    chrome_driver.find_element_by_name("NR").click()
    time.sleep(5)
    select = chrome_driver.find_element_by_name("NR")
    Browser_Controller(chrome_driver).select_by_value(select, "20")
    time.sleep(5)
    Browser_Controller(chrome_driver).select_by_index(select, 1)
    time.sleep(5)
    Browser_Controller(chrome_driver).select_by_text(select, "每
页显示 50 条")
    time.sleep(5)
```

11.9.3　方法扩展

实际上 Selenium 提供的处理下拉菜单选项的不止 11.9.1 小节封装的 3 种方法，还有以下所示取消选项选择的方法，读者朋友可以尝试自己封装并对自己封装好的内容进行单元测试。

```
deselect_by_index(index)    #根据索引取消选择
deselect_by_value(value)    #根据 value 取消选择
deselect_by_visible_text(text)    #根据文本取消选择
deselect_all()  #取消所有选择
```

11.10　上传文件

上传文件是在测试 BS 系统的时候经常遇到的功能，然而在处理上传文件的自动化测试代码并不总是有效的，因此需要掌握多种上传文件的手段，本节笔者将介绍几种上传文件的方法，应该可以满足绝大多数情况的应用。

11.10.1　常规方法上传

通常情况下在页面上实现上传的控件的标签都是 input，这种情况就比较好处理，只需获取该控件定位，将本地文件路径加文件名当成字符串，传给 send_keys()方法即可实现上传。

首先在桌面新建一个文本文件，并命名为 fileupload.txt，然后将以下代码写入文件。

```
<html>
    <head>
        <meta http-equiv="content-type" content="text/html;
charset=utf-8" />
        <title>上传文件</title>
    </head>
    <body>
        <div class="row-fluid">
            <div class="span6 well">
            <h3>选择文件</h3>
            <input type="file" name="fileupload" />
            </div>
        </div>
    </body>
</html>
```

然后修改这个文件的后缀从.txt 改为.html。在 test_advanced_application 文件中新增以下测试方法，使用 send_keys()完成文件上传，代码如下所示。

```
def test_upload_by_sendkeys(self):
    chrome_driver = webdriver.Chrome()
    chrome_driver.get("file:///C:/Users/Administrator/Desktop/fi
leupload.html")
    chrome_driver.find_element_by_name("fileupload").send_keys("
E:\\test_upload_file.txt")
    time.sleep(10)
    chrome_driver.quit()
```

11.10.2 借助 AutoIt 实现上传

如果页面标签非 input 类型，可以通过第三方工具来完成上传操作。

①首先下载 AutoIt 工具，浏览器访问网址为 https://www.autoitscript.com/files/autoit3/autoit-v3-setup.exe，即可直接下载。下载完成后双击 autoit-v3-setup.exe 文件，采用系统默认选项安装即可。安装完成后，在操作系统的“开始”菜单中能看到相关菜单项，如图 11.2 所示。

②用浏览器打开 11.10.1 小节创建的 fileupload.html 文件，然后在打开的页面

中单击“选择文件”按钮，此时选择文件窗口将弹出，如图 11.3 所示。

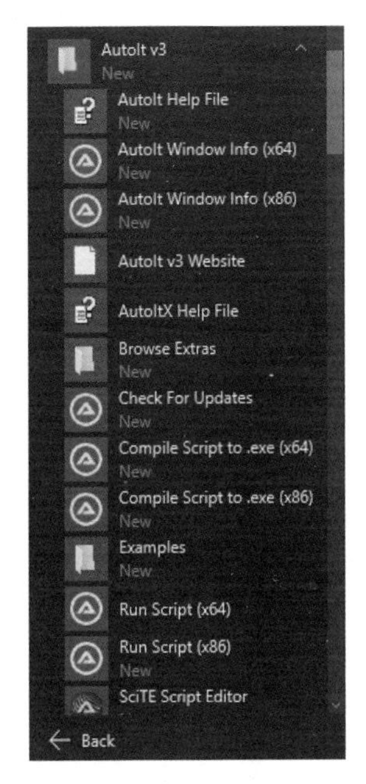

图 11.2　AutoIt v3

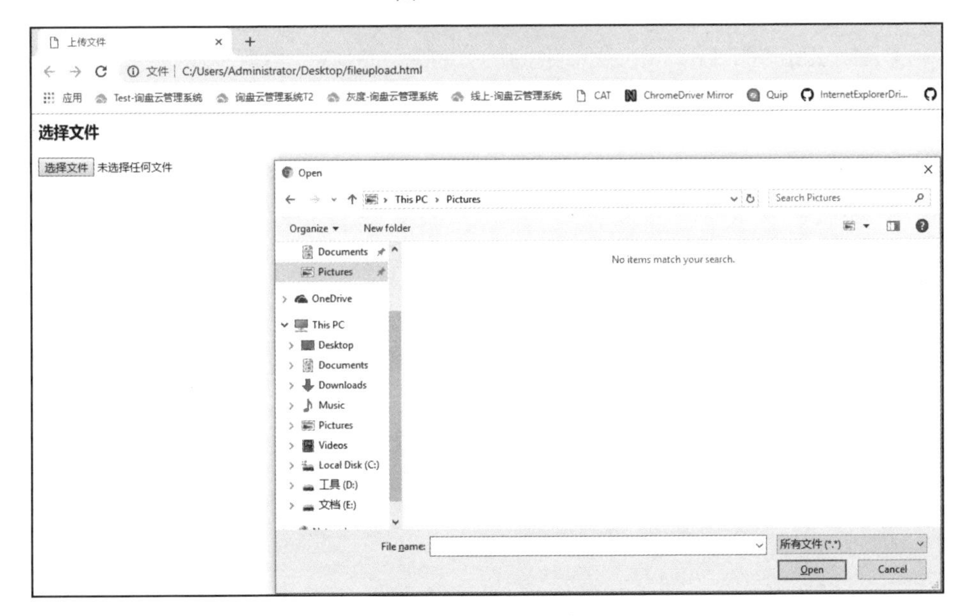

图 11.3　选择文件窗口

③在“开始”菜单中单击 AutoIt Window Info 按钮，该程序存在两个版本，其中(x86)表示 32 位版本，(x64)表示 64 位版本，读者朋友根据自己的操作系统

版本启动相应的 AutoIt 版本即可，启动成功后，如图 11.4 所示。

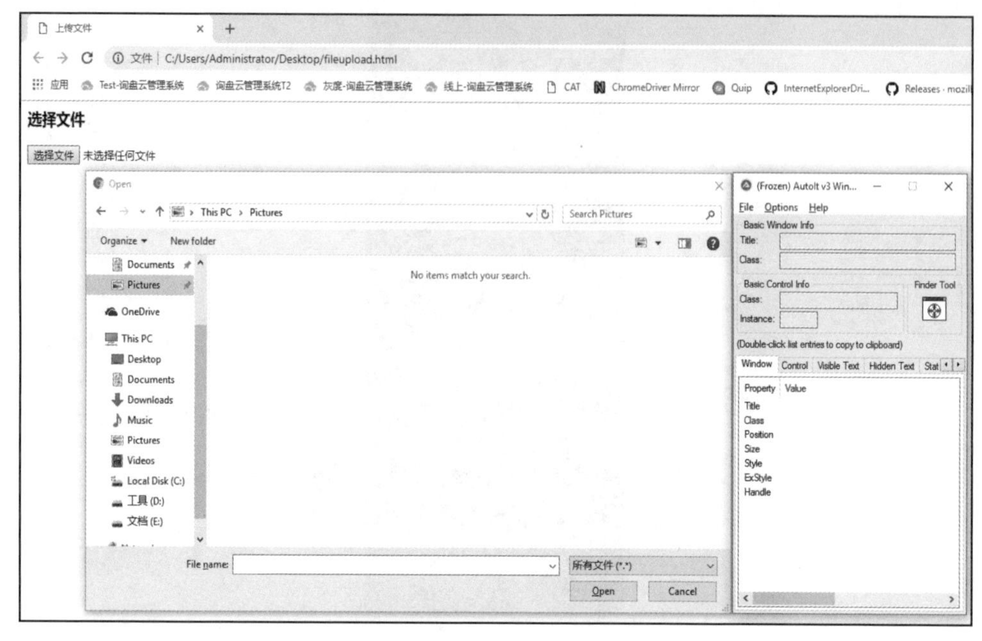

图 11.4　AutoIt Window Info

④在 AutoIt Window Info 窗口中间部分有几个标签，然后拖曳 Finder Tool 到“打开”按钮上，便可获取该控件的窗口信息，如图 11.5 所示。

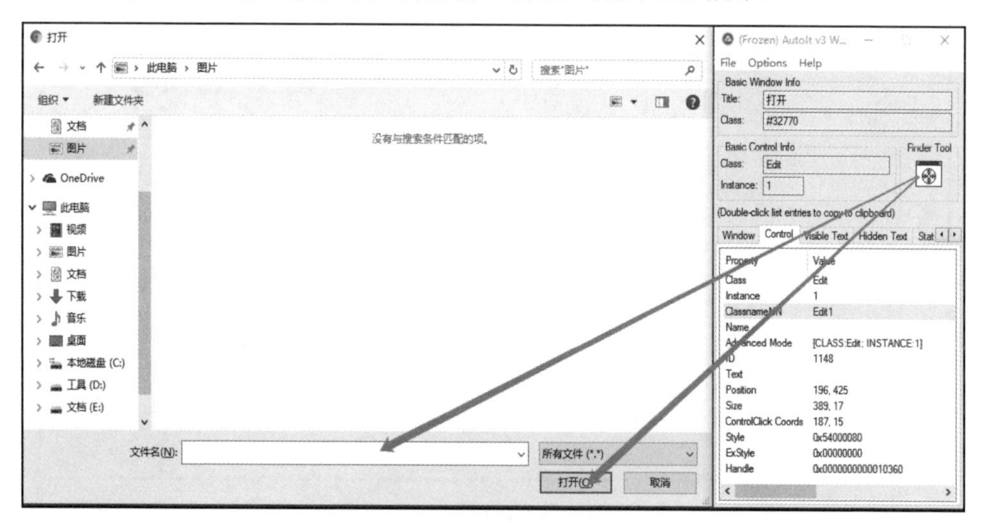

图 11.5　获取控件信息

⑤启动 SciTE Script Editor，在“开始”菜单 AutoIt v3 路径里可以找到它，

启动后如图 11.6 所示。

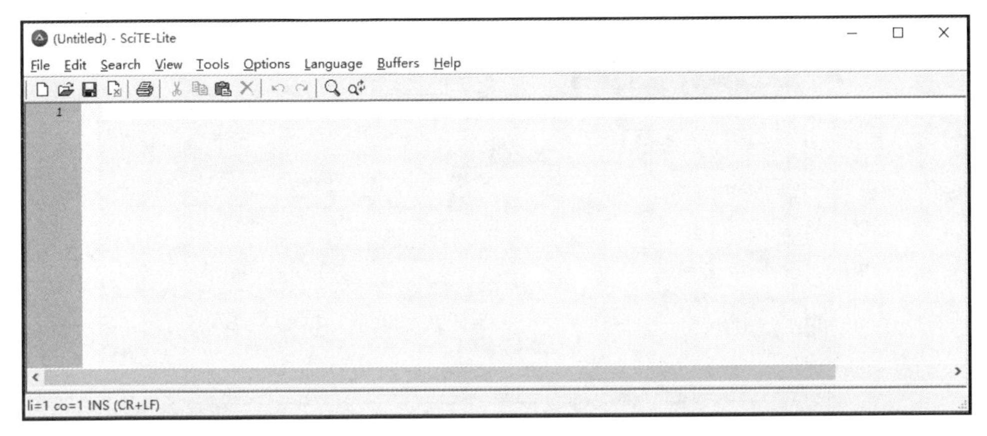

图 11.6 SciTE Script Editor

⑥编写脚本，在 SciTE Script Editor 中写入以下内容，然后在选择文件窗口打开的情况下，在 SciTE Script Editor 窗口按键盘上 F5 键，执行脚本，脚本运行正常，即可保存到 PO 项目下的 Util 路径中，将其命名为 upload_file，保存成功后，会生成一个 upload_file.au3 的文件。

```
; ControlFocus("title", "text", "ClassnameNN") ControlFocus()函数的用
法
ControlFocus("打开", "", "Edit1")
; 等待 10s
 WinWait("[CLASS:#32770]", "", 10)
; 在文件名控件里设置要上传的文件全路径
 ControlSetText("打开", "", "Edit1", "E:\test_upload_file.txt")
 Sleep(2000)
; 单击“打开”按钮
 ControlClick("打开", "", "Button1")
```

⑦然而这个 upload_file.au3 文件并不能被 Python 执行，需要将其编译成.exe 文件以供 Python 调用，启动 Compile Script to .exe，在“开始”菜单 AutoIt v3 路径里可以找到它，启动(x86)或者(x64)，根据自己的操作系统版本对应选择即可，启动成功后如图 11.7 所示。

⑧选择之前保存的 au3 文件，单击 Convert 按钮，将其转换为.exe 文件，如图 11.8 所示。

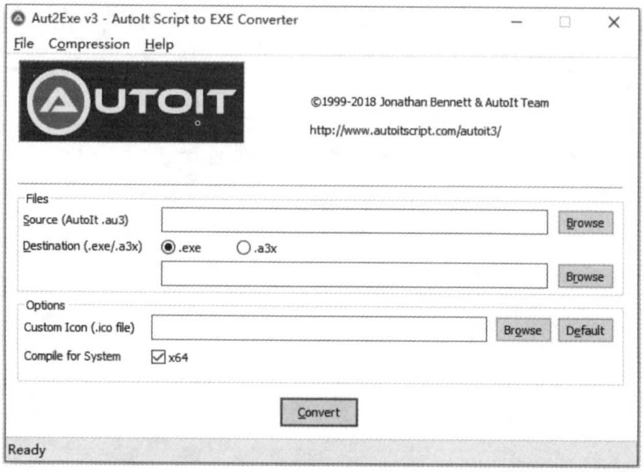

图 11.7　Compile Script to .exe

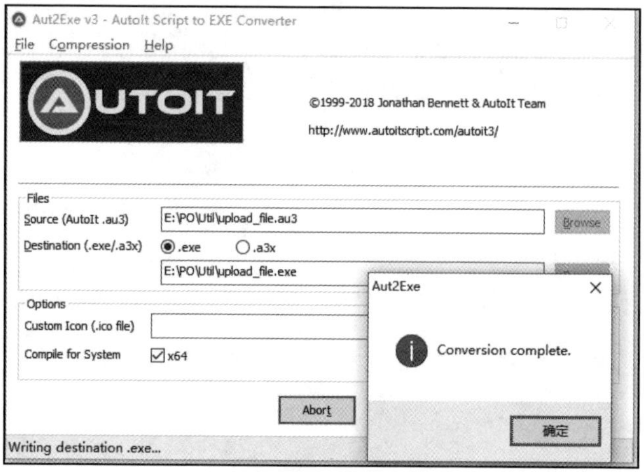

图 11.8　Convert

⑨Python 脚本调用该.exe 完成文件的上传，在 test_advanced_application 文件中新增以下测试方法，代码如下所示。

```
import os  #引入 os 模块用于调用.exe 文件执行
def test_upload_by_autoit(self):  #定义测试方法
    chrome_driver = webdriver.Chrome()  #启动浏览器
    #打开 HTML 文件
    chrome_driver.get("file:///C:/Users/Administrator/Desktop/fi
leupload.html")
    chrome_driver.find_element_by_name("fileupload").click()
    os.system("E:\\PO\\Util\\upload_file.exe") #调用编译好的.exe 文件
    time.sleep(10)  #强制等待 10s
    chrome_driver.quit()
```

11.10.3 模拟键盘实现上传

在本章前几节中，已经封装好了设置剪切板内容的方法，并且封装了模拟键盘按键的方法，也可以借助这些实现文件的上传，在 test_advanced_application 文件中新增以下测试方法，代码如下所示。

```
def test_upload_by_simulation(self):  #定义测试方法
    #设置剪贴板内容，将文件全路径放到剪贴板中
    Simulate_Clipboard.set_clipboard("E:\\test_upload_file.txt")
    chrome_driver = webdriver.Chrome()  #启动浏览器
    #打开 HTML 文件
    chrome_driver.get("file:///C:/Users/Administrator/Desktop/
fileupload.html")
    chrome_driver.find_element_by_name("fileupload").click()
    time.sleep(5)
    Simulate_Keyboard.click_twokey('ctrl', 'v')  #模拟键盘组合键
<Ctrl+V>，粘贴剪贴板内容
    time.sleep(5)
    Simulate_Keyboard.click_onekey('enter')  #模拟键盘 Enter 键
    time.sleep(20)
```

11.11 日志

在实际的自动化测试代码调试过程中往往需要记录一些日志，一方面需要打印到控制台便于调试代码；另一方面如果是持续集成的环境（无人值守的话），也是对测试执行过程的一个记录。

11.11.1 方法封装

在 PO 项目中，右击项目的根节点，新建一个 Python Package，并将其命名为 Configuration，然后在 Configuration 下新建一个 Python 文件， 并将其命名为 ConstantConfig，然后在该文件中写入以下代码。

```
#用于定义整个框架中所需要的全局常量值
#encoding = utf-8
import os
#获取当前文件所在目录的父目录的绝对路径
parent_directory_path = os.path.abspath('..')
print(parent_directory_path)
```

再到 Util 路径下新建一个 Python 文件，并将其命名为 GetLog，然后将以下代码写入该文件中。

```
#encoding = utf-8
import time
import logging
from Configuration.ConstantConfig import parent_directory_path
class Logger(object):
    def __init__(self, logger):
        """
        指定保存日志的文件路径，日志级别，以及调用文件
            将日志存入指定的文件中
        :param logger:
        """
        #创建一个 logger
        self.logger = logging.getLogger(logger)
        self.logger.setLevel(logging.DEBUG)
        #创建一个 handler，用于写入日志文件
        rq = time.strftime('%Y-%m-%d-%H-%M-%S', time.localtime
(time.time()))
        log_path = parent_directory_path + '/TestResult/TestLog/'
        log_name = log_path + rq + '.log'
        filehandler = logging.FileHandler(log_name)
        filehandler.setLevel(logging.INFO)
        #再创建一个 handler，用于输出到控制台
        consolehandler = logging.StreamHandler()
        consolehandler.setLevel(logging.INFO)
        #定义 handler 的输出格式
        formatter = logging.Formatter('%(asctime)s-%(name)s-%
(levelname)s-%(message)s')
        filehandler.setFormatter(formatter)
        consolehandler.setFormatter(formatter)
        #给 logger 添加 handler
        self.logger.addHandler(filehandler)
        self.logger.addHandler(consolehandler)
    def getlog(self):
        return self.logger
```

然后再在 TestResult 路径下新建一个名为 TestLog 的文件夹，用于存储生成的 Log 文件，建完之后项目结构如图 11.9 所示。

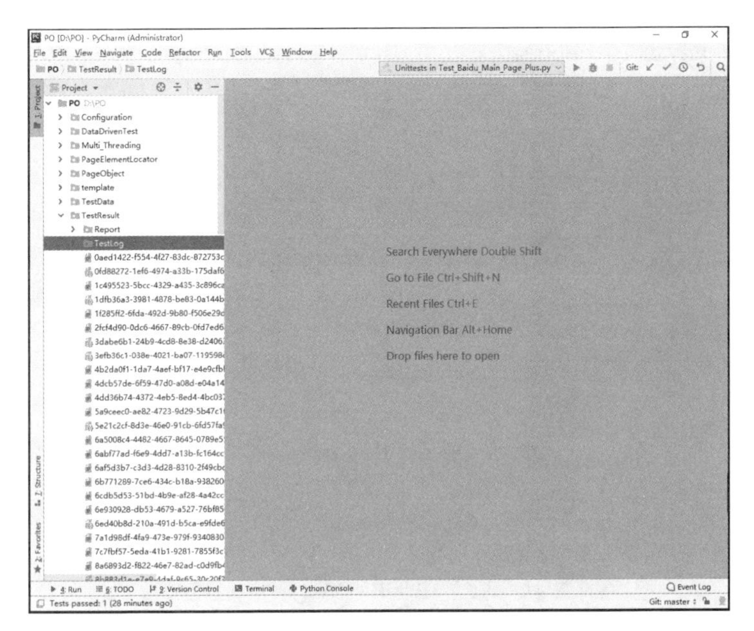

图 11.9　项目结构

11.11.2　方法调用

然后看看如何调用 11.11.1 小节封装的方法，首先在 test_advanced_application 定义类那行代码前加上定义 logger 的语句，如图 11.10 所示。

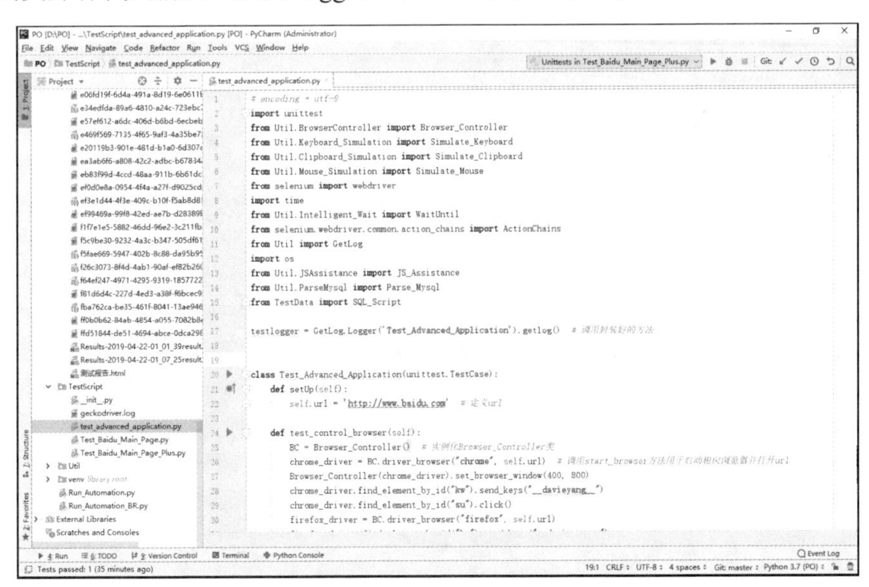

图 11.10　定义 logger

在 test_advanced_application 文件中新增以下测试方法，验证封装的方法是否可用，代码如下所示。

```
def test_get_log(self):
    testlogger.info("打开浏览器")
    driver = webdriver.Chrome()
    driver.maximize_window()
    testlogger.info("最大化浏览器窗口。")
    driver.implicitly_wait(10)
    testlogger.info("打开百度首页。")
    driver.get("https://www.baidu.com")
    testlogger.info("暂停 3 秒。")
    time.sleep(3)
    testlogger.info("关闭并退出浏览器")
    driver.quit()
    with self.assertLogs(testlogger, level=20) as log:
        testlogger.error("打开浏览器")
        testlogger.info('关闭并退出浏览器')
        self.assertEqual(log.output,
                         ['ERROR:Test_Advanced_Application:打开浏览器',
                         'INFO:Test_Advanced_Application:关闭并退出浏览器']
                          )
```

然后在该测试方法名称上右击，在弹出的下拉菜单中选择 Run 'Unittests for test_...'选项，仅执行该测试方法，如图 11.11 所示。

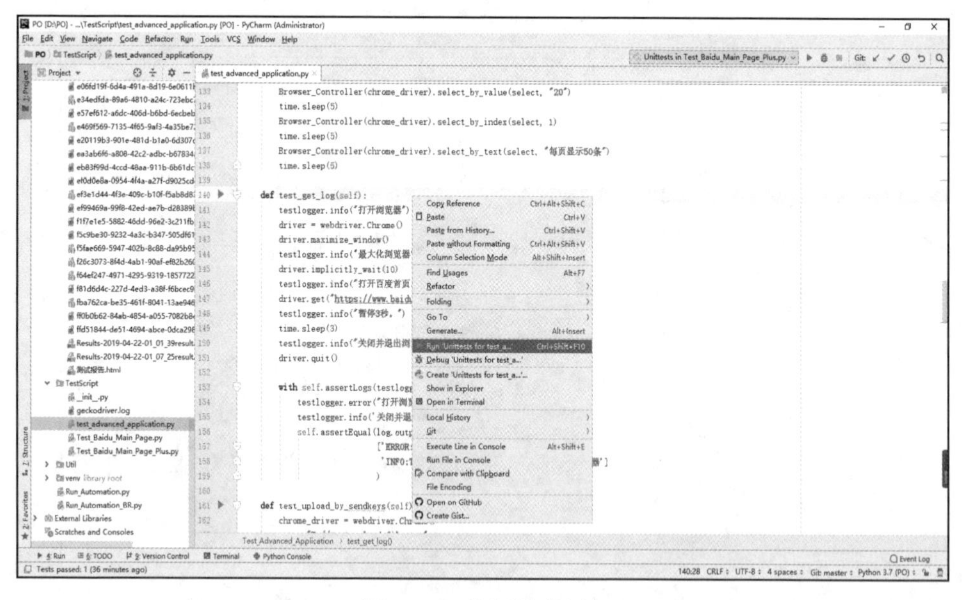

图 11.11　执行测试方法

可以看到执行过程中将日志逐一打印到控制台的过程，如图 11.12 所示。

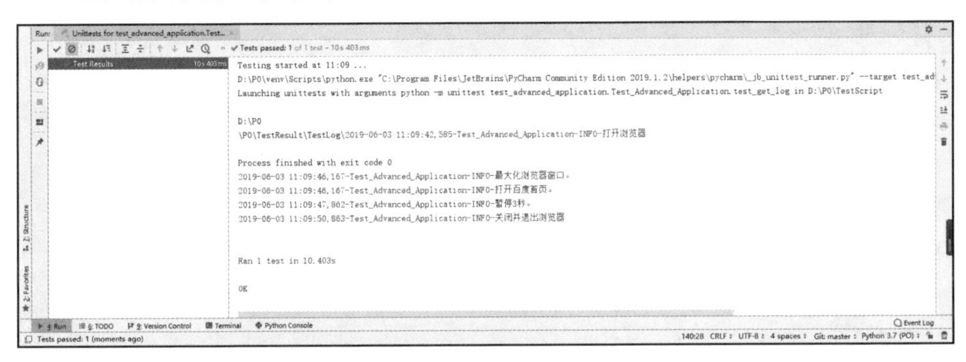

图 11.12　控制台日志

然后再到创建的 TestLog 文件夹下查看日志文件，如果遇到如图 11.13 所示的乱码，不必慌张，这是因为编码不匹配导致的，单击 Reload in ‘GBK’，将编码格式转换成 GBK 即可正常显示，如图 11.14 所示。

```
2019-06-03-11-09-42.log
Plugins supporting *.log files found.                         Install plugins   Ignore extension
File was loaded in the wrong encoding: 'UTF-8'    Reload in 'GBK'   Set project encoding to 'GBK'   Reload in another encoding
1  2019-06-03 11:09:42,585-Test_Advanced_Application-INFO-�������
2  2019-06-03 11:09:46,167-Test_Advanced_Application-INFO-�����������
3  2019-06-03 11:09:46,167-Test_Advanced_Application-INFO-�����
4  2019-06-03 11:09:47,862-Test_Advanced_Application-INFO-��3�
5  2019-06-03 11:09:50,863-Test_Advanced_Application-INFO-�����������
6
```

图 11.13　日志文件（1）

```
2019-06-03-11-09-42.log
Plugins supporting *.log files found.                         Install plugins   Ignore extension
1  2019-06-03 11:09:42,585-Test_Advanced_Application-INFO-打开浏览器
2  2019-06-03 11:09:46,167-Test_Advanced_Application-INFO-最大化浏览器窗口。
3  2019-06-03 11:09:46,167-Test_Advanced_Application-INFO-打开百度首页。
4  2019-06-03 11:09:47,862-Test_Advanced_Application-INFO-暂停3秒。
5  2019-06-03 11:09:50,863-Test_Advanced_Application-INFO-关闭并退出浏览器
6
```

图 11.14　日志文件（2）

产生乱码的原因是因为项目设置中的 File Encodings 里， Global Encoding 是 UTF-8，如图 11.15 所示。

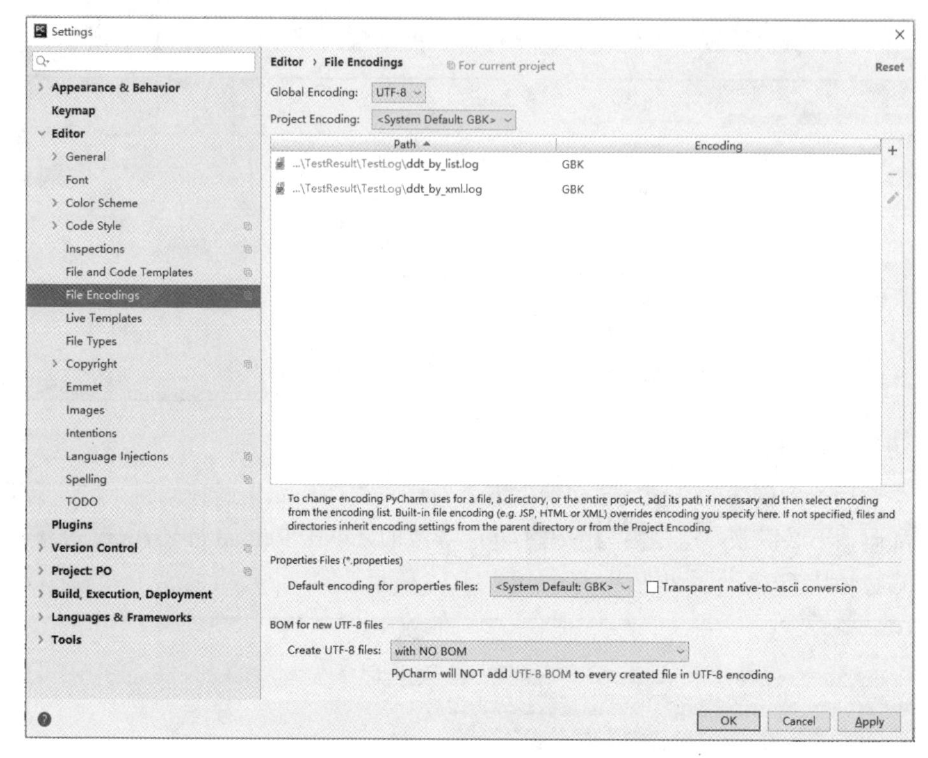

图 11.15　File Encodings

11.12　处理 Cookies

在某些场景下，需要对浏览器 Cookie 进行处理。比如我们经常能看到某些网站提供的页面内部的咨询窗口，打开窗口可以和客服对话。当第一次跟客服对话的时候，客服方显示对话者名称（假设为访客 A），如果半小时后再次打开该网站继续聊天时，客服方依然还会显示对话者名称是访客 A，但是如果清理了 Cookie，再打开网站去和客服对话时，客服方显示的可能就是一个新的访客了。

笔者只是举互联网产品系统中常见的一种场景，而这种场景如果需要自动化测试的话，无疑需要我们掌握处理 Cookie 的方法，本节笔者将介绍封装操作 Cookie 的方法，以及如何使用封装好的方法来处理 Cookie。

11.12.1　方法封装

在 PO 项目中，找到 Util 路径下的 BrowserController 文件，在文件后边追加以下 4 个方法，用来操作下拉菜单。

```
def delete_current_cookie(self):  #封装删除当前所有 Cookie 的方法
    """
    删除所有 Cookie
    :return:
    """
    self.driver.delete_all_cookies()
def get_current_cookies(self):  #封装获取当前 Cookies 的方法
    """
    获取当前 Cookies
    :return:
    """
    current_cookie = self.driver.get_cookies()
    return current_cookie
def get_current_cookie_value(self, key):  #获取当前 name 为 key 的
Cookie 信息
    """
    获取 key 为 key 的 Cookie 信息
    :param key:
    :return:
    """
    key_cookie = self.driver.get_cookie(key)
    return key_cookie
def add_key_value_to_cookie(self, cookie_dict):  #添加 Cookie，参数
为字典
    """
    添加 Cookie
    :return:
    """
    self.driver.add_cookie(cookie_dict)
```

11.12.2　方法调用

然后看看如何调用 11.12.1 小节封装的方法，在 test_advanced_application 文件中新增以下测试方法，验证封装的方法是否可用，代码如下所示。

```
def test_cookies(self):  #定义新的测试方法
    cookie_dict = {'name': 'name_yang', 'value': 'cookie_yang'}
    #定义字典
    chrome_driver = webdriver.Chrome()  #启动浏览器
    chrome_driver.get("https://www.baidu.com")
    time.sleep(10)
    #获取当前所有 Cookie
    current_cookie = Browser_Controller(chrome_driver).get_
current_cookies()
    #打印当前 Cookie
```

```
    print(current_cookie)
    #将之前定义的字典添加到 Cookie 中去
    Browser_Controller(chrome_driver).add_key_value_to_cookie
(cookie_dict)
    #获取 name 为 name_yang 的 Cookie 信息
    key_cookie = Browser_Controller(chrome_driver).get_current_
cookie_value('name_yang')
    #打印 Cookie 信息
    print(key_cookie)
    #删除当前 Cookie
    Browser_Controller(chrome_driver).delete_current_cookie()
    #删除后再次获取 Cookie
    current_cookie_2 = Browser_Controller(chrome_driver).get_
current_cookies()
    #将当前 Cookie 转换成字符串打印到控制台
    print(str(current_cookie_2) + "只有这几个字没有 Cookie 了")
```

11.13 借助 JS 完成任务

有些时候 Selenium 并不能完成页面上的所有操作，例如，滚动条的控制就比较难处理，而且有些时候 click()方法也会失灵，即便定位按钮没问题也有单击不了的情况，这些情况下就可以借助 Python 执行 JS 的机制，借助 JS 来辅助完成一些任务。

本节笔者将介绍封装调用 JS 的方法，以及如何调用封装好的方法实例。

11.13.1 方法封装

在 PO 项目中，在 Util 路径下新建一个 Python 文件，并将其命名为 JSAssistance，然后在文件中写入以下代码。

```
class JS_Assistance:  #定义类
   def __init__(self, driver):
       self.driver = driver
   def single_click(self, element):
       try:
           #判断页面元素状态
           if element.is_enabled() and element.is_displayed():
               #调用 JS 单击元素
               self.driver.execute_script("arguments[0].click();",
element)
           else:
```

```
                print("该元素不可点击")
        except Exception as e:
            raise e
    def scroll_to_bottom(self):
        """
        滚动条滚动到页面底部
        :return:
        """
        self.driver.execute_script("document.documentElement.
scrollTop=10000")
    def scroll_to_top(self):
        """
        滚动条滚动到页面顶部
        :return:
        """
        self.driver.execute_script("document.documentElement.
scrollTop=0")
    def scrolltobottom(self):
        """
        滚动条滚动到页面底部
        :return:
        """
        self.driver.execute_script("window.scrollTo(0,100000)")
    def scrolltotop(self):
        """
        滚动条滚动到页面顶部
        :return:
        """
        self.driver.execute_script("window.scrollTo(0,1)")
    def vertical_to_middle(self):
        """
        纵向滚动条滚动到页面中部
        :return:
        """
        self.driver.execute_script("window.scrollBy(0, 0-document.
body.scrollHeight *1/2)")
    def horizontal_to_middle(self):
        """
        滚动水平滚动条到页面中部
        :return:
        """
        self.driver.execute_script("window.scrollBy(0, 0-document.
body.scrollWidht *1/2)")
    def scroll_to_element(self, element):
        """
        滚动到具体页面元素可见位置
```

```
        :param element:
        :return:
        """
        self.driver.execute_script("arguments[0].scrollIntoView
(true);", element)
    def scroll_to_bottom_page(self):
        """
        滚动条滚动到页面底部
        :return:
        """
        self.driver.execute_script("window.scrollTo(0,document.
body.scrollHeight)")
```

11.13.2 方法调用

然后看看如何调用 11.13.1 小节封装的方法，在 test_advanced_application 文件中新增以下测试方法，验证封装的方法是否可用，代码如下所示。

```
def test_js(self):  #定义测试方法
    chrome_driver = webdriver.Chrome()
    chrome_driver.get("http://www.baidu.com")
    chrome_driver.find_element_by_id("kw").send_keys("davieyang")
    chrome_driver.find_element_by_id("su").click()
    JS_Assistance(chrome_driver).scroll_to_bottom()  #滚动页面到底部
    time.sleep(3)
    JS_Assistance(chrome_driver).scroll_to_top() #滚动页面到顶部
    time.sleep(3)
    JS_Assistance(chrome_driver).scroll_to_bottom_page()  #滚动页
面到底部
    time.sleep(3)
    JS_Assistance(chrome_driver).scrolltotop()  #滚动页面到顶部
    time.sleep(3)
    JS_Assistance(chrome_driver).scrolltobottom()  #滚动页面到底部
    time.sleep(3)
    element = chrome_driver.find_element_by_xpath ("//*[@id='hel
p']/a[3]")
    JS_Assistance(chrome_driver).single_click(element)  #单击该页
面元素
    time.sleep(3)
```

11.14 处理表格

列表是软件系统中较为常见的一个页面对象，凡列表往往涉及行和列，而且新增数据所在位置往往又是无法预估的，因此对它的处理往往会是必须掌握的一个课题，本节笔者将介绍几种处理方式供读者朋友参考。

11.14.1　方法封装

首先准备一个 HTML 文件，并将以下代码写入文件中，用于操作表格的训练。

```
<html>
    <head>
        <script>
        <meta http-equiv="Content-Language" content="zh-cn">
        <meta http-equiv="Content-Type" content="text/html;
charset=gb2312">
        </script>
        <title>处　理　表　格</title>
    </head>
<body>
<div align="center">
   <h1 align="center">处　　理　　表　　格</h1>
   <table border="3" width="80%" id="table"
bordercolorlight="#CCCCCC" cellspacing="0" cellpadding="0"
bordercolordark="#CCCCCC" style="border-collapse: collapse">
   <tr align="center">
       <td height="26" width="10%" align="center" ><Strong>用例
ID</Strong></td>
       <td  height="26" width="35%" align="center" ><Strong>测试步
骤</Strong></td>
       <td  height="26" width="30%" align="center" ><Strong>期望结
果</Strong></td>
       <td  height="26"  align="center" ><Strong>实际结果
</Strong></td>
       <td  height="26"  align="center" ><Strong>执行结果
</Strong></td>
   </tr>
   <tr align="center">
       <td height="26"  align="center" >测试用例【一】</td>
       <td  height="26"  align="center">步骤 1：打开网页 A</br>步骤 2：
点击按钮 A</br>步骤 3：断言结果 A</td>
       <td  height="26"  align="center" >期望结果：A</td>
       <td  height="26"  align="center" >实际结果：B</td>
       <td  height="26"  align="center" >
            <span>
                <a href =
"https://blog.csdn.net/dawei_yang000000">用例【一】失败</a>
            </span>
```

```
        </td>
    </tr>
    </tr>
    <tr align="center">
        <td height="26" align="center" >测试用例【二】</td>
        <td  height="26" align="center">步骤 1：打开网页 C</br>步骤 2：
点击按钮 C</br>步骤 3：断言结果 C</td>
        <td  height="26" align="center" >期望结果：C</td>
        <td  height="26" align="center" >实际结果：D</td>
        <td  height="26" align="center" >
            <span>
                <a href =
"https://blog.csdn.net/dawei_yang000000">用例【二】失败</a>
            </span>
        </td>
    </tr>
    </tr>
    <tr align="center">
        <td height="26" align="center" >测试用例【三】</td>
        <td  height="26" align="center">步骤 1：打开网页 E</br>步骤 2：
点击按钮 E</br>步骤 3：断言结果 E</td>
        <td  height="26" align="center" >期望结果：E</td>
        <td  height="26" align="center" >实际结果：E</td>
        <td  height="26" align="center" >
            <span>
                <a href =
"https://blog.csdn.net/dawei_yang000000">用例【三】成功</a>
            </span>
        </td>
    </tr>
    </table>
    </div>
</body>
</html>
```

然后在 PO 项目中，找到 Util 路径下的 BrowserController 文件，在文件后边追加以下方法，该方法需要两个参数，其中 table_element 是页面表格的页面对象，string 是要获取的表格中的文本，通过循环每行（tr）和每列（td）去遍历整个表格中的文本，一旦遍历到了所要的文本也就是参数 string 的位置，即完成单击操作。

```
def click_element_in_table(self, table_element, string):
    """
    定位页面 table 中的字符串并单击
    :param table_element:
    :param string:
    :return:
```

```
    """
    trlist = table_element.find_elements_by_tag_name("tr")
    for row in trlist:
        tdlist = row.find_elements_by_tag_name("td")
        for col in tdlist:
            if col.text == string:
                col.click()
```

11.14.2　方法调用

然后看看如何调用 11.14.1 小节封装的方法，在 test_advanced_application 文件中新增以下测试方法，验证封装的方法是否可用，代码如下所示。

```
def test_table_util(self):
    chrome_driver = webdriver.Chrome()
    chrome_driver.get("file:///C:/Users/Administrator/Desktop/ta
ble.html")
    chrome_driver.implicitly_wait(20)
    table_element = chrome_driver.find_element_by_id("table")
    string = u"用例【一】失败"
    Browser_Controller(chrome_driver).click_element_in_table
(table_element, string)
```

11.14.3　思路扩展

代码如下所示，其中封装了 3 个方法，分别用于获取表格的总行数、表格的总列数以及具体某个单元格的页面元素，读者仍然可以将其追加到 BrowserController 里，然后用测试代码进行调用。

```
def get_row_count(self, table_element):
    """
    获取表格总行数
    :param table_element:
    :return:
    """
    tr_list = table_element.find_elements_by_tag_name("tr")
    row_count = len(tr_list)
    return row_count
def get_col_count(self, table_element):
    """
    获取表格总列数
    :param table_element:
    :return:
    """
```

```
    tr_list = table_element.find_elements_by_tag_name("tr")
    for row in tr_list:
        td_list = row.find_elements_by_tag_name("td")
        col_count = len(td_list)
        return col_count
def get_cell(self, table_element, row, col):
    """
    获取具体第 row 行第 col 列的元素
    :param table_element:
    :param row:
    :param col:
    :return:
    """
    tr_list = table_element.find_elements_by_tag_name("tr")
    target_row = tr_list[row-1]
    td_list = target_row.find_elements_by_tag_name("td")
    target_cell = td_list[col-1]
    return target_cell
def get_cell_by_xpath(self, row, col):  #定义方法，根据行数和列数获取
单元格页面对象
    """
    通过已知表格的 Xpath 获取表内具体 row 行 col 列的元素
    :param row:
    :param col:
    :return:
    """
    row = row + 1
    xpath = "//*[@id='table']/tbody/tr[" + row + "]/td[" + col + "]"
    cell_element = self.driver.find_elemenet_by_xpath(xpath)
    return cell_element
```

注意：

在实际的自动化测试工作中，如果列表页面带有筛选功能，可以先使用筛选功能筛选新建的数据，如果能检索到再去进行断言判断新增数据是否正确，这样也能大大降低处理列表的难度。

11.15 处理多窗口

在实际的自动化测试过程中往往会遇到产品单击页面中的元素后，会启动浏览器新的页签，注意此处说的浏览器页签并不是系统内的标签，而启动了浏览器第二个页签后，就意味着自动化测试程序要在两个页签内切换完成一些交互，因此切换页签便成了一个课题。

读者可以在 test_advanced_application 文件后追加以下测试方法，代码如下所示，其中通过获取当前页签句柄和所有页签句柄，循环判断句柄完成切换浏览器页签以及切换后的一系列操作。

```
def test_switch_window_handle(self):  #定义测试方法
    chrome_driver = webdriver.Chrome()  #启动浏览器
    chrome_driver.get("http://www.baidu.com")  #打开百度首页
    baidu_main_handle = chrome_driver.current_window_handle  #获取
当前浏览器句柄
    print(baidu_main_handle)  #为方便调试，将句柄打印到控制台
    time.sleep(5) #等待 5s
    chrome_driver.find_element_by_link_text("登录").click()  #单
击“登录”按钮
    time.sleep(5)  #等待 5s
    chrome_driver.find_element_by_link_text("立即注册").click()
#在弹出窗口中单击“立即注册”按钮
    all_handles = chrome_driver.window_handles  #获取所有句柄
    print(all_handles)  #打印所有句柄到控制台
    for handle in all_handles: #在所有句柄中进行循环
        try:
            if handle != baidu_main_handle:  #判断是否句柄不等于百度首
页的句柄，如不等于
                chrome_driver.switch_to.window(handle)  #则切换句柄
                print("进入新窗口....")
                chrome_driver.switch_to.window(baidu_main_handle)
#再切换回百度首页句柄
                chrome_driver.refresh() #刷新页面
                #输入检索内容到输入框
                chrome_driver.find_element_by_id("kw").send_keys
("__davieyang__")
                time.sleep(5)
                #单击“百度一下”按钮
                chrome_driver.find_element_by_id("su").click()
                time.sleep(5)
        except Exception as e:
            raise e
    chrome_driver.quit()  #关闭浏览器
```

11.16　页面截图

在实际的自动化测试工作中，往往需要进行一些截图工作，例如，在测试用例执行失败而测试又是无人值守的情况下，当回过头来看执行结果的时候，如果没

有截图，很难判断失败的真正原因是什么，如果执行失败的时候截图保存，截图便会帮助复现失败的场景。

继续在 PO 项目中，找到 Util 路径下的 BrowserController 文件，在文件最后追加以下截图方法。

```
def take_screenshot(self):
    """
    截图并保存在根目录下的 Screenshots 文件夹下
    :param none:
    """
    file_path = os.path.dirname(os.getcwd()) + '/Screenshots/'
    rq = time.strftime('%Y%m%d%H%M%S',
time.localtime(time.time()))
    screen_name = file_path + rq + '.png'
    try:
        self.driver.get_screenshot_as_file(screen_name)
        mylog.info("开始截图并保存")

    except Exception as e:
        mylog.error("出现异常", format(e))
```

11.17　兼容性测试方法

在实际的自动化测试过程中，有些产品必须进行兼容性测试，这就意味着在不同的环境中执行相同的测试用例，而这应该是发挥自动化测试优势非常重要的阵地。

自动化测试在编写兼容性测试用例的时候，稍微有所不同，需要定义好一个测试方法，然后执行不同环境时调用该方法，从而实现在不同的环境中执行相同的测试，代码如下所示。

```
#-*- coding: utf-8 -*-
from selenium import webdriver
from time import sleep
import unittest
class Compatibility_Test(unittest.TestCase):
    def setUp(self):
        self.base_url = "https://admin.leadscloud.com/Front-breez
e/#/home"
    def login_leadscloud(self, driver):
        '''
        定义测试方法
        :param driver:
```

```
        :return:
        '''
        driver.get(self.base_url)
        sleep(5)
        driver.find_element_by_xpath("//*[@id='main']/div/div[1]/
div/div[2]/form/div[1]/div/div/input").send_keys('xxxxxx')
       driver.find_element_by_xpath("//*[@id='main']/div/div[1]/
div/div[2]/form/div[2]/div/div/input").send_keys('xxxxxx')
       driver.find_element_by_xpath("//*[@id='main']/div/div[1]/
div/div[2]/form/div[3]/div/button").click()
       driver.quit()
    def test_chrome(self):
        '''
        启动 Chrome 浏览器执行测试用例
        :return:
        '''
        chrome_driver = webdriver.Chrome()
        self.login_leadscloud(chrome_driver)
    def test_firefox(self):
        '''
        启动 Firefox 浏览器执行测试用例
        :return:
        '''
        firefox_driver = webdriver.Firefox()
        self.login_leadscloud(firefox_driver)
    def test_ie(self):
        '''
        启动 IE 浏览器执行测试用例
        :return:
        '''
        ie_driver = webdriver.Ie()
        self.login_leadscloud(ie_driver)
if __name__ == '__main__':
    unittest.main(verbosity=2)
```

正如上面代码中所展示的，其中定义了一个登录方法，然后分别启动了 3 个浏览器去执行相同的方法。

11.18　杀浏览器进程

Webdriver 虽然有 quit()和 close()方法可以关闭浏览器，但有些时候浏览器进程并不能彻底关闭，这时需要掌握杀进程的方法。代码示例如下：

```
#encoding = utf-8
from selenium import webdriver
import unittest
import os
```

```
from time import sleep
class Test_Kill_Browser(unittest.TestCase):

   def test_kill_browser_process(self):
       #启动浏览器
       chrome_driver = webdriver.Chrome()
       sleep(5)
       firefox_driver = webdriver.Firefox()
       sleep(5)
       ie_driver = webdriver.Ie()
       sleep(5)
       #杀 Chrome 浏览器进程
       code = os.system("taskkill /F /iM chrome.exe")
       if code ==0:
          print(u"Kill Firefox Successfully")
       else:
          print(u"Kill Firefox Failed")
       #杀 Firefox 浏览器进程
       code = os.system("taskkill /F /iM firefox.exe")
       if code ==0:
          print(u"Kill Firefox Successfully")
       else:
          print(u"Kill Firefox Failed")
       #杀 IE 浏览器进程
       code = os.system("taskkill /F /iM ie.exe")
       if code ==0:
          print(u"Kill Firefox Successfully")
       else:
          print(u"Kill Firefox Failed")

if __name__ == '__main__':
   unittest.main(verbosity=2)
```

上面代码的执行结果如图 11.16 所示。

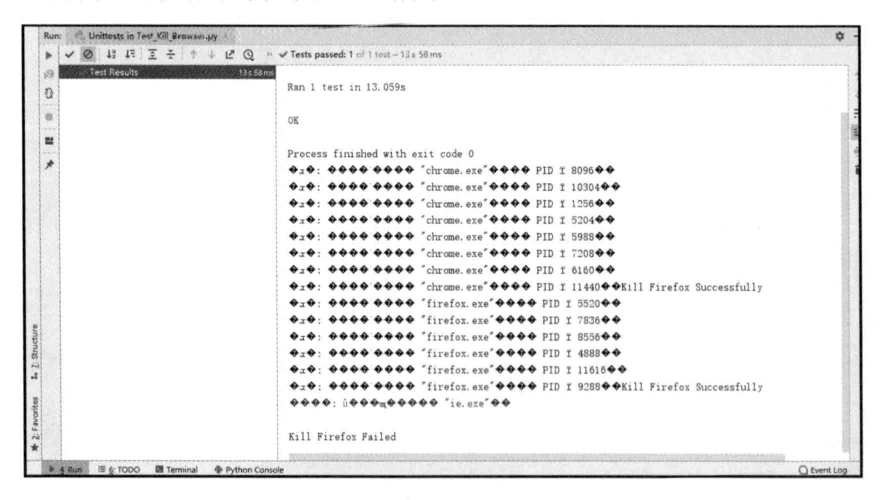

图 11.16　杀浏览器进程（1）

在执行结果中出现乱码，是因为代码文件的 File Encodings 设置是系统默认的 UTF-8，想解决乱码问题，可以修改 PyCharm 的设置，如图 11.17 所示，找到 Settings，或者直接使用组合键<Ctrl+Alt+S>打开 Settings。

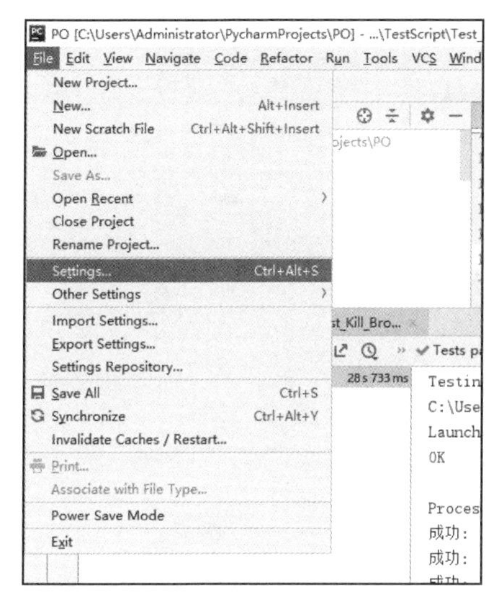

图 11.17　Settings

然后在检索栏中检索 encoding，便可以找到 File Encodings 的选项，如图 11.18 所示。

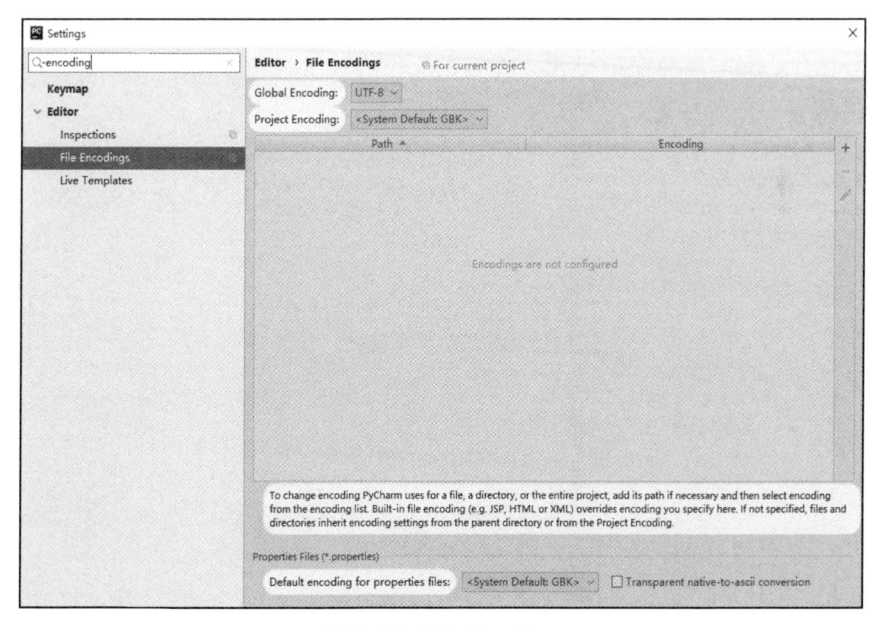

图 11.18　File Encodings

将 Global Encoding 修改为 GBK 后，再次执行代码，执行结果如图 11.19 所示。

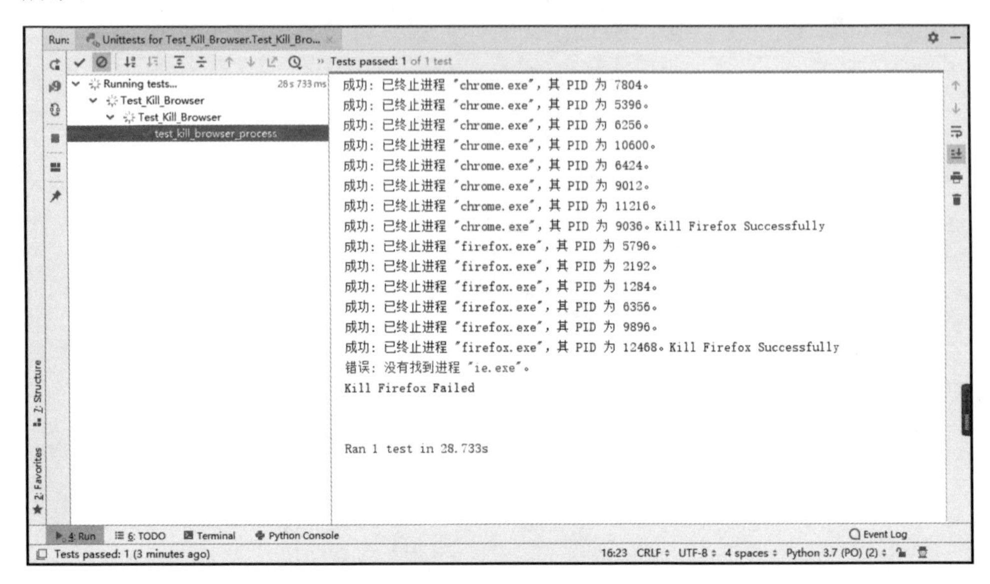

图 11.19　杀浏览器进程（2）

11.19　禁用 IE 的保护模式

禁用 IE 浏览器的保护模式，因为在保护模式下往往是浏览器访问用户的应用出的问题，代码如下：

```
#encoding = utf -8
from selenium import webdriver
from selenium.webdriver.common.desired_capabilities import
DesiredCapabilities
import unittest
from time import sleep

class Test_Disable_PDF_FLASH(unittest.TestCase):
    def setUp(self):
        desire_caps = DesiredCapabilities.INTERNETEXPLORER
        #配置禁用 IE 的保护模式
        desire_caps["ignoreProtectedModeSettings"] = True
        #启动带有用户自设置的浏览器
        self.ie_driver = webdriver.Ie(capabilities=desire_caps)
        self.url = "http://www.sohu.com"
    def test_demo(self):
        self.ie_driver.get(self.url)
        sleep(20)
    def tearDown(self):
```

```
        self.ie_driver.quit()
if __name__ == '__main__':
    unittest.main(verbosity=2)
```

11.20 屏蔽 ignore-certificate-errors 提示及禁用扩展插件

屏蔽当自动化测试代码启动 Chrome 浏览器时总是提示 ignore-certificate-errors，其代码示例如下。

```
#encoding = utf-
from selenium import webdriver
from selenium.webdriver.chrome.options import Options
import unittest
from time import sleep

class Test_Disable_Ignore(unittest.TestCase):
    def setUp(self):
        #创建 Chrome 的 Options 对象
        chrome_option = Options()
        #为 chrome_option 添加配置
        chrome_option.add_argument("--disable-extensions")
        chrome_option.add_experimental_option("excludeSwitches",
["ignore-certificate-errors"])
        chrome_option.add_argument("--start-maximized")
        self.chrome_driver =
webdriver.Chrome(options=chrome_option)
        self.url = "http://www.baidu.com"
    def test_demo(self):
        self.chrome_driver.get(self.url)
        sleep(5)
    def tearDown(self):
        self.chrome_driver.quit()
```

11.21 禁用 Firefox 加载 CSS/Flash/Image

在实际测试中，为了提高浏览器加载页面速度，往往会禁止浏览器加载不必要的内容，本节笔者将用代码示例介绍如何禁用 Firefox 浏览器加载 CSS、Flash 和 Image，代码如下。

```
#encoding = utf-8
from selenium import webdriver
from time import sleep
import unittest
class Test_Disable_CSS_FLASH_IMAGE(unittest.TestCase):
    def setUp(self):
```

```
        #创建 Firefox 的 Options 对象
        firefox_profile = webdriver.FirefoxProfile()
        #禁止加载 CSS
        firefox_profile.set_preference("permissions.default.
stylesheet", 2)
        #禁止加载 Image
        firefox_profile.set_preference("permissions.default.
image", 2)
        #禁止加载 Flash
        firefox_profile.set_preference("dom.ipc.plugins.enables.
libflashplayer.so", False)
        #启动浏览器
        self.firefox_driver = webdriver.Firefox(firefox_profile =
firefox_profile)
        self.url = "http://www.sohu.com"
    def test_diable(self):
        self.firefox_driver.get(self.url)
        sleep(20)
    def tearDown(self):
        self.firefox_driver.quit()
```

执行代码后，我们发现 Firefox 浏览器打开的搜狐页面如图 11.20 所示。

图 11.20 禁用 CSS/Flash/Image

再看一下 Chrome 是如何禁用 Image 的，代码示例如下。

```
#encoding = utf-8
from selenium import webdriver
from time import sleep
```

```
import unittest
from selenium.webdriver.chrome.options import Options


class Test_Disable_IMAGE(unittest.TestCase):

    def setUp(self):
        #创建 Chrome 的 Options 对象
        chrome_options = Options()
        #设置 Chrome 禁用配置
        diable_option =
{"profile.managed_default_content_settings.images":2}
        #添加屏蔽设置
        chrome_options.add_experimental_option("prefs",
diable_option)
        #启动浏览器
        self.chrome_driver = webdriver.Chrome(options =
chrome_options)
        self.url = "http://www.sohu.com"

    def test_diable(self):
        self.chrome_driver.get(self.url)
        sleep(20)

    def tearDown(self):
        self.chrome_driver.quit()
```

上面代码的执行结果如图 11.21 所示，可以发现其中的图片均未加载。

图 11.21　禁止加载图片

11.22 浏览器静默模式启动

在实际的自动化测试中，为了不让浏览器频繁起动关闭，可以采用静默模式执行，代码示例如下。

```
#-*- coding: utf-8 -*-
from selenium import webdriver
from selenium.webdriver.chrome.options import Options
import time
#创建 Chrome 的 Options 对象
chrome_options = Options()
#添加静默参数
chrome_options.add_argument('--headless')
for i in range(100000):
    #静默模式启动浏览器
    chrome_driver = webdriver.Chrome(options=chrome_options)
    #打开页面
    chrome_driver.get("http://www.yialife.co.za/contact.html")
    chrome_driver.maximize_window()
    chrome_driver.find_element_by_class_name("xhl-button-text").click()
    #获取当前时间
    current_time = time.strftime('%Y-%m-%d %H:%M:%S',
time.localtime(time.time()))
    chrome_driver.find_element_by_id("messageText").send_keys
("audio notification testing at " + current_time)
    time.sleep(1)
    chrome_driver.find_element_by_id("sendBtn").click()
    print(current_time)
    time.sleep(5)
    #删掉所有 cookie
    chrome_driver.delete_all_cookies()
    chrome_driver.quit()
```

执行时会发现浏览器并没有启动，但是实际上用例仍在执行。

11.23 本章小结

在第 11 章读者应该学到了如何封装方法供给测试代码调用，如何对自己封装的方法进行测试，自测通过后再上传到代码库。

同时在本章封装了很多方法，读者朋友可以自行扩展、修改成为适合自己的或者适合自己团队的内容，在笔者看来封装了多少种方法并不是最重要的，掌握了抽象和封装的方式与方法才更为重要。

第 12 章　数据驱动测试

数据驱动测试是自动化测试中一种重要的设计模式，这种设计模式可以将测试数据和测试代码分开，实现数据与代码松耦合，同时还能够实现一次任务中使用不同的数据来执行相同的测试脚本，因此它会使得代码层次结构清晰，容易维护，并且大大降低了代码量。

①场景一。多个角色登录系统。

一个系统可能按照角色区分登录系统后的权限，那么就要准备多组账号密码，当然可以将登录功能封装好，然后多次调用它并给它传不同的参数来实现，但很明显这是一个笨办法，此种情境下，使用数据驱动测试的模式便可以轻松实现。

②场景二。搜索功能，测试不可能只进行一组数据的检索，如果需要检索多组数据，断言多次结果，使用数据驱动测试的模式也可轻松完成。

在实际的测试工作中，测试数据根据数据量的大小可能存储在不同的介质中，更重要的是从执行效率考虑，可以选择测试数据存储在 List 中、MySQL 数据库中、XML 中、JSON 中和 Excel 中。本章笔者将详细介绍通过对不同介质的解析并结合 DDT，在上述场景中数据驱动测试是如何完成的。

12.1　Unittest&DDT

DDT 是 Data-Driven Tests 的缩写，虽然 Unittest 没有自带数据驱动功能，但 DDT 与它可以完美结合，来完成数据驱动测试，本节笔者将详细介绍 DDT 结合元组和列表实现数据驱动的过程。

12.1.1　安装 DDT

DDT 并不是 Python 自带的模块，需要单独安装，启动命令行工具，在确保 Python 环境已经正常配置的前提下，直接输入 python 进入 python 命令行，然后运行命令：pip install ddt，如图 12.1 所示。

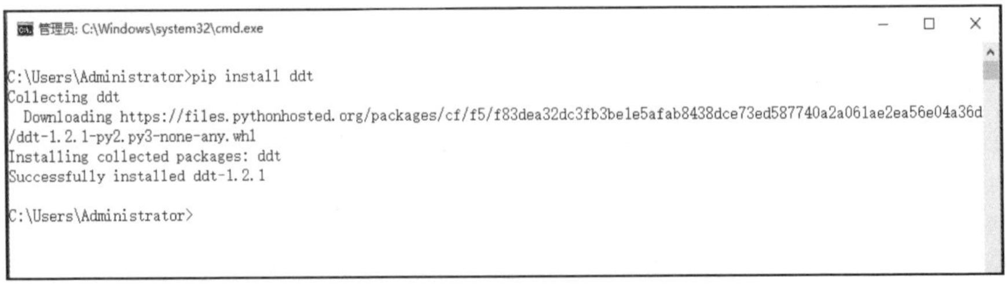

```
管理员: C:\Windows\system32\cmd.exe

C:\Users\Administrator>pip install ddt
Collecting ddt
  Downloading https://files.pythonhosted.org/packages/cf/f5/f83dea32dc3fb3be1e5afab8438dce73ed587740a2a061ae2ea56e04a36d
/ddt-1.2.1-py2.py3-none-any.whl
Installing collected packages: ddt
Successfully installed ddt-1.2.1

C:\Users\Administrator>
```

图 12.1 安装 DDT

笔者希望读者朋友养成一个习惯， 做了任何安装操作后，都要尝试验证安装是否生效，从而在用到它的时候能够更清晰地调试和判断异常，减少异常的可能性。

验证 DDT 是否安装成功，依旧是在 Python 命令行，直接输入 import ddt， 如果没有报异常，则说明 DDT 模块正常可用，如图 12.2 所示。

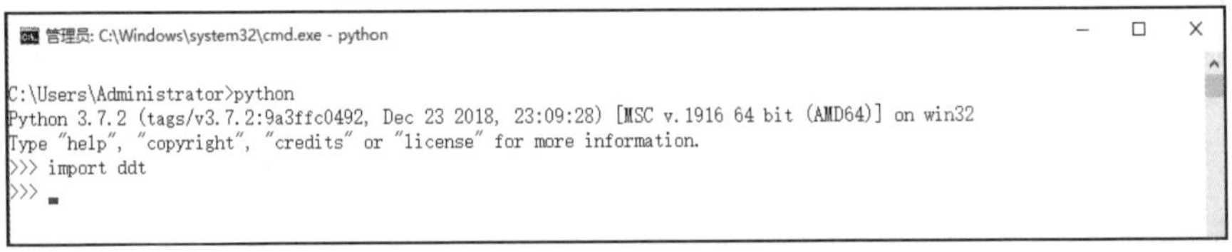

```
管理员: C:\Windows\system32\cmd.exe - python

C:\Users\Administrator>python
Python 3.7.2 (tags/v3.7.2:9a3ffc0492, Dec 23 2018, 23:09:28) [MSC v.1916 64 bit (AMD64)] on win32
Type "help", "copyright", "credits" or "license" for more information.
>>> import ddt
>>>
```

图 12.2 验证 DDT 模块

12.1.2 测试代码示例

在 PO 项目中，新建一个 Python Package，并将其命名为 DataDrivenTest，然后在该 Python Package 下新建一个 Python 文件，并将其命名为 ddt_by_list，然后在文件中写入以下代码。

其中的代码是借由 DDT 数据驱动测试模式，实现一组测试代码执行 3 组测试数据，打开 3 次浏览器，完成 3 次 163 邮箱的登录测试。在实际工作中，可能登录的是自己的产品，与下面的代码相比，业务逻辑不同，但技术模型是一样的。

```
#encoding = utf-8
from Configuration import ConstantConfig
from selenium import webdriver #从 Selenium 模块引入 Webdriver 类
import unittest                #引入 Unittest 模块
import time                    #引入 time 模块
import logging                 #引入日志模块
import traceback               #引入 traceback
import ddt                     #引入 DDT
```

```
#引入 NoSuchElementException 异常类
from selenium.common.exceptions import NoSuchElementException
#定义日志存放路径
test_log_folder = ConstantConfig.parent_directory_path + "\\Test
Result\\TestLog\\ddt_by_list.log"
#初始化日志对象
logging.basicConfig(
    level=logging.INFO,  #日志级别
    #时间、代码所在文件名、代码行号、日志级别名字、日志信息
    format='%(asctime)s %(filename)s[line: %(lineno)d] %(levelna
me)s %(message)s',
    datefmt='%a, %d %b %Y %H:%M:%S',  #打印日志的时间
    filename=test_log_folder,
    filemode='w'  #打开日志的方式
    )
@ddt.ddt
class DataDrivenDDT(unittest.TestCase):
    def setUp(self):
        self.driver = webdriver.Chrome()  #定义浏览器驱动
    #使用 DDT 准备 3 组测试数据，每组都存放在列表中，且每组数据中的数据与测试
方法中定义的形参股份数及顺序一一对应
    @ddt.data(["159@163.com", "abcabc"], ["158@163.com", "abcabc"],
["157@163.com", "abcabc"])
    @ddt.unpack  #对测试数据进行解包
    def test_dataDrivenByDDT(self, username, password):
        url = "http://mail.163.com"
        self.driver.get(url)
        self.driver.implicitly_wait(30)
        frame = self.driver.find_element_by_xpath("//*[@id= 'logi
nDiv']/iframe")  #定义 frame，它是页面中的 Iframe 控件
        try:
            self.driver.switch_to.frame(frame)  #切换进 Iframe 控件
            self.driver.find_element_by_name("email").send_keys
(username)  #输入用户名
            self.driver.find_element_by_name("password").
send_keys(password)  #输入密码
            self.driver.find_element_by_id("dologin").click()  #单
击“登录”按钮
            time.sleep(3)  #等待 3s
            self.assertTrue(u"收信" in self.driver.page_source)
#断言关键字“收信”
        except NoSuchElementException as e:
            #将未找到页面元素的异常记录写进日志
            logging.error(u"查找的页面元素不存在，异常堆栈信息:" +
str(traceback.format_exc()))
        except AssertionError as e:
```

```
                #将登录失败或断言失败记录写进日志
                logging.info(u"邮箱 '%s', 登录失败" % username)
            except Exception as e:
                #将未知错误记录写进日志
                logging.error(u"未知错误，错误信息：" + str(traceback.
format_exc()))
            else:
                #将登录成功且断言成功记录写进日志
                logging.info(u"邮箱 '%s', 登录成功" % username)
    def tearDown(self):
        self.driver.quit()  #关闭浏览器
if __name__ == '__main__':
    unittest.main()
```

执行结果如图 12.3 所示，我们看到实际是执行了条用例，因为在使用 DDT 做测试数据数据源的时候，提供了 3 组数据，因此相同的测试代码执行 3 次。

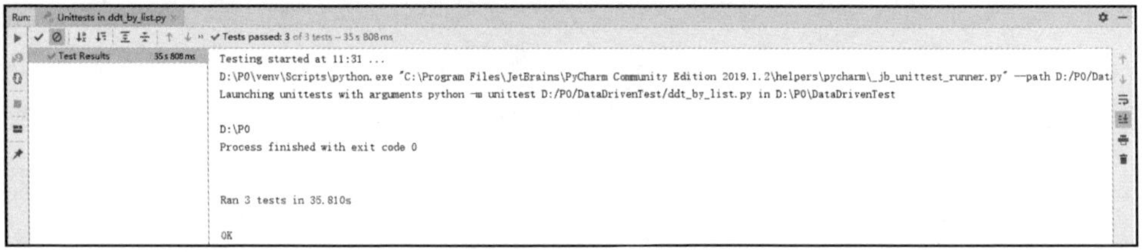

```
Run: Unittests in ddt_by_list.py
Tests passed: 3 of 3 tests – 35 s 808 ms
Test Results    35 s 808 ms
Testing started at 11:31 ...
D:\P0\venv\Scripts\python.exe "C:\Program Files\JetBrains\PyCharm Community Edition 2019.1.2\helpers\pycharm\_jb_unittest_runner.py" --path D:/P0/Dat
Launching unittests with arguments python -m unittest D:/P0/DataDrivenTest/ddt_by_list.py in D:\P0\DataDrivenTest

D:\P0
Process finished with exit code 0


Ran 3 tests in 35.810s

OK
```

图 12.3　ddt_by_list 执行结果

并且在代码中指定了生成测试日志的路径和文件名，去测试工程师设定的路径下可以看到该日志，内容如下：

```
Thu, 09 May 2019 09:42:29 ddt_by_list.py[line: 50] INFO 邮箱
'159@163.com', 登录失败
Thu, 09 May 2019 09:42:39 ddt_by_list.py[line: 50] INFO 邮箱
'158@163.com', 登录失败
Thu, 09 May 2019 09:42:48 ddt_by_list.py[line: 50] INFO 邮箱
'157@163.com', 登录失败
```

注意：

打开该日志文件，如果中文显示乱码，PyCharm 会提醒使用 GBK 重新加载，根据提示单击重新加载即可将乱码转换为中文。

再看另外的场景如何实现，在名为 DataDrivenTest 的 Python Package 下新建一个 Python 文件，并将其命名为 ddt_by_list_plus，然后在文件中写入以下代码。借由 DDT 数据驱动测试模式，实现一组测试代码执行 3 组测试数据，完成检索并断言期望结果，代码如下所示：

```
#encoding = utf-8
```

```
from Configuration import ConstantConfig
from selenium import webdriver  #从 Selenium 模块引入 Webdriver 类
import unittest  #引入 Unittest 模块
import time  #引入 time 模块
import logging  #引入日志模块
import traceback  #引入 traceback
import ddt  #引入 DDT
#引入 NoSuchElementException 异常类
from selenium.common.exceptions import NoSuchElementException
#定义日志存放路径
test_log_folder=ConstantConfig.parent_directory_path+"\\TestRes
ult\\TestLog\\ddt_by_list_plus.log"
#初始化日志对象
logging.basicConfig(
    level=logging.INFO,  #日志级别
    #时间、代码所在文件名、代码行号、日志级别名字、日志信息
    format='%(asctime)s %(filename)s[line: %(lineno)d]
%(levelname)s %(message)s',
    datefmt='%a, %d %b %Y %H:%M:%S',  #打印日志的时间
    filename=test_log_folder,
    filemode='w'  #打开日志的方式
    )
@ddt.ddt
class DataDrivenDDT(unittest.TestCase):
    def setUp(self):
        self.driver = webdriver.Chrome()  #定义浏览器驱动
    @ddt.data([u"阿里巴巴", u"腾讯"], [u"美团外卖", u"百度"], [u"饿了
么", u"蚂蚁金服"])
    @ddt.unpack
    def test_dataDrivenByDDT(self, testdata, expectdata):
        url = "http://www.baidu.com"
        self.driver.get(url)
        self.driver.implicitly_wait(30)
        try:
            self.driver.find_element_by_id("kw").send_keys(testdata)
            self.driver.find_element_by_id("su").click()
            time.sleep(3)
            self.assertTrue(expectdata in self.driver.page_source)
        except NoSuchElementException as e:
            logging.error(u"查找的页面元素不存在，异常堆栈信息:" +
str(traceback.format_exc()))
        except AssertionError as e:
            logging.info(u"搜索 '%s',期望 '%s' ,失败" % (testdata,
expectdata))
        except Exception as e:
            logging.error(u"未知错误，错误信息： " + str(traceback.
format_exc()))
        else:
```

```
            logging.info(u"搜索 '%s',期望 '%s' ,通过" % (testdata,
expectdata))
    def tearDown(self):
        self.driver.quit()
if __name__ == '__main__':
    unittest.main()
```

上述代码的执行结果如图 12.4 所示，可以看到其使用 DDT 给的 3 组测试数据，相同的测试代码便执行了 3 次。

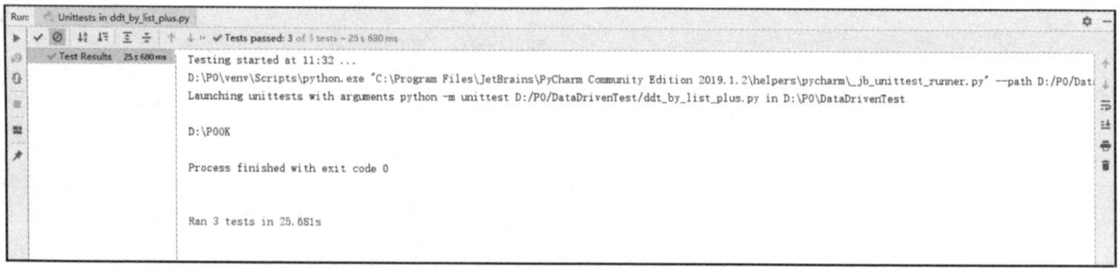

```
Run: Unittests in ddt_by_list_plus.py
✔ Tests passed: 3 of 3 tests – 25 s 680 ms
Test Results 25 s 680 ms
Testing started at 11:32 ...
D:\PO\venv\Scripts\python.exe "C:\Program Files\JetBrains\PyCharm Community Edition 2019.1.2\helpers\pycharm\_jb_unittest_runner.py" --path D:/PO/Dat
Launching unittests with arguments python -m unittest D:/PO/DataDrivenTest/ddt_by_list_plus.py in D:\PO\DataDrivenTest

D:\POOK

Process finished with exit code 0


Ran 3 tests in 25.681s
```

图 12.4　ddt_by_list_plus 执行结果

并且在代码中指定了生成测试日志的路径和文件名，去测试工程师设定的路径下可以看到该日志，内容如下：

```
Thu, 09 May 2019 10:11:18 ddt_by_list_plus.py[line: 48] INFO 搜索
'阿里巴巴',期望 '腾讯' ,通过
Thu, 09 May 2019 10:11:27 ddt_by_list_plus.py[line: 48] INFO 搜索
'美团外卖',期望 '百度' ,通过
Thu, 09 May 2019 10:11:36 ddt_by_list_plus.py[line: 44] INFO 搜索
'饿了么',期望 '蚂蚁金服' ,失败
```

12.2　Unittest&DDT&MySQL

经过 12.1 小节的训练，读者朋友应该领会到数据驱动测试模式的作用了，但知道和看到了并不能说明什么，通过反复训练变成自己的才是真得到，笔者建议读者朋友在此基础上要多多练习，多多给自己设定场景去实现。

然而不能忽视的一点是，测试数据仍旧和测试代码放在了一起，这样对于测试代码和测试数据的维护仍旧存在不小的困难。在第 8 章中采用过 PO 模式让页面元素与测试代码进行了分离，从而当页面发生变化时，可以方便地修改测试代码。同样的思想，测试数据和测试代码如果能够分离，便可以轻松地输入多样化的测试数据，形成多样化的测试。

那么如果不将测试数据放到测试代码中，可以将其放到什么地方呢?本节笔者将详细介绍如何将测试数据放到数据库 MySQL 中，如何封装对数据库的操作，

以及最终如何完成从数据库中读取测试数据完成测试任务。

12.2.1　安装 pymysql

要让 Python 能够和 MySQL 交互，首先要安装 pymysql 模块，启动命令行，然后输入命令 pip install pymysql，按 Enter 键，图 12.5 表示安装完成。

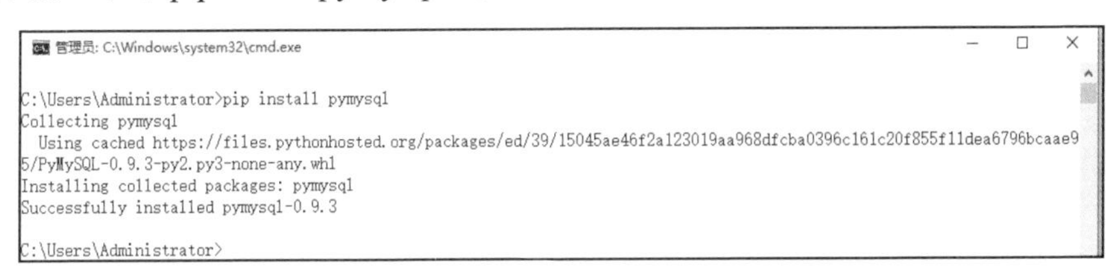

图 12.5　安装 pymysql 模块

12.2.2　安装 MySQL

接下来安装MySQL数据库。使用浏览器或者下载工具打开网址Mysql8.0.16:https://cdn.mysql.com//Downloads/MySQLInstaller/mysql-installer-community-8.0.16.0.msi，便可直接下载它了。

下载完成后，双击下载的文件，在弹出的第一个窗口中勾选 I accept the license terms 复选框，然后单击 Next 按钮，如图 12.6 所示。

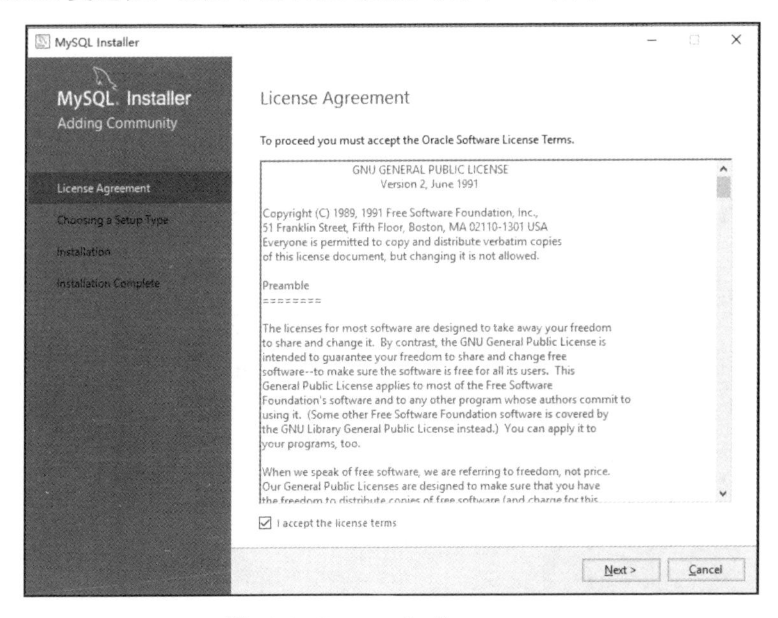

图 12.6　I accept the license terms

系统会跳转到选择安装类型的窗口，使用默认的 Developer Default，然后单击 Next 按钮，如图 12.7 所示。

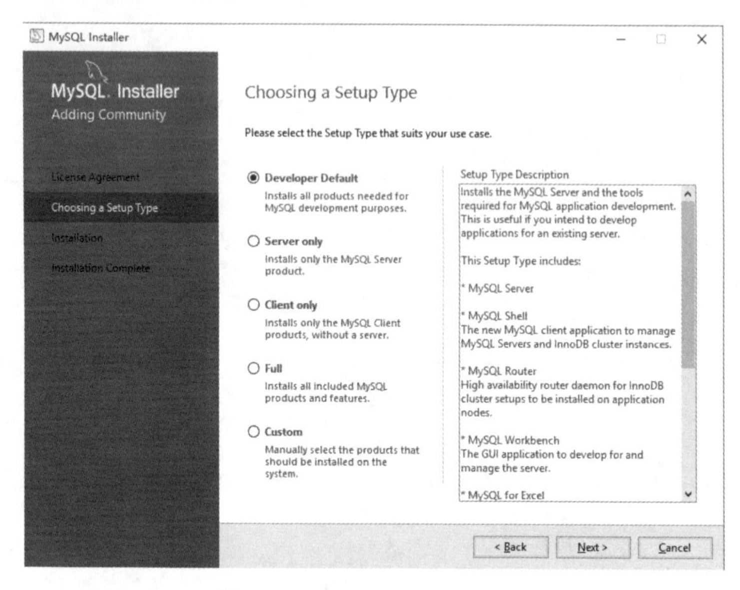

图 12.7　Choosing a Setup Type

系统会跳转到如图 12.8 所示检查安装 MySQL 所需要的组件的窗口，在此直接单击 Execute 按钮即可完成所需要的组件的安装，其中有一行带有 Manual 字样的需要手动安装，在此用不到，不做任何操作。

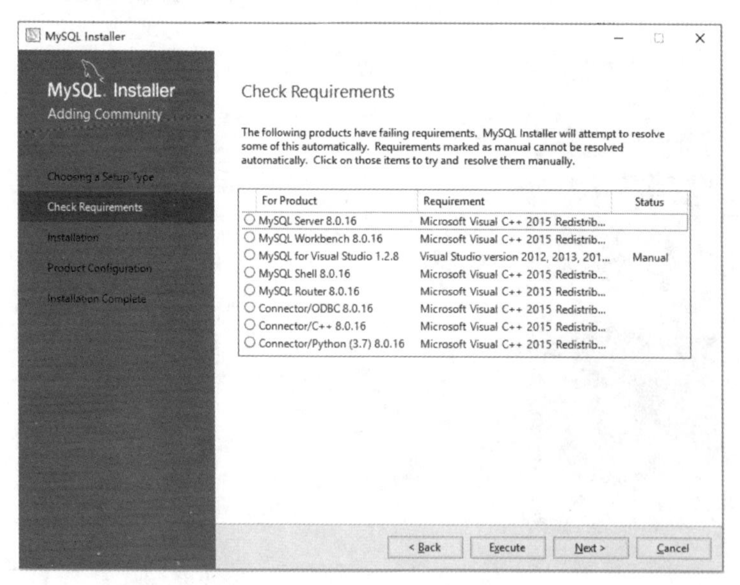

图 12.8　Check Requirements

所需组件安装完成后，单击 Next 按钮，如图 12.9 所示。

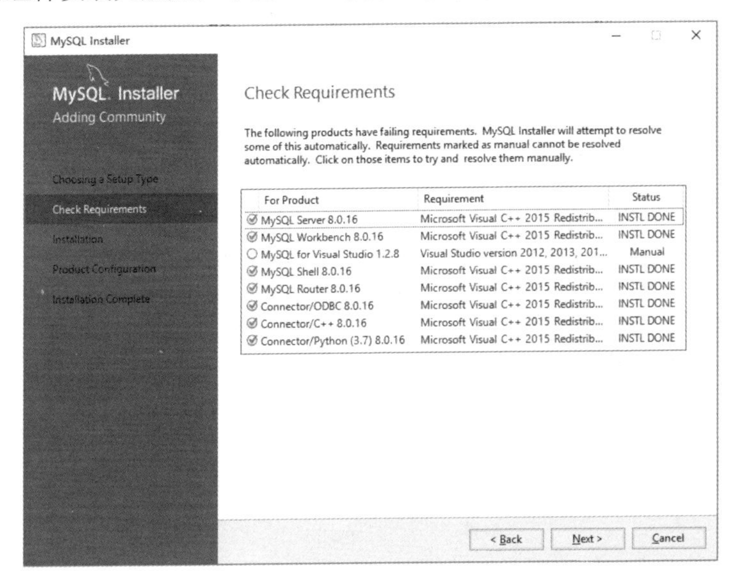

图 12.9　INSTL DONE

因为剩下了一个组件没有安装， 因此单击 Next 按钮的时候，会得到如图 12.10 所示的提示，不用理会它，单击 Yes 按钮即可。

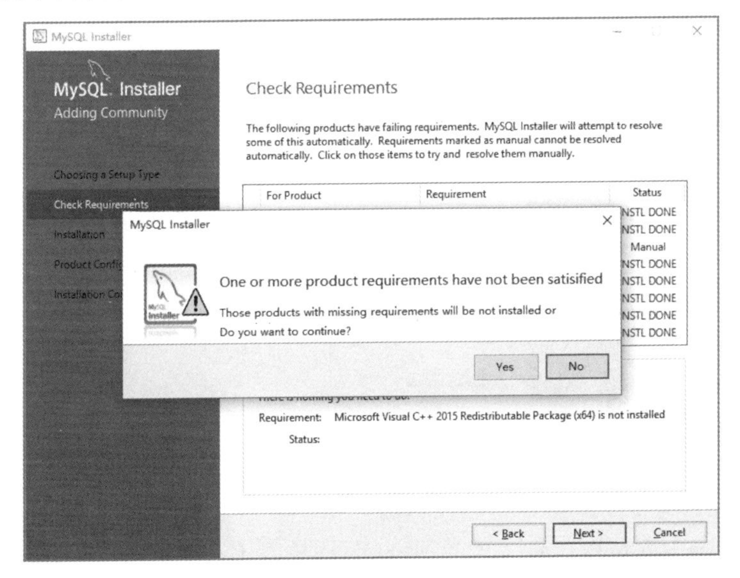

图 12.10　警告

然后系统会跳转到如图 12.11 所示安装列表窗口，单击 Execute 按钮即可开始安装。

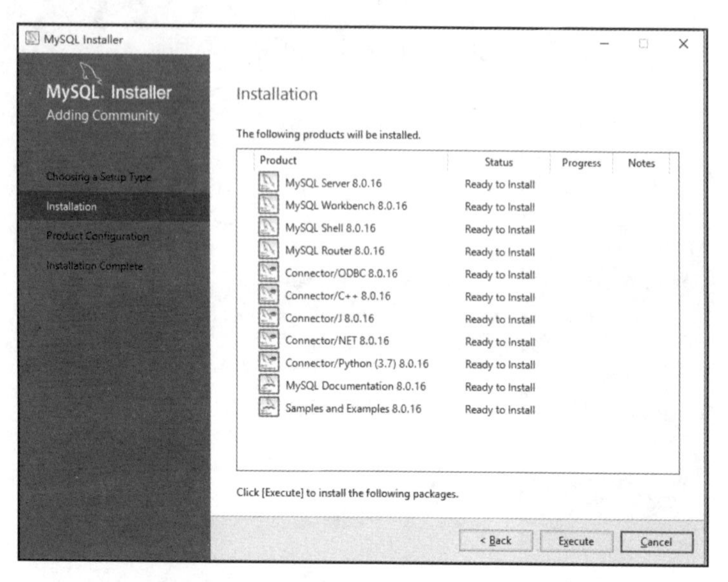

图 12.11 Installation

安装完成后如图 12.12 所示，然后单击 Next 按钮，进入配置 MySQL 窗口。

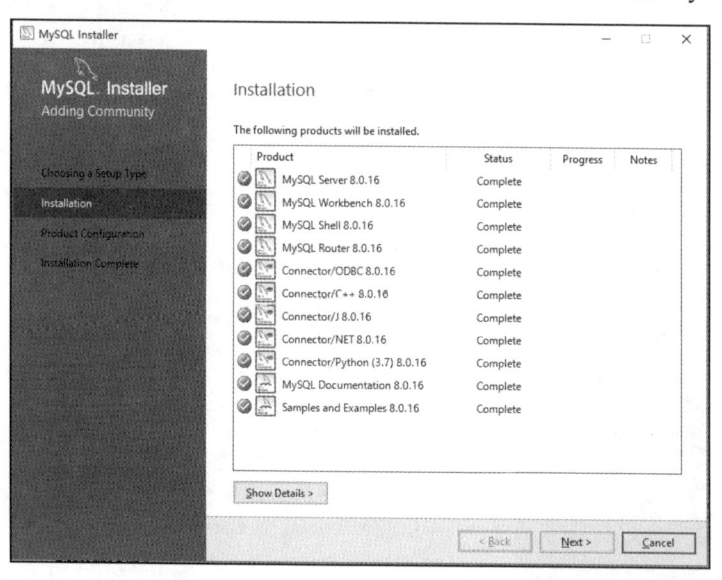

图 12.12 MySQL 安装完成

因为只是个人使用，后续配置 MySQL 的步骤中，除了输入 root 用户密码需要自定义密码外，其余全部使用系统默认设置即可。在最后执行配置的时候，可能会遇到执行失败的提示，此时不用慌，这并不意味着之前的操作无效，只是需要完成一些配置即可继续执行，此时打开 Log 能够看到系统提示失败的原因。

异常 1：向防火墙添加 MySQL 所需要的 33060 端口访问规则时失败，如图 12.13 所示。

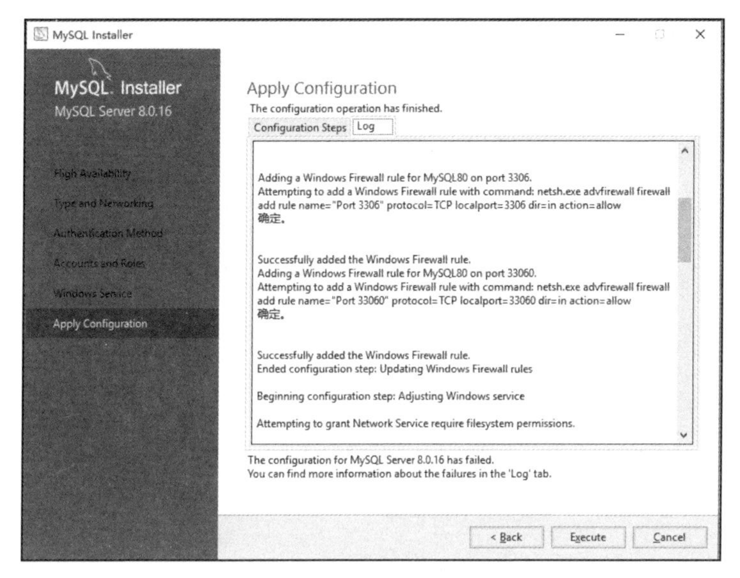

图 12.13　添加防火墙规则

解决异常：因为是个人使用 MySQL，因此只需关闭防火墙，或者手动添加 33060 端口的 TCP 协议规则即可。

异常 2：启动 MySQL 服务总是失败，如图 12.14 所示。

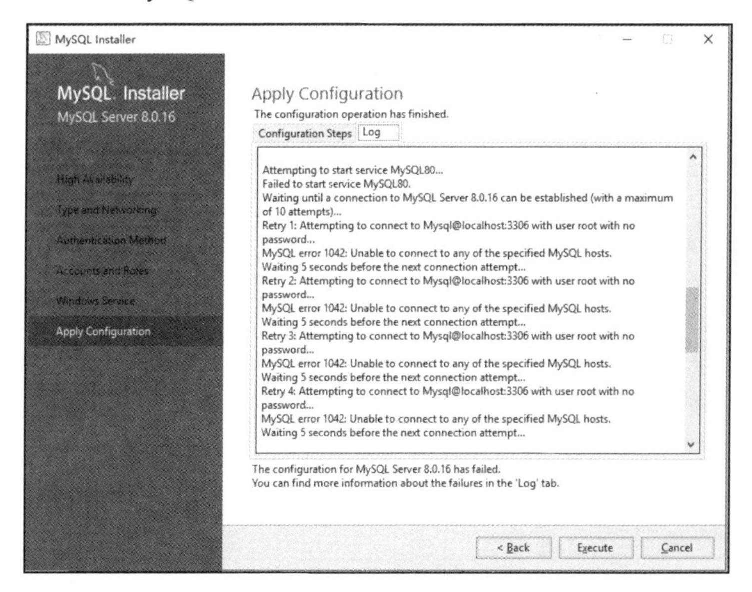

图 12.14　启动 MySQL 失败

解决异常：打开服务列表，找到使用的 MySQL 服务，然后右击，从弹出的快捷菜单中选择“属性”命令弹出 MySQL 服务的属性对话框后，选择“登录”选项卡，如图 12.15 所示配置，然后单击“确定”按钮，再次启动服务即可。

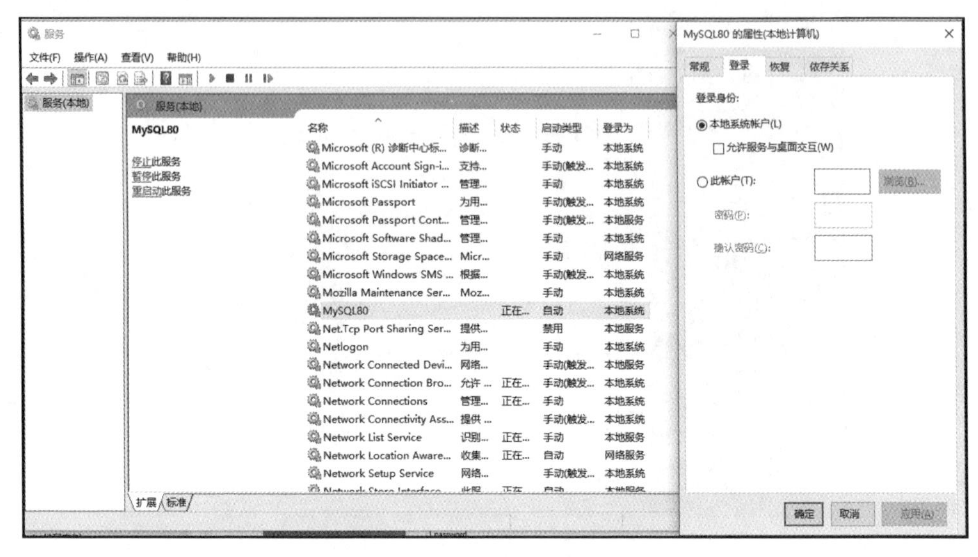

图 12.15　重新启动 MySQL 服务

所有的配置执行都通过，单击 Finish 按钮完成 MySQL 服务的安装，如图 12.16 所示。

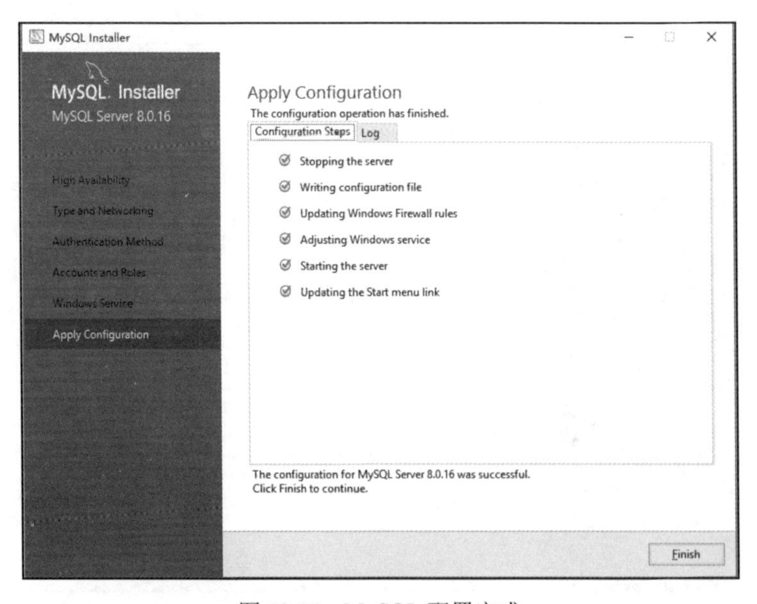

图 12.16　MySQL 配置完成

12.2.3　封装操作数据库方法

在 PO 项目中，新建一个 Python File，并将其命名为 ParseMySQL，然后在文件中写入以下代码，正如下面代码中注释所写，封装了建库、建表、插入数据、检索数据、删表以及关闭数据库连接的方法，在实际的测试代码中如果用到即可调用它们，这样做便可以将测试数据存储到数据库中。

```
#encoding = utf-8
import pymysql
class Parse_Mysql(object):  #定义解析 MySQL 类
    def __init__(self, host, port, dbName, username, password, charset):
        """
        初始化类
        :param host:
        :param port:
        :param dbName:
        :param username:
        :param password:
        :param charset:
        """
        self.conn = pymysql.connect(
            host=host,
            port=port,
            db=dbName,
            user=username,
            password=password,
            charset=charset
        )
        self.cur = self.conn.cursor()
    def create_database(self, createdb):
        """
        建库函数，执行 SQL 语句进行建库
        :param createdb:
        :return:
        """
        try:
            self.cur.execute(createdb)
        except pymysql.Error as e:
            raise e
        else:
            self.cur.close()
            self.conn.commit()
            self.conn.close()
            print(u"建库成功...")
    def create_table(self, database, createtable):
        """
```

```
    建表函数，执行 SQL 语句进行建表
    :param database:
    :param createtable:
    :return:
    """
    try:
        self.conn.select_db(database)
        self.cur.execute(createtable)
    except pymysql.Error as e:
        raise e
    else:
        self.cur.close()
        self.conn.commit()
        self.conn.close()
        print(u"建表成功...")
def insert_data(self, database, insertdata, datalist):
    """
    执行 SQL 语句进行表数据插入
    :param database:
    :param insertdata:
    :param datalist:
    :return:
    """
    try:
        self.conn.select_db(database)
        self.cur.executemany(insertdata, datalist)
    except pymysql.Error as e:
        raise e
    else:
        self.conn.commit()
        print(u"初始数据插入成功")
        self.cur.close()
        self.conn.close()
def select_data_from_table(self, database, selectdata):
    """
    执行 SQL 查询语句进行查询数据
    :param database:
    :param selectdata:
    :return:
    """
    try:
        self.conn.select_db(database)
        self.cur.execute(selectdata)
        dataTuple = self.cur.fetchall()
        return dataTuple
    except pymysql.Error as e:
        raise e
```

```
    def drop_table(self, database, droptable):
        """
        执行 SQL 语句进行删表
        :param database:
        :param droptable:
        :return:
        """
        try:
            self.conn.select_db(database)
            self.cur.execute(droptable)
        except pymysql.Error as e:
            raise e
        else:
            self.cur.close()
            self.conn.commit()
            self.conn.close()
            print(u"删表成功...")
    def close_database(self):
        """
        关闭数据库连接
        :return:
        """
        self.cur.close()
        self.conn.commit()
        self.conn.close()
```

从上面的代码中可以看出，在 12.2.2 小节创建的 SqlScripts.py 中的每一个字符串都被引了进来，从而避免了代码中出现大量的 SQL 语句（如注释掉的部分所示），否则会导致代码难以维护。

在这个模块中封装了 3 个函数分别用于建库、建表、插入数据、检索数据，以供测试代码调用。

12.2.4　测试数据分离

已经封装好了操作数据库的方法，接下来看如何准备测试数据，以及如何使用装好的方法进行测试数据的创建。

给 PO 项目新建一个 Python Package，并将其命名为 TestData，然后在该 Python Package 中新建一个 Python File，并将其命名为 SQL_Script，然后在该文件中写入以下内容。

```
#encoding = utf-8
#建库语句
createdatabase = 'CREATE DATABASE IF NOT EXISTS automation DEFAULT
CHARSET utf8mb4 COLLATE utf8mb4_general_ci;'
```

```
#建表语句
createtable = """
      CREATE TABLE automationdata(
          ID int primary key not null auto_increment comment '主键',
         testdata varchar(40) unique not null comment '姓名',
         expecteddata varchar(40) not null comment '城市'
      )engine = innodb character set utf8mb4 comment '测试数据表';
   """
#插入数据
insertdata = "insert into automationdata(testdata, expecteddata)
values(%s, %s);"
datalist = [('selenium xml DataDriven', 'davieyang'), ('selenium
excel DataDriven', 'davieyang'),
          ('selenium ddt data list', 'davieyang')]
#删表语句
droptable = 'DROP TABLE testdata;'
#查询语句
selectdata = "select * from automationdata"
```

从文件中的内容可以看到，只是将需要执行的 SQL 语句用单独的文件存储起来，后续用到的时候只需直接调用它们即可，这样做最终目的还是松耦合，数据分离。

12.2.5 封装方法验证

封装好的方法一定要进行测试才能上传到代码库中供自己或者他人调用，在 test_advanced_application 文件中追加测试方法。代码如下：

```
from Util.ParseMysql import Parse_Mysql  #引入封装的操作数据库的方法
from TestData import SQL_Script  #引入写好的 SQL 脚本
def test_create_database(self):  #定义测试创建数据库的方法
   #初始化封装的类
   db = Parse_Mysql(
      host="localhost",
      port=3306,
      dbName="mysql",
      username="root",
      password="",
      charset="utf8"
      )
   createdatabase = SQL_Script.createdatabase
   db.create_database(createdatabase)  #调用创建数据方法
def test_create_table(self):  #定义测试建表的方法
   #初始化类
   db = Parse_Mysql(
```

```
            host="localhost",
            port=3306,
            dbName="mysql",
            username="root",
            password="",
            charset="utf8"
            )
        createtable = SQL_Script.createtable
        db.create_table("automation", createtable) #调用建表函数
    def test_insert_data(self): #定义测试插入数据的方法
        #初始化类
        db = Parse_Mysql(
            host="localhost",
            port=3306,
            dbName="mysql",
            username="root",
            password="",
            charset="utf8"
            )
        data = SQL_Script.datalist
        insertdata = SQL_Script.insertdata
        db.insert_data("automation", insertdata, data)
    def test_get_data(self): #定义测试检索数据的方法
        #初始化类
        db = Parse_Mysql(
            host="localhost",
            port=3306,
            dbName="mysql",
            username="root",
            password="",
            charset="utf8"
            )
        selectdata = SQL_Script.selectdata
        data = db.select_data_from_table("automation", selectdata) #
调用检索数据方法
        print(data)  #将数据打印到控制台
```

从上面的代码中能够看出，其中定义了 4 个方法分别用于调用封装的建库、建表、插入数据和检索数据的方法，实际上还封装了其他方法，就留给读者自行调用测试了。

注意：

如何只执行单一测试方法呢？只需在要执行的方法名字上右击，然后从弹出的快捷菜单中选择 Run 命令即可。

12.2.6 测试代码示例

12.2.5 小节已经将 SQL 语句和操作数据库的方法分离，并对封装的方法进行了验证，接下来就是测试代码，看一看测试代码是如何完成测试任务的。在名为 DataDrivenTest 的 Python Package 下新建一个 Python File，并将其命名为 ddt_by_mysql，然后将以下代码写入文件。

```
#encoding = utf-8
from selenium import webdriver
import unittest
import time
import logging
import traceback
#encoding = utf-8
from Configuration import ConstantConfig
from selenium import webdriver  #从 Selenium 模块引入 webdriver 类
import unittest  #引入 unittest 模块
import time  #引入 time 模块
import logging  #引入 logging 模块
import traceback  #引入 traceback
import ddt  #引入 ddt
#引入 NoSuchElementException 异常类
from selenium.common.exceptions import NoSuchElementException
from Util.ParseMysql import Parse_Mysql
from TestData import SQL_Script
#定义日志存放路径
test_log_folder=ConstantConfig.parent_directory_path + "\\
TestResult\\TestLog\\ddt_by_mysql.log"
#初始化日志对象
logging.basicConfig(
level=logging.INFO,  #日志级别
   #时间、代码所在文件名、代码行号、日志级别名字、日志信息
   format='%(asctime)s %(filename)s[line: %(lineno)d] %
(levelname)s %(message)s',
   datefmt='%a, %d %b %Y %H:%M:%S',  #打印日志的时间
   filename=test_log_folder,
   filemode='w'  #打开日志的方式
   )
def get_test_data():
   db = Parse_Mysql(
       host="localhost",
       port=3306,
       dbName="automation",
       username="root",
```

```
        password="",
        charset="utf8mb4"
    )
    searchdata = SQL_Script.selectdata
    #从数据库中获取测试数据
    testData = db.select_data_from_table("automation", searchdata)
    db.close_database()
    return testData
@ddt.ddt
class DataDrivenByMySQL(unittest.TestCase):
    def setUp(self):
        self.driver = webdriver.Chrome()
    @ddt.data(* get_test_data())
    def test_ddt_by_mysql(self, testData):
        #对获得的数据进行解包
        dataid, testdata, expectdata =testData
        url = "http://www.baidu.com"
        self.driver.get(url)
        self.driver.maximize_window()
        print(testdata, expectdata)
        self.driver.implicitly_wait(10)
        try:
            self.driver.find_element_by_id("kw").send_keys(testdata)
            self.driver.find_element_by_id("su").click()
            time.sleep(3)
            self.assertTrue(expectdata in self.driver.page_source)
        except NoSuchElementException as e:
            logging.error(u"查找的页面元素不存在，异常堆栈信息为：" +
str(traceback.format_exc()))
        except AssertionError as e:
            logging.info(u"搜索 '%s',期望 '%s' ,失败" % (testdata,
expectdata))
        except Exception as e:
            logging.error(u"未知错误，错误信息：" + str(traceback.
format_exc()))
        else:
            logging.info(u"搜索 '%s',期望 '%s' ,通过" % (testdata,
expectdata))
    def tearDown(self):
        self.driver.quit()
if __name__ == "__main__":
    unittest.main()
```

读者朋友需要仔细阅读上面的代码，尤其要仔细阅读代码中的注释，弄明白如何通过调用自己封装好的获取数据的方法获取数据，然后在测试代码中对获取到的数据进行解包并将其分别作为测试数据和期望结果进行操作与断言的。

12.3 Unittest&DDT&XML

第 11 章介绍了如何将测试数据存储在 MySQL 数据库里，并且还封装了数据库相关的操作方法，除了实现 SQL 脚本与函数分离外，在其他需要操作数据库的地方仍然可以用它，然后还借助 DDT 实现了测试数据和测试代码的分离，实现松耦合，这样大大提高了代码的可读性和可维护性。

除了使用数据库分离测试数据外，还可以使用 XML 文件存储测试数据，然后封装解析 XML 文件的方法，从而实现测试代码和测试数据的分离。下面将详细介绍这种方法。

12.3.1 数据 XML

首先，在 TestData 路径下新建一个文件，并将其命名为 test_search_data.xml；其次，在文件中写入以下的 XML 数据。

```
<?xml version = "1.0" encoding = "utf-8"?>
<testdata type = "selenium">
    <test>
        <testdata>selenium</testdata>
        <expectdata>davieyang</expectdata>
    </test>
    <test>
        <testdata>appium</testdata>
        <expectdata>davieyang</expectdata>
    </test>
    <test>
        <testdata>golang</testdata>
        <expectdata>davieyang</expectdata>
    </test>
</testdata>
```

12.3.2 封装解析 XML 文件方法

在 Util 路径下新建一个 Python File，并将其命名为 ParseXML，然后在文件中写入以下代码，与第 11 章封装解析数据库的思路是一样的，要坚持松耦合。

```
#encoding = utf-8
from xml.etree import ElementTree
class ParseXML(object):
    def __init__(self, xmlPath):
        self.xmlPath = xmlPath
```

```
    def getRoot(self):
        """
        获取 XML 文件的根节点对象，然后返回给调用者
        :return:
        """
        #打开将要解析的 XML 文件
        tree = ElementTree.parse(self.xmlPath)
        return tree.getroot()
    def findNodeByName(self, parentNode, nodeName):
        """
        通过节点的名字获取节点对象
        :param parentNode:
        :param nodeName:
        :return:
        """
        nodes = parentNode.findall(nodeName)
        return nodes
    def getNodeofChildText(self, node):
        """
        获取节点 node 下所有子节点的节点名作为 key，本节点作为 value 组成的字
典对象
        :param node:
        :return:
        """
        childrenTextDict = {i.tag: i.text for i in list(node.iter
())[1:]}
        #上面代码等价于
        return childrenTextDict
    def getDataFromXml(self, nodename):
        """
        遍历获取到的所有 nodename 对象，取得需要的测试数据
        :param nodename:
        :return:
        """
        #获取 XML 文档的根节点对象
        root = self.getRoot()
        #获取根节点下所有名为 nodename 的对象
        books = self.findNodeByName(root, nodename)
        dataList = []
        for nodename in books:
            childrenText = self.getNodeofChildText(nodename)
            dataList.append(childrenText)
        return dataList
```

12.3.3 测试代码示例

12.3.2 小节封装好了解析 XML 的方法，接下来看一下测试代码是如何使用它的。在 PO 项目中的 Configuration 路径下的 ConstantConfig.py 文件中追加一个路径配置，内容如下。

```
#获取 XML 测试数据文件所在路径
xmldata= parent_directory_path + u"\\TestData\\test_search_data.
xml"
```

然后在 PO 项目中的 DataDrivenTest 路径下新建一个 Python File，并将其命名为 ddt_by_xml，然后将以下测试代码写入。

```
#encoding = utf-8
from selenium import webdriver
import unittest
import time
import logging
import traceback
import ddt
from Util.ParseXML import ParseXML
from selenium.common.exceptions import NoSuchElementException
from Configuration import ConstantConfig
#定义日志存放路径
test_log_folder = ConstantConfig.parent_directory_path + "\\Test
Result\\TestLog\\ddt_by_xml.log"
#初始化日志对象
logging.basicConfig(
level=logging.INFO,  #日志级别
    #时间、代码所在文件名、代码行号、日志级别名字、日志信息
    format='%(asctime)s %(filename)s[line: %(lineno)d] %
(levelname)s %(message)s',
    datefmt='%a, %d %b %Y %H:%M:%S',  #打印日志的时间
    filename=test_log_folder,
    filemode='w'  #打开日志的方式
    )
xml_file  = ConstantConfig.xmldata
print(xml_file)
#创建 ParseXML 类实例对象
xml = ParseXML(xml_file)
@ddt.ddt
class DataDrivenTestByXML(unittest.TestCase):
    def setUp(self):
        self.driver = webdriver.Chrome()
    @ddt.data(* xml.getDataFromXml("test"))
```

```
    def test_dataDrivenByXML(self, data):
        test_data, expect_data = data["testdata"], data
["expectdata"]
        url = "http://www.baidu.com"
        self.driver.get(url)
        self.driver.maximize_window()
        self.driver.implicitly_wait(10)
        try:
            self.driver.find_element_by_id("kw").send_keys(test_data)
            self.driver.find_element_by_id("su").click()
            time.sleep(3)
            self.assertTrue(expect_data in self.driver.page_
source)
        except NoSuchElementException as e:
            logging.error(u"查找的页面元素不存在，异常堆栈信息为：" +
str(traceback.format_exc()))
        except AssertionError as e:
            logging.info(u"搜索 '%s',期望 '%s' ,失败" % (test_data,
expect_data))
        except Exception as e:
            logging.error(u"未知错误，错误信息：" + str(traceback.
format_exc()))
        else:
            logging.info(u"搜索 '%s',期望 '%s' ,通过" % (test_data,
expect_data))
    def tearDown(self):
        self.driver.quit()
if __name__ == "__main__":
    unittest.main()
```

读者需要仔细阅读上面的代码，其中通过配置文件将文件路径隔离了，然后通过传参将其传给了封装好的解析 XML 文件的方法并根据 nodename 获取数据，然后再通过 DDT 对获取到的数据进行解包，从而同样实现了测试数据与测试代码的分离。

12.4 Unittest&DDT&JSON

12.3 小节将测试数据存储在了 XML 里，本节将换另一个介质，将测试数据存储在 JSON 文件中。笔者将用两个示例介绍如何使用 JSON 文件作为数据驱动的测试数据文件。

12.4.1 列表数据

首先在 PO 项目中的 TestData 路径下新建一个文件，并将其命名为 city.json，并将以下内容写入该 JSON 文件中。

```
["北京||北京","上海||上海","广州||广州","深圳||深圳","香港||香港"]
```

然后在 Configuration 路径下的 ConstantConfig.py 文件中追加以下路径配置。

```
#获取 jsonlist 测试数据文件所在路径
jsonlistdata = parent_directory_path + u"\\TestData\\city.json"
```

最后是测试代码，在 DataDrivenTest 路径下新建一个 Python File，并将其命名为 ddt_by_json_list，并将以下测试代码写入文件。

```
#encoding = utf-8
from selenium import webdriver
import unittest
import time
import logging
import traceback
import ddt
from selenium.common.exceptions import NoSuchElementException
from Configuration import ConstantConfig
#定义日志存放路径
test_log_folder = ConstantConfig.parent_directory_path + "\\Test
Result\\TestLog\\ddt_by_xml.log"
#初始化日志对象
logging.basicConfig(
level=logging.INFO,  #日志级别
    #时间、代码所在文件名、代码行号、日志级别名字、日志信息
    format='%(asctime)s %(filename)s[line: %(lineno)d] %
(levelname)s %(message)s',
    datefmt='%a, %d %b %Y %H:%M:%S',  #打印日志的时间
    filename=test_log_folder,
    filemode='w'  #打开日志的方式
    )
json_list_file = ConstantConfig.jsonlistdata
@ddt.ddt
class DataDrivenByJsonList(unittest.TestCase):
    def setUp(self):
        self.driver = webdriver.Chrome()
    @ddt.file_data(json_list_file)
    def test_data_driven_json_list(self, value):
        url = "http://www.baidu.com"
        self.driver.get(url)
        self.driver.maximize_window()
```

```
        print(value)
        #将从 JSON 文件中读取出的数据用“||”分割成测试数据和期望的数据
        test_data, expect_data = tuple(value.strip().split("||"))
        #设置隐式等待时间
        self.driver.implicitly_wait(10)
        try:
            self.driver.find_element_by_id("kw").send_keys(test_data)
            self.driver.find_element_by_id("su").click()
            time.sleep(3)
            #断言期望结果是否出现在页面中
            self.assertTrue(expect _data in self.driver.page_source)
        except NoSuchElementException as e:
            logging.error(u"查找的页面元素不存在，异常堆栈信息为：" +
str(traceback.format_exc()))
        except AssertionError as e:
            logging.info(u"搜索 '%s',期望 '%s' ,失败" % (test_data,
expect _data))
        except Exception as e:
            logging.error(u"未知错误，错误信息：" + str(traceback.
format_exc()))
        else:
            logging.info(u"搜索 '%s',期望 '%s' ,通过" % (test_data,
expect _data))
    def tearDown(self):
        self.driver.quit()
if __name__ == '__main__':
    unittest.main()
```

上面的代码采用同样的思路，先将测试数据文件路径存在了配置文件中，然后在测试代码中当作参数传递给了 DDT 的 ddt.file_data()函数，再通过测试数据中存在“||”分离的特征，使用 split()函数进行拆分，然后再解包分别赋值给 test_data 和 except_data。

12.4.2　字典数据

除了在 JSON 文件中放置 List 类型的数据外，还可以放置 Dict 类型的数据。首先在 PO 项目的 TestData 路径下新建一个文件，并将其命名为 login.json，并在文件中写入以下测试数据。

```
{
  "test_login_01": {
    "username":"",
    "password":"davieyang",
    "assert_text": "请输入账号"
```

```
  },
  "test_login_02": {
    "username":"davieyang",
    "password":"",
    "assert_text": "请输入密码"
  },
  "test_login_03":{
    "username":"error",
    "password":"error",
    "assert_text": "账号或密码错误"
  }
}
```

然后在 Configuration 路径下的 ConstantConfig.py 文件中追加以下路径配置。

```
#获取 jsondict 测试数据文件所在路径
jsondictdata = parent_directory_path + u"\\TestData\\login.json"
```

最后是测试代码，在 DataDrivenTest 路径下新建一个 Python File，并将其命名为 ddt_by_json_dict，并将以下测试代码写入文件。

```
#-*- coding: utf-8 -*-
import unittest
from selenium import webdriver
from ddt import ddt, file_data
import time
#引入 NoSuchElementException 异常类
from selenium.common.exceptions import NoSuchElementException
from Configuration import ConstantConfig
#定义测试数据文件
login_json = ConstantConfig.jsondictdata

@ddt
class TestLogin(unittest.TestCase):
    def setUp(self):
        self.driver = webdriver.Chrome()
        self.url = "http://mail.163.com"
        self.driver.implicitly_wait(10)
    def user_login_163(self, username, password):
        driver = self.driver
        driver.get(self.url)
        #定义 frame，它是页面中的 Iframe 控件
        frame = self.driver.find_element_by_xpath("//*[@id='login
Div']/iframe")
        time.sleep(1)
        try:
            self.driver.switch_to.frame(frame)  #切换进 Iframe 控件
            self.driver.find_element_by_name("email").send_keys
```

```
(username)  #输入用户名
            self.driver.find_element_by_name("password").send_keys
(password)  #输入密码
            self.driver.find_element_by_id("dologin").click()  #单
击“登录”按钮
        except NoSuchElementException as e:
            #将未找到页面元素的异常记录进日志
            raise e
        except Exception as e:
            raise e
    @file_data(login_json)
    def test_login(self, username, password, assert_text):  #定义
测试方法
        self.user_login_163(username, password)  #调用登录 163 的方法
        message = self.driver.find_element_by_id("nerror").text
        self.assertEqual(message, assert_text)  #断言
    def tearDown(self):
        self.driver.quit()
if __name__ == '__main__':
    unittest.main(verbosity=2)
```

12.5　Unittest&DDT&Excel

目前，似乎将测试数据放到 Excel 里很时髦，在很多自动化测试中也会提到关键字驱动，更是将 Excel 用到了极致。本节将介绍如何使用 Excel 文件存储测试数据进行数据驱动测试。

12.5.1　安装 openpyxl

要解析 Excel，需要安装第三方模块，启动命令行，然后运行命令 pip install openpyxl，执行结果如图 12.17 所示，此时表示安装成功。

```
C:\Users\Administrator>pip install openpyxl
Collecting openpyxl
  Downloading https://files.pythonhosted.org/packages/ba/06/b899c8867518df19e242d8cbc82d4ba210f5ffbeebb7704c695e687ab59c
/openpyxl-2.6.2.tar.gz (173kB)
    100% |████████████████████████████████| 174kB 602kB/s
Collecting jdcal (from openpyxl)
  Downloading https://files.pythonhosted.org/packages/f0/da/572cbc0bc582390480bbd7c4e93d14dc46079778ed915b505dc494b37c57
/jdcal-1.4.1-py2.py3-none-any.whl
Collecting et_xmlfile (from openpyxl)
  Downloading https://files.pythonhosted.org/packages/22/28/a99c42aea746e18382ad9fb36f64c1c1f04216f41797f2f0fa567da11388
/et_xmlfile-1.0.1.tar.gz
Installing collected packages: jdcal, et-xmlfile, openpyxl
  Running setup.py install for et-xmlfile ... done
  Running setup.py install for openpyxl ... done
Successfully installed et-xmlfile-1.0.1 jdcal-1.4.1 openpyxl-2.6.2

C:\Users\Administrator>
```

图 12.17　安装 openpyxl

12.5.2 Excel 格式数据

首先新建一个 Excel 文件，并将其命名为 city.xlsx，并写入如表 12.1 所示的 4 行 3 列数据；其次将其保存到 PO 项目中的 TestData 路径下。

表 12.1 测试数据

序号	搜索词	期望结果
1	北京	北京
2	上海	上海
3	广州	广州

12.5.3 封装解析 Excel 文件方法

在 Configuration 路径下的 ConstantConfig.py 文件中追加以下路径配置。

```
#获取 Excel 测试数据文件所在路径
exceldata = parent_directory_path + u"\\TestData\\city.xlsx"
```

然后在 PO 项目中的 Util 路径下，新建文件并命名为 ParseExcel，并写入以下代码。

```
#encoding = utf-8
from openpyxl import load_workbook
class ParseExcel(object):
    def __init__(self, excelPath, sheetName):
        """
        初始化函数，解析 Excel 文件获取 Sheet 以及 Sheet 中最大行数
        :param excelPath:
        :param sheetName:
        """
        self.wb = load_workbook(excelPath)
        self.sheet = self.wb[sheetName]
        self.maxRowNum = self.sheet.max_row
    def getDatasFromSheet(self):
        """
        遍历每行数据并放到 List，并返回 List，之后可以通过索引获取
        :return:
        """
        dataList = []
        for line in list(self.sheet.rows)[1:]:
            tmpList = []
            tmpList.append(line[1].value)
            tmpList.append(line[2].value)
            dataList.append(tmpList)
        return dataList
```

12.5.4　测试代码示例

在 DataDrivenTest 路径下，新建一个 Python File，并将其命名为 ddt_by_excel，然后在文件中写入以下代码。

```
#encoding = utf-8
from selenium import webdriver
import unittest
import time
import traceback
import ddt
import logging
from Util.ParseExcel import ParseExcel
from selenium.common.exceptions import NoSuchElementException
from Configuration import ConstantConfig
#定义日志存放路径
test_log_folder = ConstantConfig.parent_directory_path + "\\Test
Result\\TestLog\\ddt_by_list.log"
#初始化日志对象
logging.basicConfig(
    level=logging.INFO,  #日志级别
    #时间、代码所在文件名、代码行号、日志级别名字、日志信息
    format='%(asctime)s %(filename)s[line: %(lineno)d] %
(levelname)s %(message)s',
    datefmt='%a, %d %b %Y %H:%M:%S',  #打印日志的时间
    filename=test_log_folder,
    filemode='w'  #打开日志的方式
    )
excelPath = ConstantConfig.exceldata  #定义 Excel 文件
sheetName = u"Sheet1"
excel = ParseExcel(excelPath, sheetName)  #实例化解析 Excel 类
@ddt.ddt
class TestDataDrivenByExcel(unittest.TestCase):
    def setUp(self):
        self.driver = webdriver.Chrome()
    @ddt.data(* excel.getDatasFromSheet())
    def test_dataDrivenByExcel(self, data):
        test_data, expect_data = tuple(data)
        url = "http://www.baidu.com"
        self.driver.get(url)
        self.driver.maximize_window()
        self.driver.implicitly_wait(10)
        try:
            self.driver.find_element_by_id("kw").send_keys(test_data)
            self.driver.find_element_by_id("su").click()
```

```
            time.sleep(3)  #强制等待 3s
            self.assertTrue(expect_data in self.driver.page_source)
        except NoSuchElementException as e:
            logging.error(u"查找的页面元素不存在，异常堆栈信息为：" +
str(traceback.format_exc()))
        except AssertionError as e:
            logging.info(u"搜索 '%s',期望 '%s' ,失败" % (test_data,
expect_data))
        except Exception as e:
            logging.error(u"未知错误，错误信息：" + str(traceback.
format_exc()))
        else:
            logging.info(u"搜索 '%s',期望 '%s' ,通过" % (test_data,
expect_data))

    def tearDown(self):
        self.driver.quit()
if __name__ == "__main__":
    unittest.main()
```

12.6 Unittest¶meterized

在前面几节中，已经详细介绍了 Unittest 和 DDT 组合是如何帮助测试工程师实现数据驱动、如何将测试数据和测试代码分离的，然而并不是只有 DDT 能够实现这些，本节将详细介绍另外一个同样能够实现数据驱动的模块，即 parameterized。

12.6.1 安装 parameterized

启动命令行，在命令行中执行命令 pip install parameterized，执行结果如图 12.18 所示，此时表示安装成功。

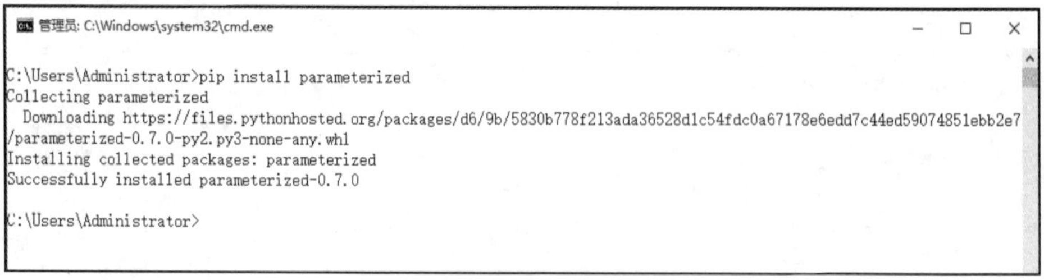

```
管理员: C:\Windows\system32\cmd.exe

C:\Users\Administrator>pip install parameterized
Collecting parameterized
  Downloading https://files.pythonhosted.org/packages/d6/9b/5830b778f213ada36528d1c54fdc0a67178e6edd7c44ed59074851ebb2e7
/parameterized-0.7.0-py2.py3-none-any.whl
Installing collected packages: parameterized
Successfully installed parameterized-0.7.0

C:\Users\Administrator>
```

图 12.18　安装 parameterized

12.6.2　测试代码示例

在 PO 项目的 DataDrivenTest 路径下新建一个 Python File，并将其命名为 parameterized_ddt，然后写入以下代码。

```
#encouding=utf-8
import unittest
from selenium import webdriver
import time
from parameterized import parameterized
#引入 NoSuchElementException 异常类
from selenium.common.exceptions import NoSuchElementException
class LoginTest(unittest.TestCase):
   def setUp(self):
       self.driver = webdriver.Chrome()
       self.url = "http://mail.163.com"
       self.driver.implicitly_wait(10)
   def user_login_163(self, username, password): #定义登录 163 的方法
       driver = self.driver
       driver.get(self.url)
       #定义 frame，它是页面中的 Iframe 控件
       frame =
self.driver.find_element_by_xpath("//*[@id='loginDiv']/iframe")
       time.sleep(1)  #强制等待 1s
       try:
           self.driver.switch_to.frame(frame)  #切换进 Iframe 控件
           self.driver.find_element_by_name("email").send_keys
(username)  #输入用户名
           self.driver.find_element_by_name("password").send_keys
(password)  #输入密码
           self.driver.find_element_by_id("dologin").click()  #单
击“登录”按钮
           time.sleep(10)
       except NoSuchElementException as e:
           #将未找到页面元素的异常记录进日志
           raise e
       except Exception as e:
           raise e
    #测试数据
   @parameterized.expand([
       ("davieyang", "davieyang", "账号或密码错误"),
       ("davieyang", '', "请输入密码")
   ])
   def test_login(self, username, password, assert_text):  #定义
测试登录方法
```

```
        self.user_login_163(username, password)  #调用登录 163 方法
        warning = self.driver.find_element_by_id("nerror").text  #
获取页面元素文本
        try:
            self.assertEqual(warning, assert_text)  #断言文本
        except AssertionError as e:
            raise e  #抛出异常
    def tearDown(self):
        self.driver.quit()
if __name__ == '__main__':
    unittest.main(verbosity=2)
```

从上面的代码中能看出，其中通过 parameterized 的 expand()方法，将元组放到列表中，然后测试方法接收的参数个数与元组中的元素个数相同，顺序一致即是 parameterized 进行数据驱动的关键，同样也能发现，它实际在使用上与 DDT 区别并不大，数据驱动的关键在于理解思路。

12.7 本章小结

如果按照前面的章节一步一步走下来，那么已经完成了 90%的框架任务。回顾过去的章节，再看 PO 项目结构，除了 GeneralWorkFlow 外，实际上已经实现了一套可用的框架，如图 12.19 所示。

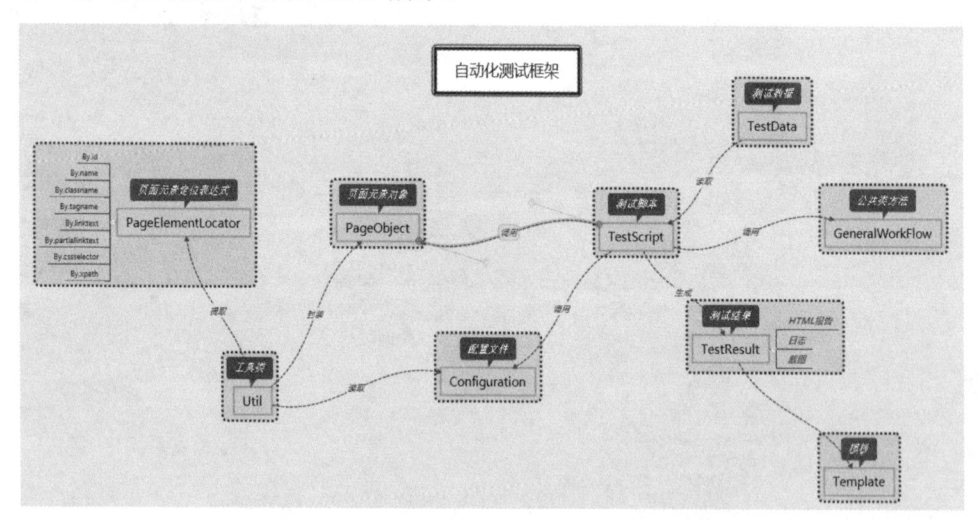

图 12.19 自动化测试框架

那么 GeneralWorkFlow 是什么呢，在 PO 项目中新建一个 Python Package，并将其命名为 GeneralWorkFlow，该 Python Package 用于放软件业务逻辑中的公

共部分或者可以共享的部分，例如并不是要测试登录模块，但是系统又必须登录，那么可以将登录方法封装在 GeneralWorkFlow 下，然后在测试代码中调用它即可。

如此就又进行了一次分离，将软件业务逻辑中不得不经过的但是又不是本测试代码所测试的功能点抽象出来单独封装，绕不过去的就直接调用。表 12.2 所示是对架构中每个组成部分的详细说明。

表 12.2　框架说明

名　称	说　明
Util	工具类包，包含操作浏览器的常规事件、键盘及鼠标事件的模拟、文件的解析等，不区分平台皆可使用的公共的工具类
PageObject	页面对象包，以每一个页面为单位，封装该页面内所有需要控制的控件，通过页面控件的定位将其封装成对象，然后操作该对象实现自动化操作
GeneralWorkFlow	公共应用模块包，在产品的业务流程中，常会有中间过程、公共流程，如登录、导航，将其独立封装，以免在脚本中重复编写
PageElementLocator	元素定位信息，该 Python Package 以页面为单位，每个页面一个文件，每个文件存储被测系统中的元素定位方式及其对应表达式
TestScript	测试脚本，该 Python Package 中以单元测试框结构为基础，存储单纯的测试脚本
TestData	测试数据，该 Python Package 中存储独立的测试数据，根据实际测试内容的需要可以将测试数据存放在文件里，可以是 Excel、XML、JSON 等，而 Util 包里提供解析测试数据文件的工具类来实现对数据的读取写入，再借由 DDT 或者 parameterized 进行读取和拆分
Configuration	常量，该 Python Package 用于定义一些配置信息如文件路径、数据库信息等以供代码直接调用
TestResult	测试结果，该路径下用于存储执行测试后生成的 HTML 报告和 Log 文件

第 13 章　辅助工具介绍

尽管笔者强烈建议读者在涉足自动化测试开发的初期尽量少使用辅助工具，多多训练基本功，然而作为整本书中不可或缺的一部分，还是要介绍几个笔者在实际工作中认为非常好用的辅助工具。

13.1　Selenium IDE

第一个便是 Selenium IDE，它是由 seleniumhq.org 提供的 Selenium 录制和回放的工具，使用该工具可以创建测试项目用于分组测试用例，并且可以通过录制功能生成自动化测试脚本，然后进行回放。

13.1.1　Selenium IDE 下载

如果可以访问谷歌商店抑或习惯使用 Firefox 能够访问其扩展组件页面，都可以轻松检索到 Selenium IDE，然后直接单击“添加至 Chrome”（如图 13.1 所示）或者“添加到 Firefox”按钮（如图 13.2 所示）。

图 13.1　谷歌商店 Selenium IDE

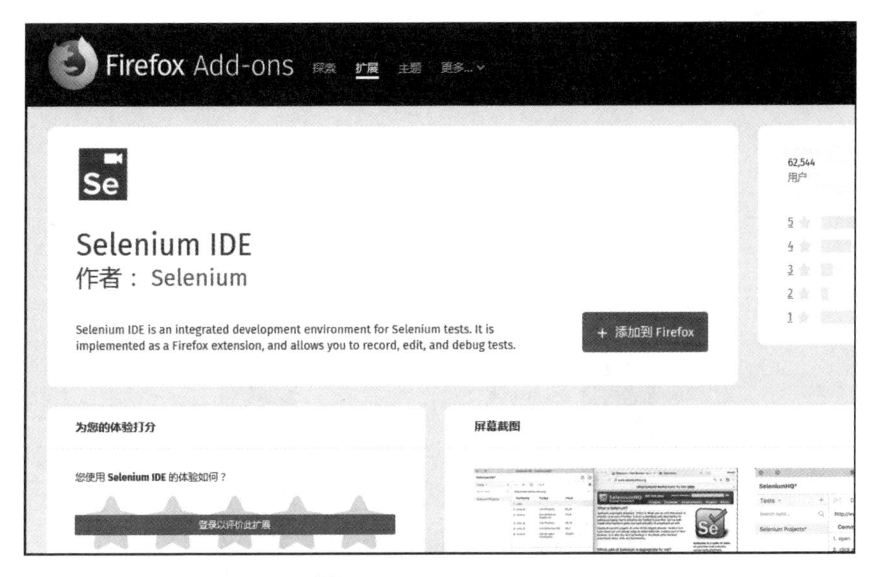

图 13.2　Firefox Add-ons

13.1.2　Selenium IDE 录制与回放

首次打开该工具的时候，会给用户 4 个选择，分别是在新的项目录制一个新的测试、打开一个存在的项目、创建一个新的项目和关闭 Selenium IDE，意思非常清晰，根据需要选择即可，如图 13.3 所示。

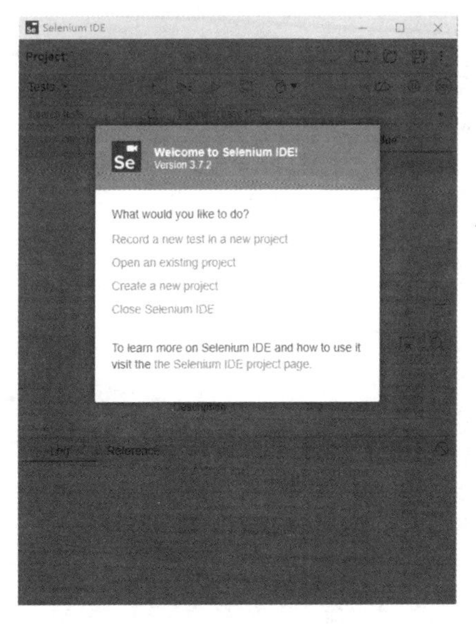

图 13.3　Selenium IDE

以第一个选项为例，单击 Record a new test in a new project，系统跳转到输入项目名称的对话框，在此处输入一个适合自己项目的名称即可，该名称是可以修改的（如 automation），如图 13.4 所示。

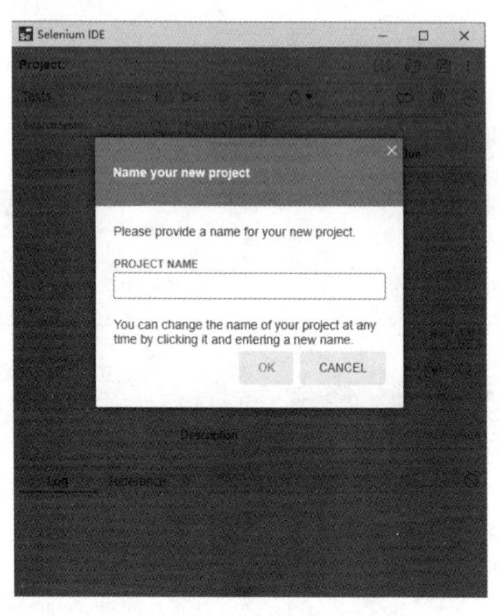

图 13.4　PROJECT NAME

单击 OK 按钮，页面跳转到所属的 BASE URL 的对话框，此处输入被测系统的首页地址即可（如输入 http://www.baidu.com），如图 13.5 所示。

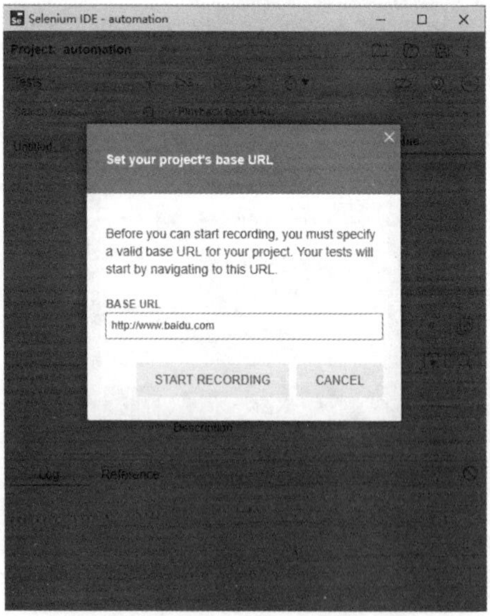

图 13.5　BASE URL

单击 START RECORDING 按钮即可开始录制，浏览器会自动打开用户所属的 BASE URL，然后记录用户后续的所有操作，并且生成脚本，当用户完成操作后，切换到 Selenium IDE 的窗口，单击右上角的 Stop Recording 按钮即可结束录制，如图 13.6 所示。

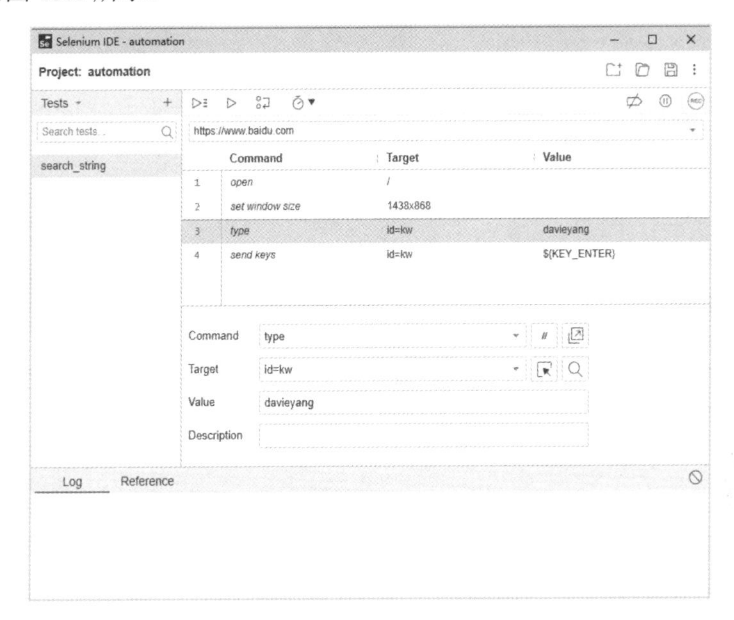

图 13.6　Stop Recording

在 TEST NAME 文本框中输入该用例的名称，单击 OK 按钮即可完成一条录制，然后在 Selenium IDE 窗口的工具栏中有回放相关的以及回放速度相关的功能可供使用，并且系统在回放的时候会在窗口下方记录日志，读者朋友可自行练习。

13.2　Katalon Recorder

笔者强烈推荐的辅助工具是 Katalon Recorder，它由 Katalon LLC 提供，不但支持对页面操作的录制回放，以及测试集合和测试用例的组织方式，而且它还支持若干主流语言的脚本导出，能够使用户的代码编写速度大大提升。

13.2.1　Katalon Recorder 下载

与 Selenium IDE 一样，访问谷歌商店或者使用 Firefox 访问其扩展组件页面，都可以轻松检索到 Katalon Recorder，然后直接单击“添加至 Chrome”或者“添加到 Firefox”按钮，这与获取 Selenium IDE 的方法如出一辙。

13.2.2 Katalon Recorder 录制与回放

打开 Katalon Recorder 窗口，如图 13.7 所示。首先单击 New 按钮，创建 Test Suites 和 Test Case；然后单击 Record 按钮；回到页面操作即可完成录制。完成录制后，再次回到 Katalon Recorder 窗口单击 Stop 按钮即可停止录制，单击 Play 按钮可以回放单一测试用例、单击 Play Suite 按钮可以回放整个 Test Suites 的机制、单击 Play All 按钮可以执行所有用例。

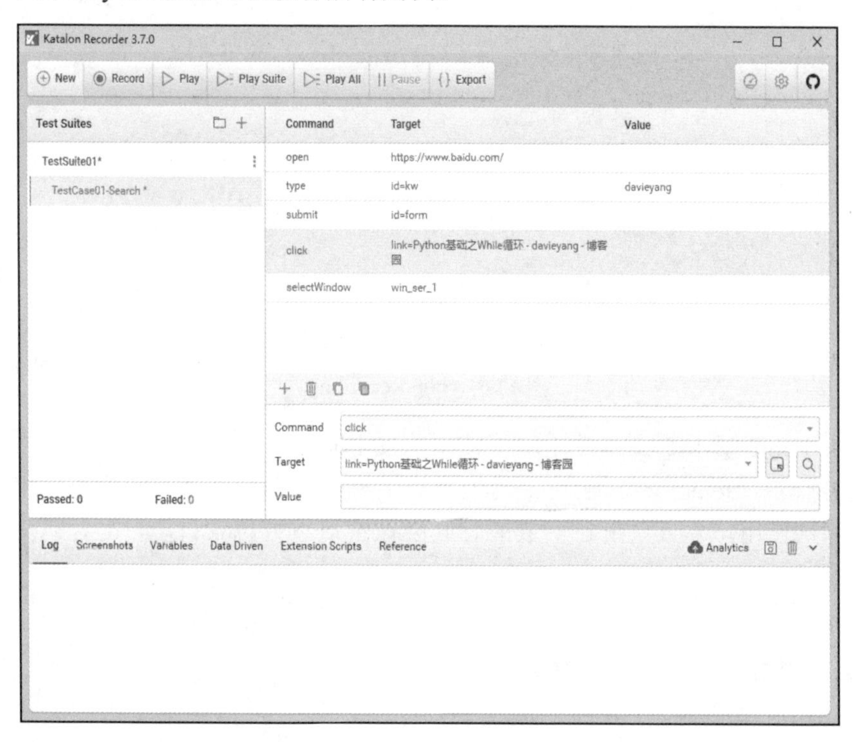

图 13.7　Katalon Recorder 窗口

同样，在回放的时候，在 Katalon Recorder 窗口的下方会生成执行日志。

13.2.3 测试脚本导出

与 Selenium IDE 最大的不同是，Katalon Recorder 在工具栏上能看到一个{}Export 按钮，单击该按钮，便可导出测试脚本，如图 13.8 所示。

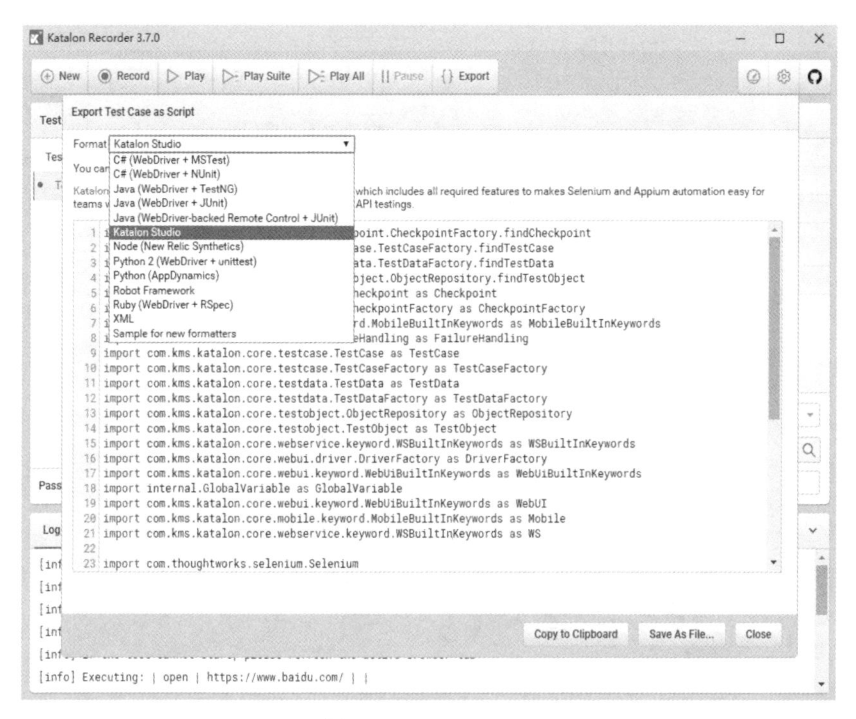

图 13.8　Export code

在 Format 列表中能看到，它支持多种语言以及多种单元测试框架组合的导出，如 C#（MSTest/NUnit）、Java（TestNG/JUnit）。不幸的是，它对于 Python 的支持目前只到 Python 2，导出之后可能还需要进行少许修改。例如，导出的一段在百度检索字符串的代码如下所示。

```
#-*- coding: utf-8 -*-
from selenium import webdriver
from selenium.webdriver.common.by import By
from selenium.webdriver.common.keys import Keys
from selenium.webdriver.support.ui import Select
from selenium.common.exceptions import NoSuchElementException
from selenium.common.exceptions import NoAlertPresentException
import unittest, time, re
class TestCase01Search(unittest.TestCase):
    def setUp(self):
        self.driver = webdriver.Firefox()
        self.driver.implicitly_wait(30)
        self.base_url = "https://www.katalon.com/"
        self.verificationErrors = []
        self.accept_next_alert = True
    def test_case01_search(self):
        driver = self.driver
```

```
        driver.get("https://www.baidu.com/")
        driver.find_element_by_id("kw").clear()
        driver.find_element_by_id("kw").send_keys("davieyang")
        driver.find_element_by_id("form").submit()
        driver.find_element_by_link_text(u"Python基础之While循环 - davieyang - 博客园").click()
    def is_element_present(self, how, what):
        try: self.driver.find_element(by=how, value=what)
        except NoSuchElementException as e: return False
        return True
    def is_alert_present(self):
        try: self.driver.switch_to_alert()
        except NoAlertPresentException as e: return False
        return True
    def close_alert_and_get_its_text(self):
        try:
            alert = self.driver.switch_to_alert()
            alert_text = alert.text
            if self.accept_next_alert:
                alert.accept()
            else:
                alert.dismiss()
            return alert_text
        finally: self.accept_next_alert = True
    def tearDown(self):
        self.driver.quit()
        self.assertEqual([], self.verificationErrors)
if __name__ == "__main__":
    unittest.main()
```

上面导出来的代码非常标准，然而在经过前面章节的训练后，希望读者朋友根本无须它的帮助。

13.3 ChroPath

ChroPath 是由 autonomiq.io 提供的一款获取页面元素定位信息的浏览器插件，能够帮助用户快速地获取元素定位信息表达式，虽不能帮助用户提升编写代码的速度，但可在用户获取页面元素的时候提供帮助，变相地提升快速构建测试代码的效率。

13.3.1 获取 ChroPath

与 Selenium IDE 和 Katalon Recorder 一样，访问谷歌商店或者使用 Firefox 访问

其扩展组件页面，都可以轻松检索到 ChroPath，然后直接单击“添加至 Chrome”或者“添加到 Firefox”按钮，这与操作前两个工具是一样的。

13.3.2　ChroPath 获取 XPath 和 CSS 定位

这款工具在 Chrome 和 Firefox 两个浏览器上的使用方式大致相同，首先介绍它在 Firefox 上的使用方法，添加了该插件后，按 F12 键，打开 Firefox 的开发者工具便可以发现 ChroPath 已经显示在工具栏的最后了，如图 13.9 所示。

图 13.9　ChroPath on Firefox

单击激活左侧的 Inspect，再单击页面上想要获取的页面元素，便可以获取该元素的相对 XPath 地址、绝对 XPath 地址以及 CSS Selector，如图 13.10 所示。

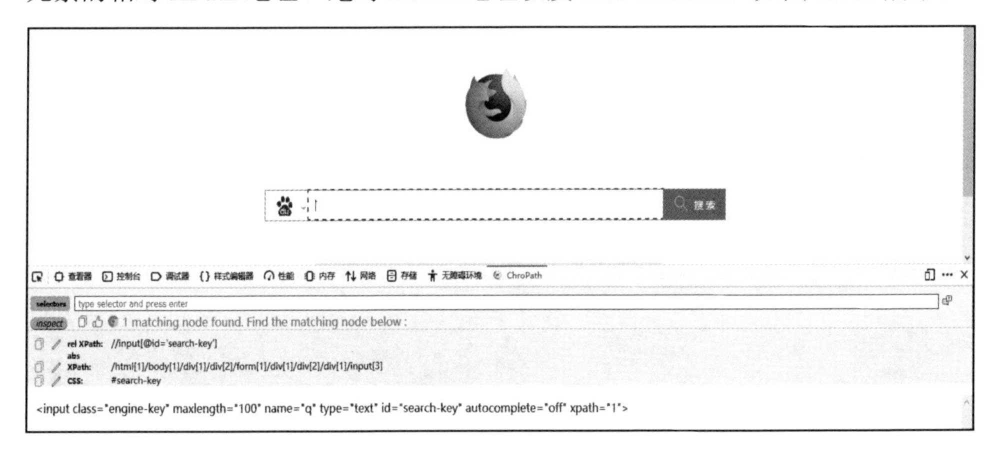

图 13.10　Inspect

而在 Chrome 浏览器上，按 F12 键打开开发者工具，先要打开工具栏上的 Elements，然后右侧会出现新的工具栏，ChroPath 就排列在最后端，如图 13.11 所示。

打开 ChroPath，然后再去左侧 HTML 元素中单击某个元素，ChroPath 便会自动显示相对 XPath 地址、绝对 XPath 地址以及 CSS Selector。

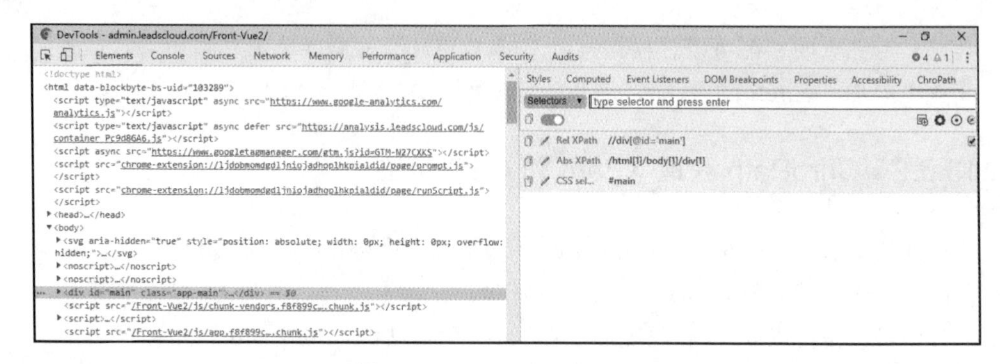

图 13.11 ChroPath on Chrome

13.4 本章小结

当进行页面元素定位时，使用上述工具进行辅助还是有一些必要的。实际上辅助工具有很多，然而笔者仍建议读者能够手写就手写，尽量少借助工具辅助，如果非要使用工具辅助，挑一两款用熟悉了即可，毕竟工具五花八门，尽量不要在工具上浪费精力。

第 14 章　Jenkins 持续集成

持续集成是敏捷开发模式下不可或缺且非常重要的组成部分，本章将详细介绍如何使用 Jenkins 创建任务，以及它如何与 Github 相结合实现 CICD。

14.1　Jenkins 安装

Jenkins 官方下载地址为 https://jenkins.io/download，其中会有几个列表分别列出几个版本的下载链接，如图 14.1 所示，下载 Windows 版即可。

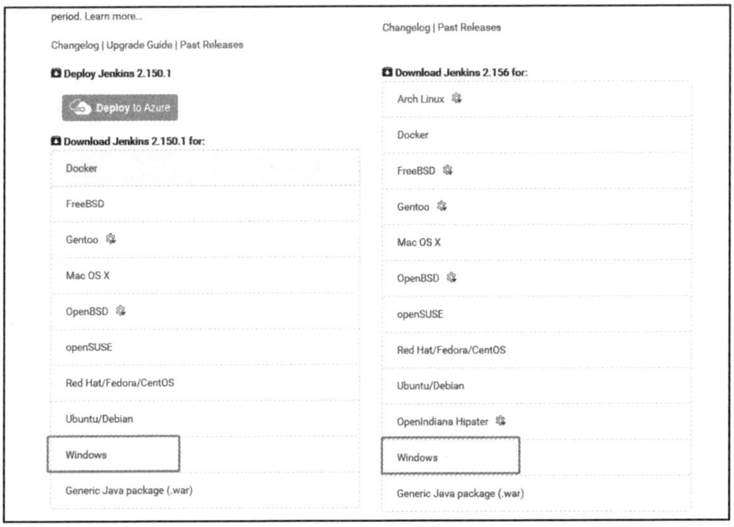

图 14.1　Jenkins 下载

下载完成后，解压，双击.exe 文件安装，根据系统提示，每次单击“下一步”按钮即可完成，安装完成后会启动 Jenkins 服务，浏览器会打开 http://localhost:8080/ login?from=%2F，如图 14.2 所示。

根据对话框提示先要输入管理员的初始密码，这个密码保存在 C:\Program Files (x86)\Jenkins\secrets\initialAdminPassword 中，读者只需找到对话框提示的路径，用“记事本”打开文件，将密码复制粘贴进去，然后单击 Continue 按钮，系统会跳转进行更新检查。如果出现如图 14.3 所示对话框，则说明检查更新的时候连不上更新地址，那么找到 Jenkins 的安装目录 C:\Program Files (x86)\Jenkins 下的 hudson.model.UpdateCenter.xml 文件，将文件中的 https 改为 http 并保存。

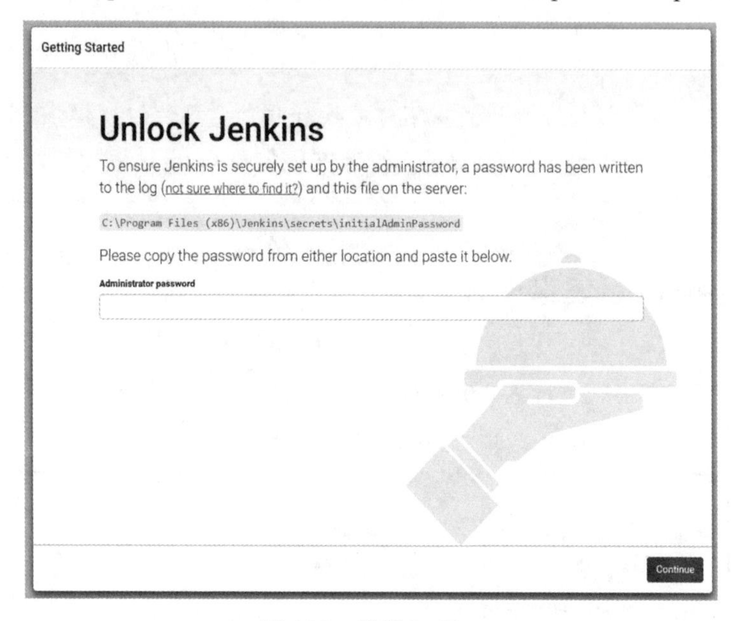

图 14.2　配置 Jenkins

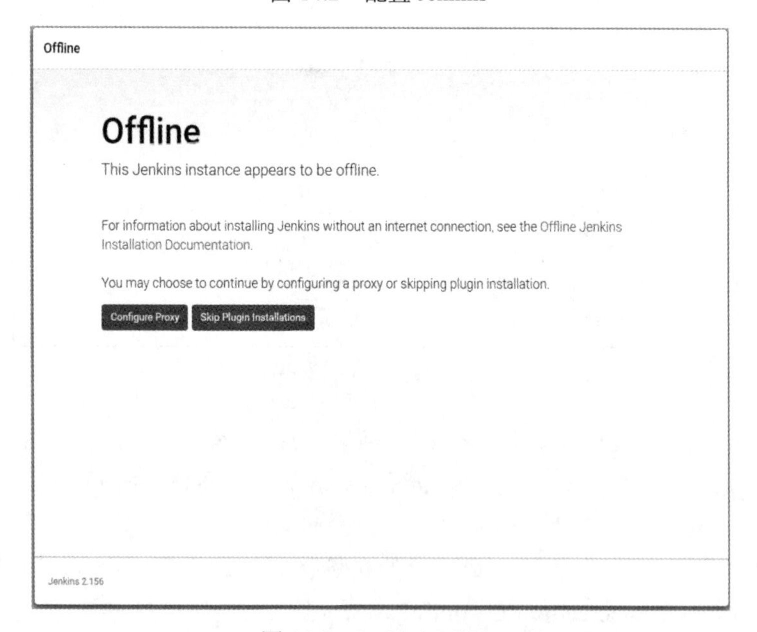

图 14.3　Jenkins Offline

然后运行 services.msc 命令打开本地服务，找到 Jenkins 服务，右击，从弹出的快捷菜单中选择“重新启动”命令，如图 14.4 所示。

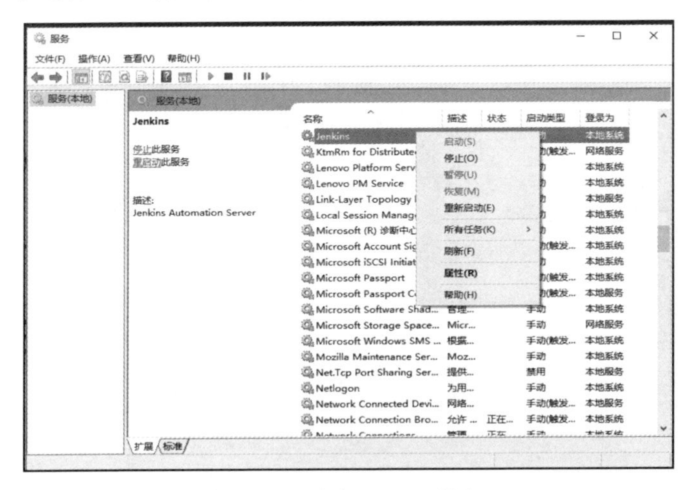

图 14.4　重启 Jenkins 服务

然后刷新 localhost:8080 页面，等待系统再次进入输入管理员初始密码对话框，输入之前输入管理员初始密码，单击 Continue 按钮，窗口就能正常显示，如图 14.5 所示。单击其中第二个方块，打开后的内容是让用户选择需要给 Jenkins 安装什么插件；第一个方块是执行安装插件的过程，此处直接单击第一个方块即可。

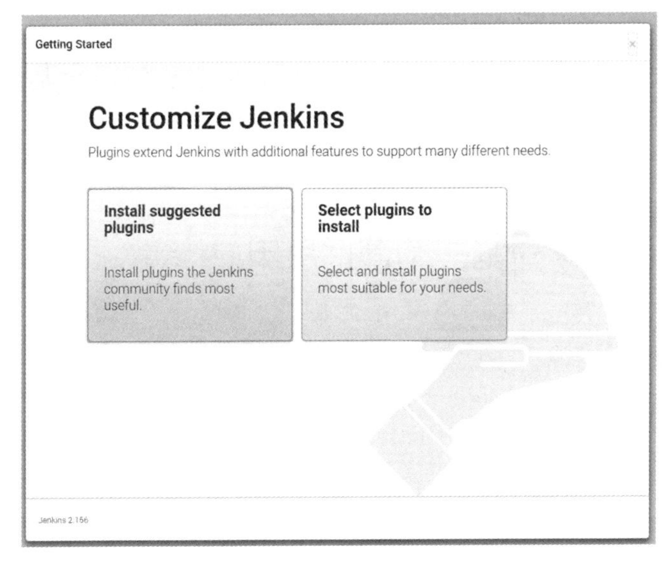

图 14.5　安装 Jenkins 插件

然后只需静静等待系统完成插件安装即可，如图 14.6 所示。

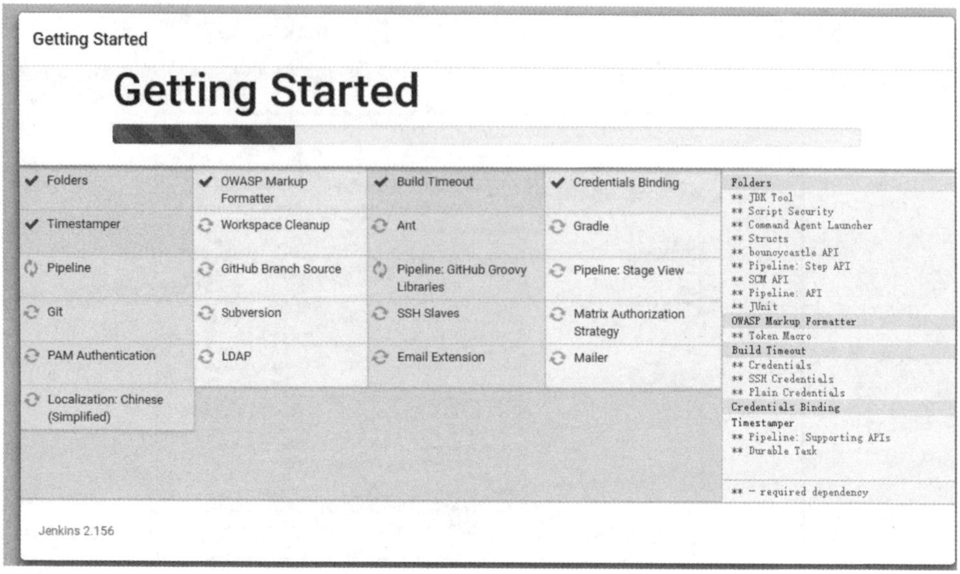

图 14.6　安装插件过程

14.2　配置 Jenkins

安装完成后，系统会跳转到如图 14.7 所示的对话框，让用户创建一个新的管理员账号，按需输入即可，单击右下角的 Save and Continue 按钮，此处如果单击 Continue as admin 按钮，意味着并没有创建新的管理员账号，而是使用 admin 来登录，密码为初始密码。

图 14.7　创建管理员

跳转到配置 Jenkins 的 URL 界面，如图 14.8 所示。根据需要配置即可，注意端口不要冲突了。

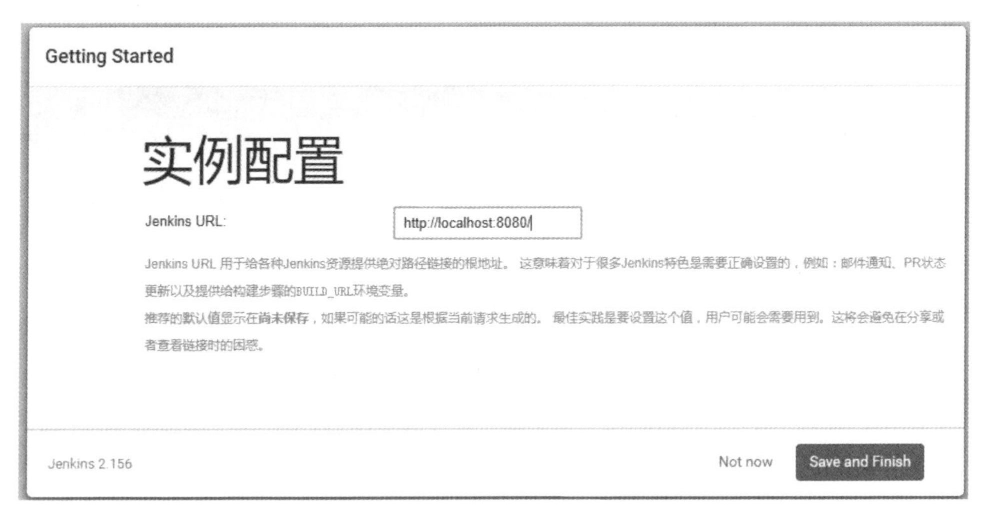

图 14.8　配置 URL

单击 Save and Finish 按钮即可完成 Jenkins 服务的配置。系统跳转到如图 14.9 所示界面，单击 Start using Jenkins 按钮启动 Jenkins 服务。

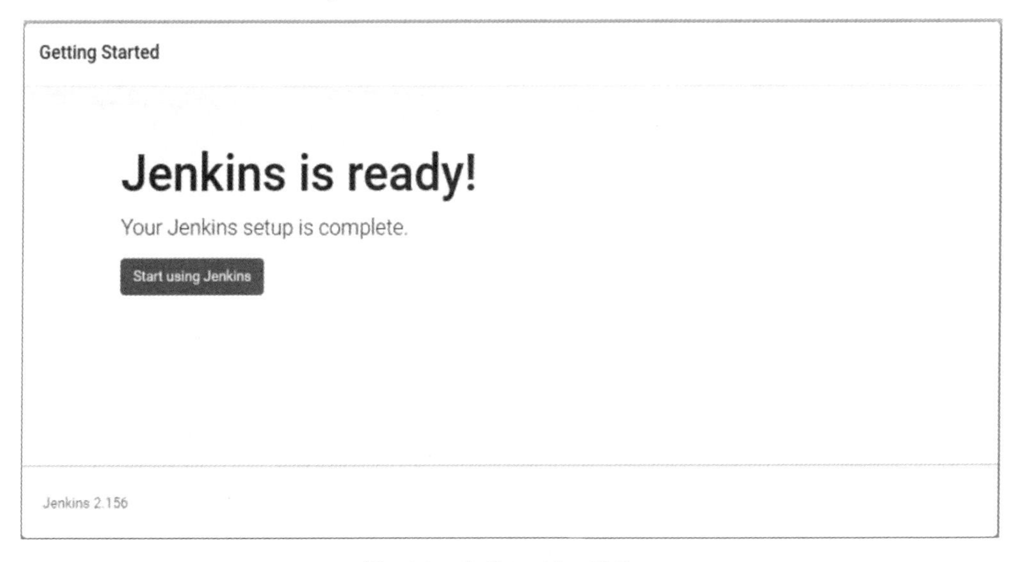

图 14.9　启动 Jenkins 服务

用自己创建的管理员账号密码登录或者使用默认的管理员账号密码登录即可。

14.3 Jenkins 创建任务

登录成功后，单击“开始创建一个新任务”按钮，如图 14.10 所示。

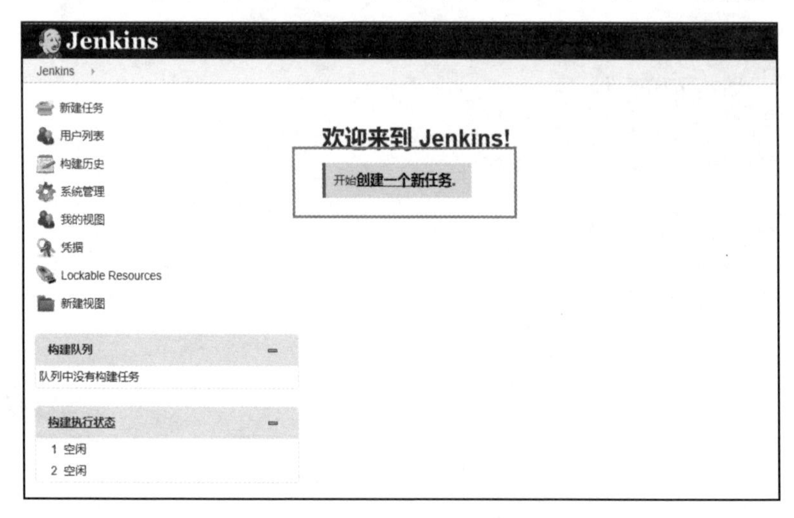

图 14.10　创建一个新任务

此处选择“构建一个自由风格的软件项目”，单击“确定”按钮，如图 14.11 所示。

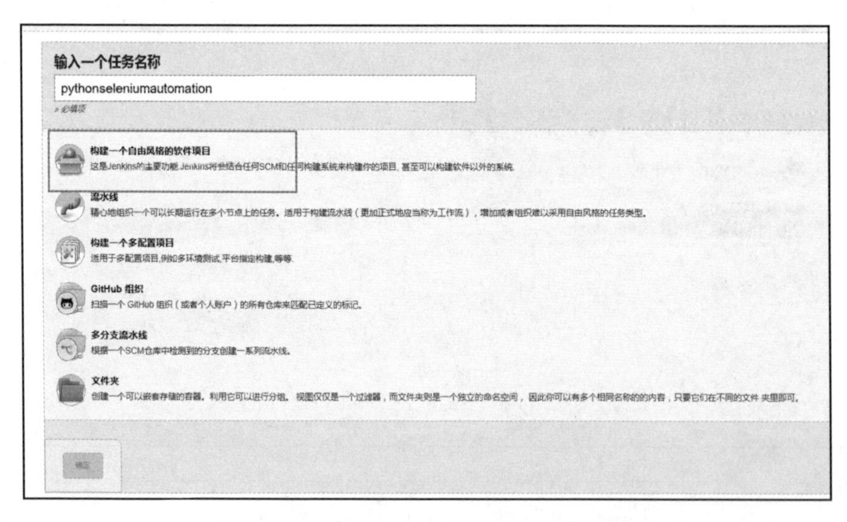

图 14.11　构建一个自由风格的软件项目

找到“构建”板块，选择“执行 Windows 批处理命令”选项即可，如图 14.12 所示。

构建

增加构建步骤

Invoke Ant
Invoke Gradle script
Run with timeout
Set build status to "pending" on GitHub commit
执行 Windows 批处理命令
执行 shell
调用顶层 Maven 目标

保存 应用

图 14.12 构建——Windows 批处理命令

输入需要执行的命令，如图 14.13 所示。

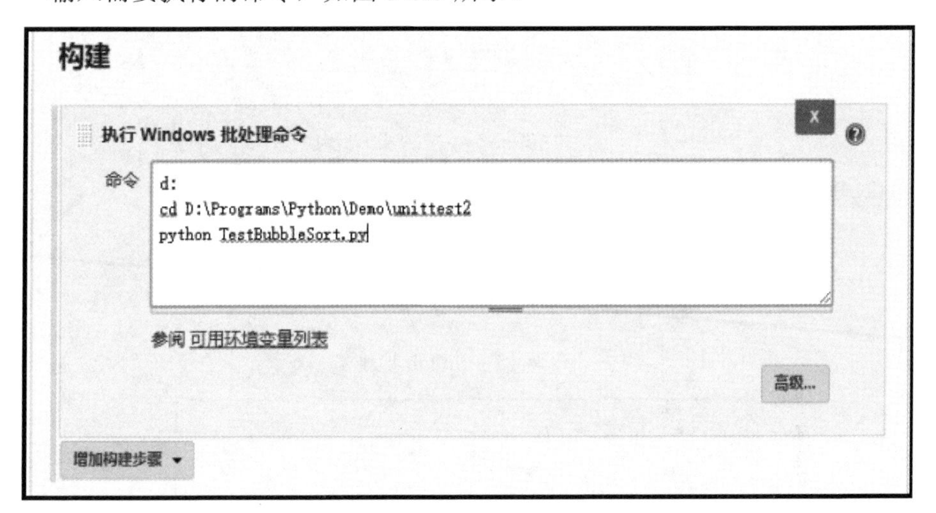

图 14.13 Windows 批处理命令

此处输入的命令实际上就是用户想执行哪个路径下的代码，就像在命令行完成的过程一样，将命令写入这个文本框内即可。然后单击按钮，启动任务，如图 14.14 所示。

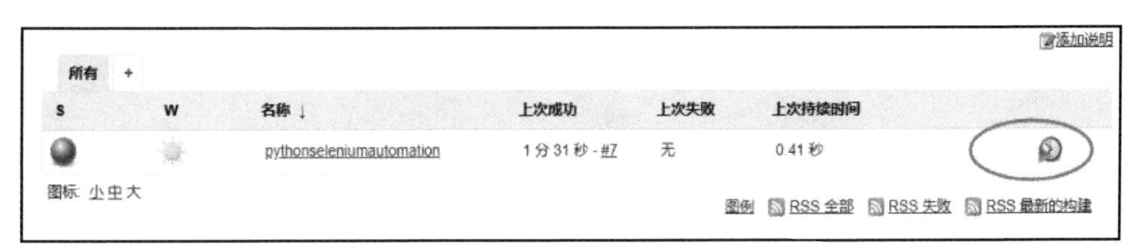

图 14.14 启动任务

14.4 配置 Github

现在已经可以执行本地的代码了，接下来的任务便是给 Jenkins 配置代码仓库。切换到 Jenkins 窗口的“源码管理”选项卡，输入源码仓库的 Github 地址，此处要确定地址是正确的、确实可以复制粘贴的地址，如图 14.15 所示。

然后添加身份认证，并输入访问 Github 源码仓库的账号及密码，如图 14.16 所示。

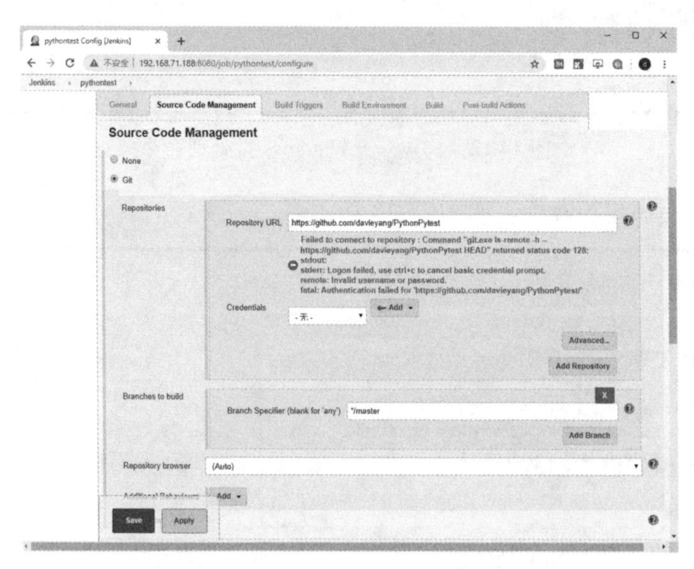

图 14.15　Github 地址

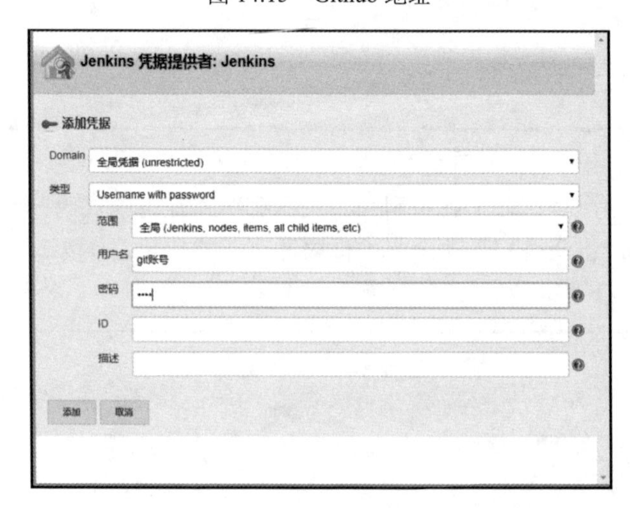

图 14.16　配置 Github 账号和密码

配置保存后，单击“立即构建”按钮，查看控制台工作是否正常并且查看 Jenkins 目录 C:\Program Files (x86)\Jenkins\workspace 下是否在下载代码，如图 14.17 所示。

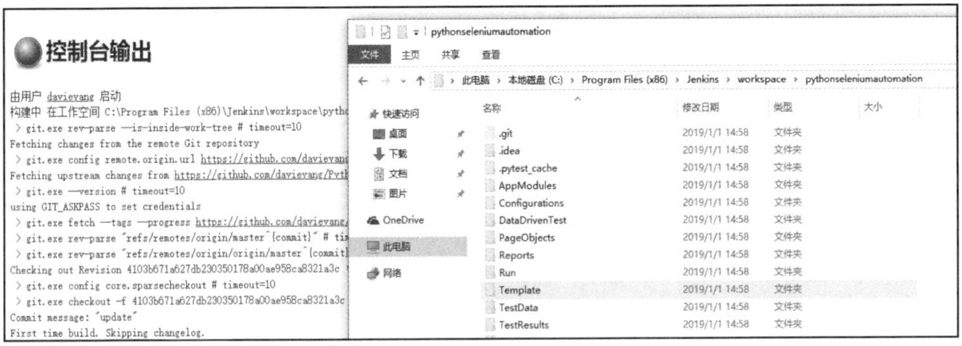

图 14.17　同步代码

如果在下载代码说明配置成功，代码配置成功后，可以按前面介绍的执行本地代码的方式配置“构建”里的命令执行了 。

14.5　本章小结

毫无疑问，Jenkins 的功能极其强大，在自动化测试方面能用到的 Jenkins 功能并不是很多，实际上在配置 Jenkins 执行测试代码的逻辑只有两个部分，第一部分是将代码从源码仓库中同步下来；第二部分便是执行测试代码。

单元测试框架的存在可以让用户灵活地执行想要执行的代码，此处如果读者朋友感到陌生，那么请回顾一下第 6 章的内容。

第 15 章　Selenium Grid 分布式自动化测试

到目前为止，虽然已经学到了足够多的自动化测试知识，然而有些场景是所学的自动化测试知识无法轻易覆盖到的。例如，需要同时在不同的操作系统中测试多种、多个版本的浏览器。

Selenium Grid 为用户提供了帮助，它能够让用户在不同的机器上以分布式的方式运行自动化测试用例。本章将详细介绍如何完成上述场景的测试。

15.1　环境准备

所谓分布式执行测试用例，也就是在一台机器上执行代码，通过 Selenium Grid 的机制它会驱动与之关联的多台机器，执行相同的任务或者不同的任务，如图 15.1 所示，一台机器称为 HUB，被驱动的机器称为 Node1、Node2 和 Node3。

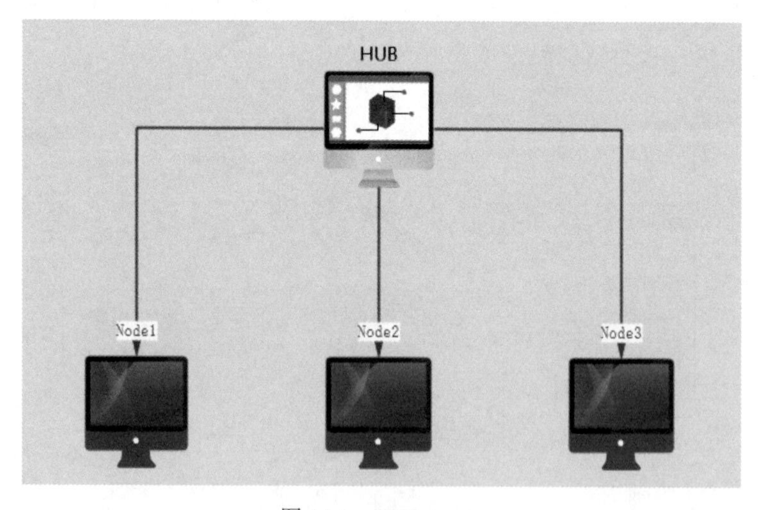

图 15.1　HUB-Node

15.1.1　下载并配置 JDK

Selenium Grid 需要 JDK 的环境支持，用浏览器打开网址 https://www.oracle.com/technetwork/java/javase/downloads/jdk8-downloads-2133151.html，根据自己的操作系统下载对应版本的 JDK，安装 JDK 的过程均使用系统默认配置即可。

安装完成后配置 JDK 的 3 个环境变量，首先配置 JAVA_HOME，如图 15.2 所示。新建一个系统变量，“变量名”为 JAVA_HOME，“变量值”为所安装的 JDK 路径。

图 15.2　JAVA_HOME

然后配置 CLASSPATH，如图 15.3 所示。新建一个系统变量，“变量名”为 CLASSPATH，“变量值”为.;%JAVA_HOME%\lib;%JAVA_HOME%\lib\tools.jar。

图 15.3　CLASSPATH

最后配置 Path，如图 15.4 所示。在系统变量中找到变量 Path，并双击，在“变量值”的开头加上“%JAVA_HOME%\bin;%JAVA_HOME%\jre\bin;”。

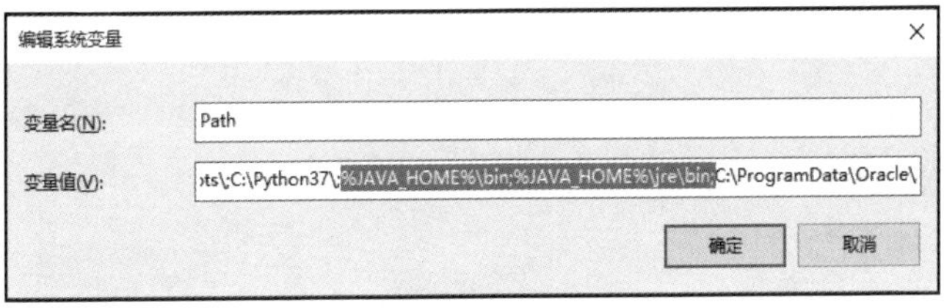

图 15.4　Path

启动命令行，在命令行中分别运行 java –version 和 javac 命令，图 15.5 和图 15.6 中系统显示的信息表示 JDK 配置正确。

```
C:\Windows\system32\cmd.exe
Microsoft Windows [版本 10.0.10240]
(c) 2015 Microsoft Corporation. All rights reserved.

C:\Users\davieyang>java -version
java version "1.8.0_211"
Java(TM) SE Runtime Environment (build 1.8.0_211-b12)
Java HotSpot(TM) 64-Bit Server VM (build 25.211-b12, mixed mode)

C:\Users\davieyang>
```

图 15.5　验证 JDK 步骤 1

```
管理员: C:\Windows\system32\cmd.exe
Microsoft Windows [版本 10.0.10240]
(c) 2015 Microsoft Corporation. All rights reserved.

C:\Users\Administrator>javac
用法: javac <options> <source files>
其中, 可能的选项包括:
  -g                         生成所有调试信息
  -g:none                    不生成任何调试信息
  -g:{lines,vars,source}     只生成某些调试信息
  -nowarn                    不生成任何警告
  -verbose                   输出有关编译器正在执行的操作的消息
  -deprecation               输出使用已过时的 API 的源位置
  -classpath <路径>            指定查找用户类文件和注释处理程序的位置
  -cp <路径>                   指定查找用户类文件和注释处理程序的位置
  -sourcepath <路径>           指定查找输入源文件的位置
  -bootclasspath <路径>        覆盖引导类文件的位置
  -extdirs <目录>              覆盖所安装扩展的位置
  -endorseddirs <目录>         覆盖签名的标准路径的位置
  -proc:{none,only}          控制是否执行注释处理和/或编译。
  -processor <class1>[,<class2>,<class3>...] 要运行的注释处理程序的名称; 绕过默认的搜索进程
  -processorpath <路径>        指定查找注释处理程序的位置
  -parameters                生成元数据以用于方法参数的反射
  -d <目录>                    指定放置生成的类文件的位置
  -s <目录>                    指定放置生成的源文件的位置
  -h <目录>                    指定放置生成的本机标头文件的位置
  -implicit:{none,class}     指定是否为隐式引用文件生成类文件
  -encoding <编码>             指定源文件使用的字符编码
  -source <发行版>              提供与指定发行版的源兼容性
  -target <发行版>              生成特定 VM 版本的类文件
  -profile <配置文件>            请确保使用的 API 在指定的配置文件中可用
  -version                   版本信息
  -help                      输出标准选项的提要
  -A关键字[=值]                  传递给注释处理程序的选项
  -X                         输出非标准选项的提要
  -J<标记>                     直接将 <标记> 传递给运行时系统
  -Werror                    出现警告时终止编译
  @<文件名>                      从文件读取选项和文件名


C:\Users\Administrator>
```

图 15.6　验证 JDK 步骤 2

15.1.2　下载并运行 selenium-server-standalone

首先启动命令行并运行 pip show selenium 命令，查看机器上的 Selenium 版本，如图 15.7 所示。

然后通过地址 https://selenium-release.storage.googleapis.com/index.html?path=3.141/下载与 Selenium 版本相同的 selenium-server-standalone，如图 15.8 所示。

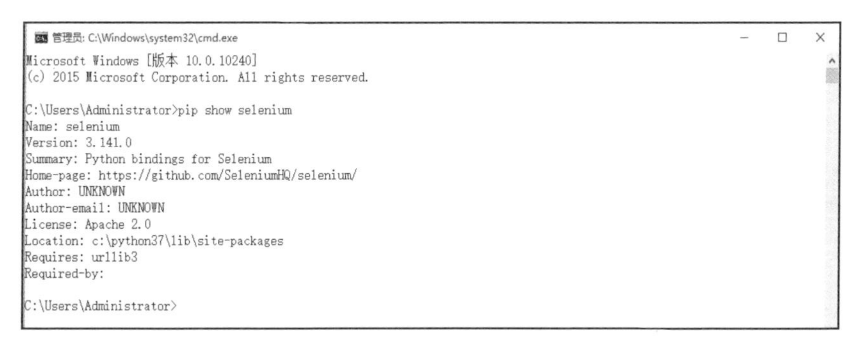

图 15.7 Selenium 版本

https://selenium-release.storage.googleapis.com/index.html?path=3.141/

Index of /3.141/

Name	Last modified	Size	ETag
Parent Directory		-	
IEDriverServer_Win32_3.141.0.zip	2018-10-31 20:54:32	1.04MB	564eae5d205068327aaa7c65e392b9ff
IEDriverServer_Win32_3.141.5.zip	2019-01-14 18:00:04	1.03MB	ef3b84e595058759e317d77a7fd3e00c
IEDriverServer_Win32_3.141.59.zip	2019-04-10 18:12:30	1.04MB	06c36edba50adb4173849804558b370c
IEDriverServer_x64_3.141.0.zip	2018-10-31 20:54:33	1.14MB	449d5527081f674d1cec16a2fc587e6b
IEDriverServer_x64_3.141.5.zip	2019-01-14 18:00:05	1.14MB	a03bcc25909c8e5e9996c3a9ff8cfdf6
IEDriverServer_x64_3.141.59.zip	2019-04-10 18:12:30	1.17MB	f0df9fa124bdf9650b32e25387529931
selenium-dotnet-3.141.0.zip	2018-10-31 20:54:30	5.21MB	4ffd3da4bb4cd7854571a7949835cd2d
selenium-dotnet-strongnamed-3.141.0.zip	2018-10-31 20:54:32	5.21MB	1789a8e45dbb97415631f87a5dd742b0
selenium-html-runner-3.141.0.jar	2018-10-31 20:23:48	12.94MB	3eeae3c319b64bf201dafd92ae41354f
selenium-html-runner-3.141.5.jar	2018-11-06 11:59:39	12.94MB	16436d5ad035909cdf067826bc8dcf1e
selenium-html-runner-3.141.59.jar	2018-11-14 08:27:09	12.94MB	1d825010548595a2f1ec18405d9475da
selenium-java-3.141.0.zip	2018-10-31 20:23:38	7.20MB	237cfa338f827e3882e4b75e1b9eb53a
selenium-java-3.141.5.zip	2018-11-06 11:59:30	7.19MB	5700bf4c5a156217523a4a0e208fd247
selenium-java-3.141.59.zip	2018-11-14 08:26:59	7.19MB	c32219ff3b2a995bbe131696b9baca12
selenium-server-3.141.0.zip	2018-10-31 20:23:33	9.98MB	2e2b827fa6359ad821c881d37719aefa
selenium-server-3.141.5.zip	2018-11-06 11:59:24	9.96MB	a9cfa9f98382d6499246b7aced49ae4b
selenium-server-3.141.59.zip	2018-11-14 08:26:53	9.98MB	18e2559bf9d6b1b9c3bcdb9e40d7841a
selenium-server-standalone-3.141.0.jar	2018-10-31 20:23:25	10.16MB	f6530e753173ef3df51f7911315acd5e
selenium-server-standalone-3.141.5.jar	2018-11-06 11:59:16	10.15MB	af67f1e9edd8b7e66f586380660d0fcf
selenium-server-standalone-3.141.59.jar	2018-11-14 08:26:46	10.16MB	947e57925b4185ae04d03ceec175a34a

图 15.8 selenium-server-standalone

15.2 HUB 与 Node

整个 Selenium Grid 的环境中 HUB 机器作为中枢，是一个指令集散地，要通过它将执行任务的指令分发到各个 Node 机器上去完成。

15.2.1 启动 HUB

启动命令行，将命令行的路径引导到存储 selenium-server-standalone 的路径下并输入以下命令启动 HUB。

```
Java -jar selenium-server-standalone-3.141.0.jar -role hub
-maxSession 10 -port 8888
```

结果如图 15.9 所示，则表示启动成功。

```
C:\Users\davieyang\Desktop>java -jar selenium-server-standalone-3.141.0.jar -role hub -maxSession 10 -port 8888
01:32:44.677 INFO [GridLauncherV3.parse] - Selenium server version: 3.141.0, revision: 2ecb7d9a
01:32:44.887 INFO [GridLauncherV3.lambda$buildLaunchers$5] - Launching Selenium Grid hub on port 8888
2019-06-05 01:32:45.742:INFO::main: Logging initialized @1875ms to org.seleniumhq.jetty9.util.log.StdErrLog
01:32:46.246 INFO [Hub.start] - Selenium Grid hub is up and running
01:32:46.256 INFO [Hub.start] - Nodes should register to http://192.168.1.10:8888/grid/register/
01:32:46.256 INFO [Hub.start] - Clients should connect to http://192.168.1.10:8888/wd/hub
```

图 15.9　启动 HUB

在命令行中有几个重要的参数，-role hub 表示启动的是 HUB 不是 Node；-maxSession 10 表示最大的会话请求是 10；　-port 8888 表示 HUB 运行的端口。

启动成功后，用浏览器打开地址 http://localhost:8888/grid/console，能看到页面如图 15.10 所示，此时因为没有任何 Node 链接，只能看到一个 HUB 自身的 Config 信息。

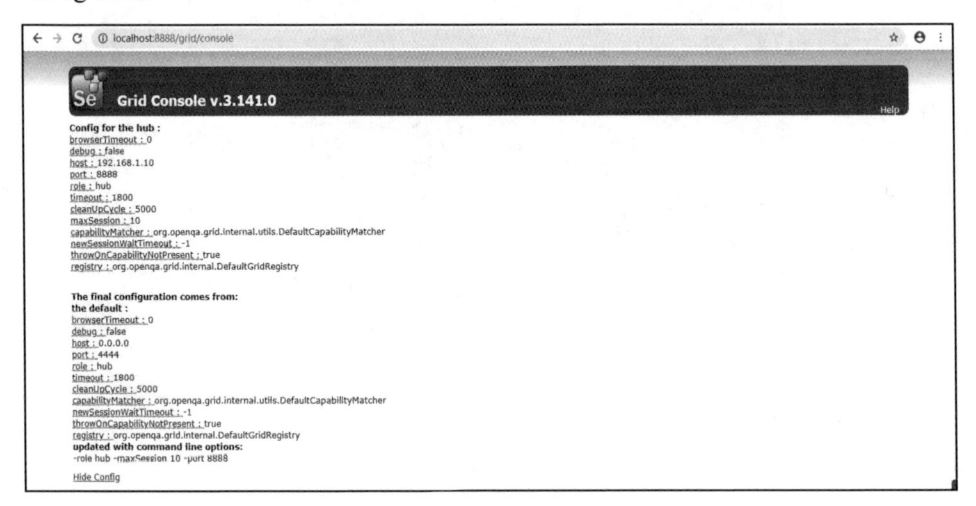

图 15.10　Grid Console

表 15.1 所示是启动 HUB 时一些重要参数，此处笔者仅列出一些常用的而且重要的命令行启动参数。

表 15.1　HUB 端启动 selenium-server-standalone 参数

参　数	描　述
-role hub	表示当前启动的是 HUB 不是 Node
-hubConfig jsonFile	可以将参数放到 JSON 文件中，用该参数将 JSON 文件引入命令行
-port	HUB 监听的端口号
-host	HUB 的 ip
-newSessionWaitTimeout	指定新的测试 session 等待执行的时间间隔，系统默认值为-1
-browserTimeout	浏览器无响应等待时间

15.2.2 启动 Node

Node 既可以是另外一台机器，也可以和 HUB 是同一台机器，如果 Node 是另外一台机器，那么它也需要与 HUB 机器一样的基础环境，需要安装 Python、Selenium、JDK 和 selenium-server-standalone.xx.jar 等，只要保持和 HUB 机器环境一样即可。

既然是分布式，实际情况中 Node 大多数情况下会是新的机器，在 Node 机器中配置好基础环境后，启动命令行，将命令行路径引导到 selenium-server-standalone 所在路径下，然后执行以下命令配置 Chrome 浏览器。结果如图 15.11 所示，则表示执行成功。

```
Java -Dwebdriver.chrome.driver=C:/Python37/chromedriver.exe -jar
selenium-server-standalone-3.141.0.jar -role webdriver -hub
http://192.168.1.10:8888/grid/register -browser
browserName=chrome -port 7777
```

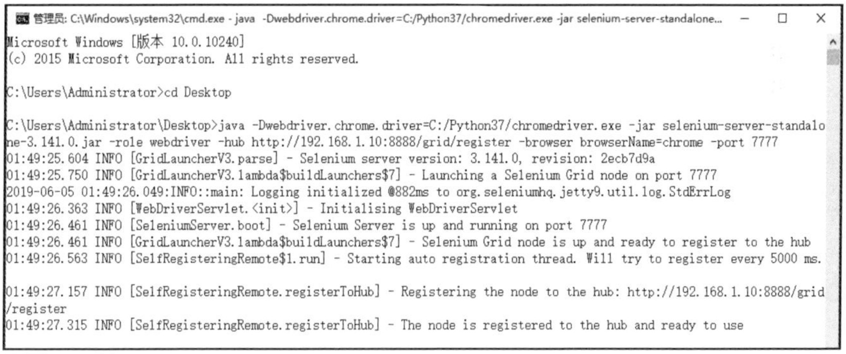

```
管理员: C:\Windows\system32\cmd.exe - java -Dwebdriver.chrome.driver=C:/Python37/chromedriver.exe -jar selenium-server-standalone...
Microsoft Windows [版本 10.0.10240]
(c) 2015 Microsoft Corporation. All rights reserved.

C:\Users\Administrator>cd Desktop

C:\Users\Administrator\Desktop>java -Dwebdriver.chrome.driver=C:/Python37/chromedriver.exe -jar selenium-server-standalo
ne-3.141.0.jar -role webdriver -hub http://192.168.1.10:8888/grid/register -browser browserName=chrome -port 7777
01:49:25.604 INFO [GridLauncherV3.parse] - Selenium server version: 3.141.0, revision: 2ecb7d9a
01:49:25.750 INFO [GridLauncherV3.lambda$buildLaunchers$7] - Launching a Selenium Grid node on port 7777
2019-06-05 01:49:26.049:INFO::main: Logging initialized @882ms to org.seleniumhq.jetty9.util.log.StdErrLog
01:49:26.363 INFO [WebDriverServlet.<init>] - Initialising WebDriverServlet
01:49:26.461 INFO [SeleniumServer.boot] - Selenium Server is up and running on port 7777
01:49:26.461 INFO [GridLauncherV3.lambda$buildLaunchers$7] - Selenium Grid node is up and ready to register to the hub
01:49:26.563 INFO [SelfRegisteringRemote$1.run] - Starting auto registration thread. Will try to register every 5000 ms.

01:49:27.157 INFO [SelfRegisteringRemote.registerToHub] - Registering the node to the hub: http://192.168.1.10:8888/grid
/register
01:49:27.315 INFO [SelfRegisteringRemote.registerToHub] - The node is registered to the hub and ready to use
```

图 15.11 启动 Node（1）

返回，发现 HUB 机器的命令行中新增了一条 Registered a node 的信息，如图 15.12 所示。

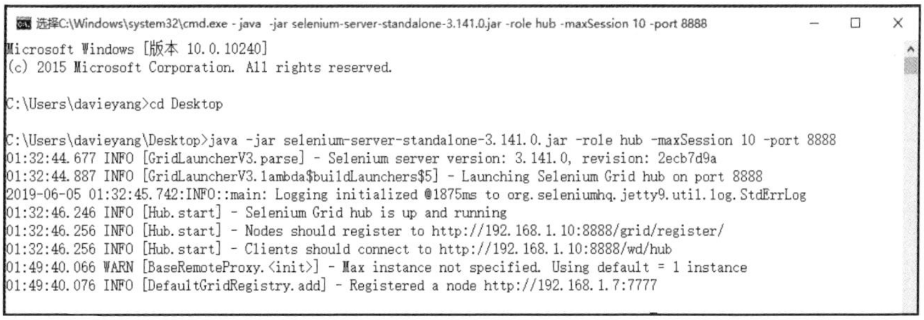

```
选择C:\Windows\system32\cmd.exe - java -jar selenium-server-standalone-3.141.0.jar -role hub -maxSession 10 -port 8888
Microsoft Windows [版本 10.0.10240]
(c) 2015 Microsoft Corporation. All rights reserved.

C:\Users\davieyang>cd Desktop

C:\Users\davieyang\Desktop>java -jar selenium-server-standalone-3.141.0.jar -role hub -maxSession 10 -port 8888
01:32:44.677 INFO [GridLauncherV3.parse] - Selenium server version: 3.141.0, revision: 2ecb7d9a
01:32:44.887 INFO [GridLauncherV3.lambda$buildLaunchers$5] - Launching Selenium Grid hub on port 8888
2019-06-05 01:32:45.742:INFO::main: Logging initialized @1875ms to org.seleniumhq.jetty9.util.log.StdErrLog
01:32:46.246 INFO [Hub.start] - Selenium Grid hub is up and running
01:32:46.256 INFO [Hub.start] - Nodes should register to http://192.168.1.10:8888/grid/register/
01:32:46.256 INFO [Hub.start] - Clients should connect to http://192.168.1.10:8888/wd/hub
01:49:40.066 WARN [BaseRemoteProxy.<init>] - Max instance not specified. Using default = 1 instance
01:49:40.076 INFO [DefaultGridRegistry.add] - Registered a node http://192.168.1.7:7777
```

图 15.12 Registered a node（1）

再打开网址为 http://localhost:8888/grid/console 的页面，会发现其中新增了用户的 Node 机器的信息，如图 15.13 所示。

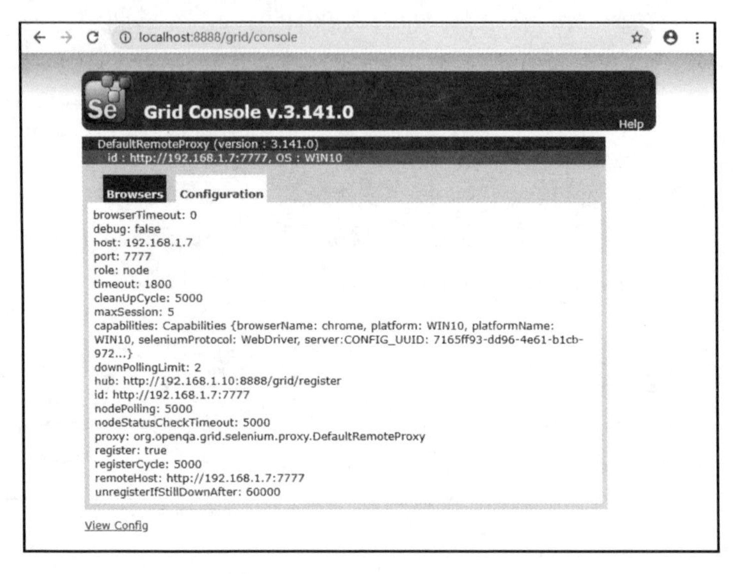

图 15.13　Grid Console（1）

表 15.2 中是启动 Node 时的重要参数，此处笔者仅列出一些常用的而且重要的命令行启动参数。

表 15.2　Node 端启动 selenium-server-standalone 参数

参　数	描　述
-port	Node 端远程连接端口号，也是 Node 端监听的端口号
-role node	表示可支持所有版本的 Selenium
-role wd	表示不支持 Selenium1，也可以直接写成 Webdriver
-role rc	表示支持 Selenium1
-timeout	HUB 端在无法收到 Node 的注册地址时，在该时间后会释放和 Node 节点的链接
-hub hub_url	Node 节点需要与 HUB 完成注册，此参数为 Node 链接 HUB 的注册地址
-browser	Node 机器上允许使用的浏览器 browserName 为浏览器名称 maxInstances 为最多允许启动的浏览器个数
-browserTimeout	浏览器超时时间
-nodeTimeout	Node 端超时时间
-nodeConfig jsonFile	Node 端的参数配置可放在 JSON 文件中，然后使用该参数引入命令中

在另一台 Node 机器上配置 Firefox 浏览器，启动命令行，将命令行路径引导到 selenium-server-standalone 所在路径下，然后执行以下命令。结果如图 15.14 所示，则表示执行成功。

```
java -jar selenium-server-standalone-3.141.0.jar -role node -port
7777 -hub http://192.168.1.10:8888/grid/register -maxSession 5 -browser
browserName=firefox,seleniumProtocol=WebDriver,maxInstances=5-
port 9999
```

```
C:\Users\davieyang\Desktop>java -jar selenium-server-standalone-3.141.0.jar -role node -port 9999 -hub http://192.168.1.
10:8888/grid/register -browser browserName=firefox
02:56:59.622 INFO [GridLauncherV3.parse] - Selenium server version: 3.141.0, revision: 2ecb7d9a
02:56:59.776 INFO [GridLauncherV3.lambda$buildLaunchers$7] - Launching a Selenium Grid node on port 9999
2019-06-05 02:57:00.058:INFO::main: Logging initialized @837ms to org.seleniumhq.jetty9.util.log.StdErrLog
02:57:00.401 INFO [WebDriverServlet.<init>] - Initialising WebDriverServlet
02:57:00.511 INFO [SeleniumServer.boot] - Selenium Server is up and running on port 9999
02:57:00.512 INFO [GridLauncherV3.lambda$buildLaunchers$7] - Selenium Grid node is up and ready to register to the hub
02:57:00.649 INFO [SelfRegisteringRemote$1.run] - Starting auto registration thread. Will try to register every 5000 ms.

02:57:01.114 INFO [SelfRegisteringRemote.registerToHub] - Registering the node to the hub: http://192.168.1.10:8888/grid
/register
02:57:01.184 INFO [SelfRegisteringRemote.registerToHub] - The node is registered to the hub and ready to use
```

图 15.14　启动 Node（2）

返回到 HUB 控制台，会发现其中又新增了一条 Registered a node 信息，如图 15.15 所示。

```
C:\Users\davieyang\Desktop>java -jar selenium-server-standalone-3.141.0.jar -role hub -maxSession 10 -port 8888
02:56:39.729 INFO [GridLauncherV3.parse] - Selenium server version: 3.141.0, revision: 2ecb7d9a
02:56:39.882 INFO [GridLauncherV3.lambda$buildLaunchers$5] - Launching Selenium Grid hub on port 8888
2019-06-05 02:56:40.341:INFO::main: Logging initialized @1014ms to org.seleniumhq.jetty9.util.log.StdErrLog
02:56:40.693 INFO [Hub.start] - Selenium Grid hub is up and running
02:56:40.694 INFO [Hub.start] - Nodes should register to http://192.168.1.10:8888/grid/register/
02:56:40.696 INFO [Hub.start] - Clients should connect to http://192.168.1.10:8888/wd/hub
02:56:43.741 WARN [BaseRemoteProxy.<init>] - Max instance not specified. Using default = 1 instance
02:56:43.750 INFO [DefaultGridRegistry.add] - Registered a node http://192.168.1.7:7777
02:57:01.177 WARN [BaseRemoteProxy.<init>] - Max instance not specified. Using default = 1 instance
02:57:01.183 INFO [DefaultGridRegistry.add] - Registered a node http://192.168.1.10:9999
```

图 15.15　Registered a node（2）

再打开网址为 http://localhost:8888/grid/console 的页面，会发现其中新增了用户的 Node 机器的信息，如图 15.16 所示。

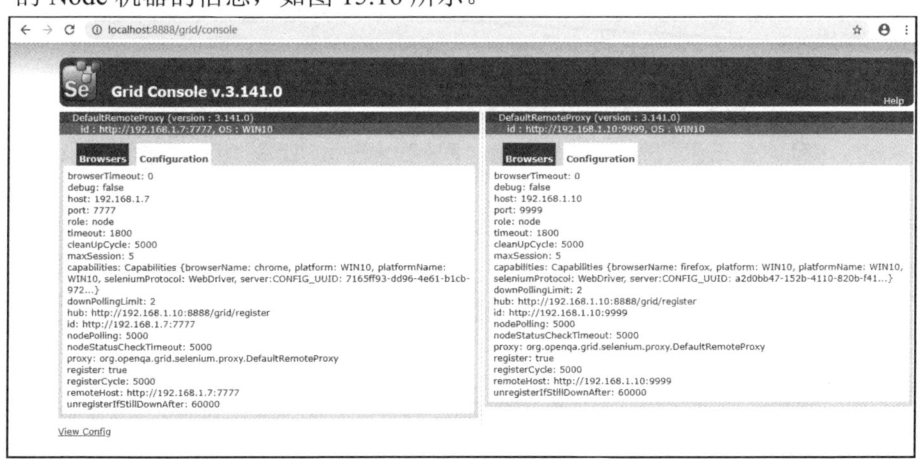

图 15.16　Grid Console（2）

使用同样的方法在 Node 机器上配置 IE 浏览器，启动命令行，将命令行路径引导到 selenium-server-standalone 所在路径下，然后执行以下命令。结果如图 15.17

所示，则表示执行成功。

```
Java -Dwebdriver.chrome.driver=C:/Python37/ IEDriverServer.exe
-jar selenium-server-standalone-3.141.0.jar -role webdriver -hub
http://192.168.1.10:8888/grid/register -browser browserName=ie
-port 6666
```

```
C:\Users\davieyang\Desktop>Java -Dwebdriver.ie.driver=C:/Python37/IEDriverServer.exe -jar selenium-server-standalone-3.1
41.0.jar -role webdriver -hub http://192.168.1.10:8888/grid/register -browser browserName=ie -port 6666
03:04:45.338 INFO [GridLauncherV3.parse] - Selenium server version: 3.141.0, revision: 2ecb7d9a
03:04:45.499 INFO [GridLauncherV3.lambda$buildLaunchers$7] - Launching a Selenium Grid node on port 6666
2019-06-05 03:04:45.770:INFO::main: Logging initialized @830ms to org.seleniumhq.jetty9.util.log.StdErrLog
03:04:46.144 INFO [WebDriverServlet.<init>] - Initialising WebDriverServlet
03:04:46.250 INFO [SeleniumServer.boot] - Selenium Server is up and running on port 6666
03:04:46.250 INFO [GridLauncherV3.lambda$buildLaunchers$7] - Selenium Grid node is up and ready to register to the hub
03:04:46.389 INFO [SelfRegisteringRemote$1.run] - Starting auto registration thread. Will try to register every 5000 ms.

03:04:46.863 INFO [SelfRegisteringRemote.registerToHub] - Registering the node to the hub: http://192.168.1.10:8888/grid
/register
03:04:46.966 INFO [SelfRegisteringRemote.registerToHub] - The node is registered to the hub and ready to use
```

图 15.17　启动 Node（3）

返回到 HUB 控制台，会发现其中又新增了一条 Registered a node 信息，如图 15.18 所示。

```
C:\Users\davieyang\Desktop>java -jar selenium-server-standalone-3.141.0.jar -role hub -maxSession 10 -port 8888
02:56:39.729 INFO [GridLauncherV3.parse] - Selenium server version: 3.141.0, revision: 2ecb7d9a
02:56:39.882 INFO [GridLauncherV3.lambda$buildLaunchers$5] - Launching Selenium Grid hub on port 8888
2019-06-05 02:56:40.341:INFO::main: Logging initialized @1014ms to org.seleniumhq.jetty9.util.log.StdErrLog
02:56:40.693 INFO [Hub.start] - Selenium Grid hub is up and running
02:56:40.694 INFO [Hub.start] - Nodes should register to http://192.168.1.10:8888/grid/register/
02:56:40.696 INFO [Hub.start] - Clients should connect to http://192.168.1.10:8888/wd/hub
02:56:43.741 WARN [BaseRemoteProxy.<init>] - Max instance not specified. Using default = 1 instance
02:56:43.750 INFO [DefaultGridRegistry.add] - Registered a node http://192.168.1.7:7777
02:57:01.177 WARN [BaseRemoteProxy.<init>] - Max instance not specified. Using default = 1 instance
02:57:01.183 INFO [DefaultGridRegistry.add] - Registered a node http://192.168.1.10:9999
03:04:46.920 WARN [BaseRemoteProxy.<init>] - Max instance not specified. Using default = 1 instance
03:04:46.965 INFO [DefaultGridRegistry.add] - Registered a node http://192.168.1.10:6666
```

图 15.18　Registered a node（3）

打开网址为 http://localhost:8888/grid/console 的页面，会发现其中新增了用户的 Node 机器的信息，如图 15.19 所示。

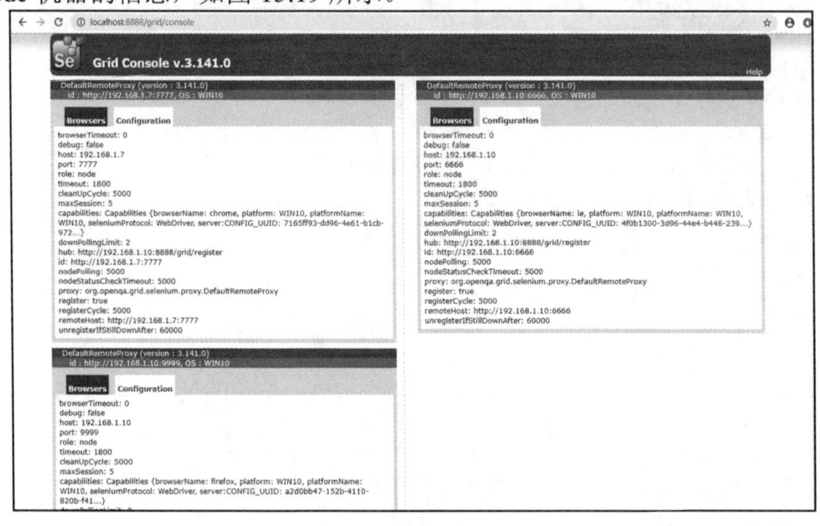

图 15.19　Grid Console（3）

实际上无论在 HUB 端还是在 Node 端，如果链接出了问题，控制台就会输出相关的信息，如图 15.20 所示。

图 15.20　Node 注册失败

在实际的实施过程中要注意观察控制台的相关信息，这对发现问题、定位问题有很大的帮助，而这也是自动化测试从业者必须养成的一个好习惯，如果 HUB 和 Node 之间注册都出现了失败，有可能是网络问题、参数问题等，那么在执行代码时自然也无法成功。

15.3　环境验证

在用户 HUB 机器上编写脚本，让 IP 地址为 192.168.1.7 的机器打开 Chrome 浏览器访问百度并打印首页的 title。其代码如下：

```
#coding=utf-8
from selenium import webdriver
chrome_driver = "C:/Python37/chromedriver.exe"
chrome_capabilities = {
    #浏览器名称
```

```
    "browserName": "chrome",
    #操作系统版本
    "version": "",
    #平台，这里可以是 Windows、Linux 等
    "platform": "ANY",
    #是否启用 JS
    "javascriptEnabled": True,
    "webdriver.chrome.driver": chrome_driver
}
driver=webdriver.Remote("http://192.168.1.7:7777/wd/hub",
desired_capabilities=chrome_capabilities)
driver.get("http://www.baidu.com")
print(driver.title)
driver.quit()
```

执行代码，观察地址为 192.168.1.7 的机器上会执行用户的脚本，并且在命令行窗口打印出日志，如图 15.21 所示。

```
管理员: C:\Windows\system32\cmd.exe - java  -Dwebdriver.chrome.driver=C:/Python37/chromedriver.exe -jar selenium-server-standalone...

C:\Users\Administrator\Desktop>java -Dwebdriver.chrome.driver=C:/Python37/chromedriver.exe -jar selenium-server-standalone-3.141.0.jar -role webdriver -hub http://192.168.1.10:8888/grid/register -browser browserName=chrome -port 7777
01:49:25.604 INFO [GridLauncherV3.parse] - Selenium server version: 3.141.0, revision: 2ecb7d9a
01:49:25.750 INFO [GridLauncherV3.lambda$buildLaunchers$7] - Launching a Selenium Grid node on port 7777
2019-06-05 01:49:26.049:INFO::main: Logging initialized @882ms to org.seleniumhq.jetty9.util.log.StdErrLog
01:49:26.363 INFO [WebDriverServlet.<init>] - Initialising WebDriverServlet
01:49:26.461 INFO [SeleniumServer.boot] - Selenium Server is up and running on port 7777
01:49:26.461 INFO [GridLauncherV3.lambda$buildLaunchers$7] - Selenium Grid node is up and ready to register to the hub
01:49:26.563 INFO [SelfRegisteringRemote$1.run] - Starting auto registration thread. Will try to register every 5000 ms.

01:49:27.157 INFO [SelfRegisteringRemote.registerToHub] - Registering the node to the hub: http://192.168.1.10:8888/grid/register
01:49:27.315 INFO [SelfRegisteringRemote.registerToHub] - The node is registered to the hub and ready to use
02:15:45.356 INFO [ActiveSessionFactory.apply] - Capabilities are: {
  "browserName": "chrome",
  "javascriptEnabled": true,
  "version": "",
  "webdriver.chrome.driver": "C:\\Python37\\chromedriver.exe"
}
02:15:45.358 INFO [ActiveSessionFactory.lambda$apply$11] - Matched factory org.openqa.selenium.grid.session.remote.ServicedSession$Factory (provider: org.openqa.selenium.chrome.ChromeDriverService)
Starting ChromeDriver 2.42.591088 (7b2b2dca23cca0862f674758c9a3933e685c27d5) on port 2580
Only local connections are allowed.
02:15:48.228 INFO [ProtocolHandshake.createSession] - Detected dialect: OSS
02:15:48.591 INFO [RemoteSession$Factory.lambda$performHandshake$0] - Started new session fcce9a250a2de3c31a75f47763e79aa9 (org.openqa.selenium.chrome.ChromeDriverService)
02:15:49.491 INFO [ActiveSessions$1.onStop] - Removing session fcce9a250a2de3c31a75f47763e79aa9 (org.openqa.selenium.chrome.ChromeDriverService)
```

图 15.21　执行用例

15.4　本章小结

分布式自动化测试的环境非常适合进行多环境并行测试的场景，尤其在测试兼容性的时候，善加利用必将为自动化测试提高效率。需要注意的是，使用时如果采用虚拟机环境，需要将网卡设置为桥接。

由于 Node 与 HUB 之间的联系具备断了重新连接的机制，所以并不需要过多地担心它们之间的链接问题。